概率统计数学实验与应用案例分析

主　编　孙　强　袁修久
参　编　赵学军　梁放驰
　　　　任谨慎　安芹力

重庆大学出版社

内容提要

本书针对概率论与数理统计实践课程设计了概率统计基础实验、应用案例分析、演示验证实验,编撰了典型应用案例。本书注重内容的知识性、启发性、可探索性和素材新颖性,实验基于 MATLAB 平台和 GeoGebra 平台开展,附有所有实验程序、案例求解程序和演示验证实验 GGB 脚本程序文件,可通过扫描二维码获取。

本书适用于高等院校理工类、农林、医学、金融等专业开展概率论与数理统计数学实验教学和应用案例教学,可作为广大数学教师开展概率论与数理统计教学的参考书,也可作为开展概率统计数学实验课、案例研讨课的教学用书,对本科及研究生数学课程教学改革有重要参考价值。

图书在版编目(CIP)数据

概率统计数学实验与应用案例分析 / 孙强,袁修久
主编. -- 重庆 : 重庆大学出版社, 2025. 1. -- ISBN
978-7-5689-5079-4

Ⅰ. O21

中国国家版本馆 CIP 数据核字第 202555BM94 号

概率统计数学实验与应用案例分析

GAILÜ TONGJI SHUXUE SHIYAN YU YINGYONG ANLI FENXI

主　编　孙　强　袁修久

参　编　赵学军　梁放驰

任谨慎　安芹力

策划编辑:荀荟羽

责任编辑:张红梅　　版式设计:荀荟羽

责任校对:关德强　　责任印制:张　策

*

重庆大学出版社出版发行

出版人:陈晓阳

社址:重庆市沙坪坝区大学城西路 21 号

邮编:401331

电话:(023)88617190　88617185(中小学)

传真:(023)88617186　88617166

网址:http://www.cqup.com.cn

邮箱:fxk@cqup.com.cn(营销中心)

全国新华书店经销

重庆永驰印务有限公司印刷

*

开本:787mm×1092mm　1/16　印张:15.25　字数:382 千

2025 年 1 月第 1 版　　2025 年 1 月第 1 次印刷

印数:1—1 000

ISBN 978-7-5689-5079-4　定价:49.00 元

前 言

数学实验是一门从实际问题出发,通过建立数学模型,借助科学计算软件解决问题的实践型课程,是数学教育的重要组成部分。概率统计数学实验课的教学目的在于通过概率统计数学模型加科学计算手段,将概率统计中原本抽象的定义、公式和定理具体化、形象化,提高学生学习数学的兴趣,引导他们积极主动地开展知识的实践与探索,增强理解力、洞察力、想象力,提高自学能力、探究能力、信息素养能力,更好地掌握概率统计数学思想方法精髓,培养应用数学能力,提高科技创新能力。

本书是编者在多年教学实践的基础上总结经验编写而成的,编写过程中力求避免将数学软件上的译文复制照搬、将数学软件当计算器简单介绍以及将案例进行简单罗列堆砌等做法,尽力做到对实验素材进行精心提炼、加工设计,由浅入深地带领学生开拓知识的深度与广度,启发思维,引导探索,努力体现概率统计实践课程的思想性、高阶性、创新性、挑战性。

本书的实验平台是 MATLAB 和 GeoGebra 两个软件,它们各有优势:MATLAB 软件关于概率统计的工具箱函数功能完善,编程和图形绘制都很方便,而且 MATLAB 还是科学计算领域使用最广泛的工具软件之一,资料和资源都很丰富,学生对该软件的熟识度高;以其为实验平台能进一步强化学生对该软件的学习和使用,更有利于他们以后开展科学研究和工程实践。GeoGebra 软件则是为了从小学到大学各学段的教学而设计的动态数学软件,是进行数学教学、数学学习和数学研究的有力工具,近年来在全世界理工科课程的教学应用中发展很快。该软件辅助教学功能强大、使用简单、交互性强、动态可视化手段非常便捷,特别适合教学过程中数学原理的动态演示,是优秀的理工科教学工具平台。

本书根据内容形式分类展开,全书共 4 章,第 1 章对 MATLAB 的概率统计应用做了简介;第 2 章引导学生基于数学软件分析和研讨概率统计典型基础问题;第 3 章面向具体的问题情境和实际问题,基于概率统计理论方法进行数学建模,借助数学软件求解计算和拓展探索,引导学生开展概率统计知识应用实践活动;第 4 章则特地为课堂教学设计了常见重难点问题的演示实验,辅助课堂教学活动。另外,为方便师生开展课程实验教学,附录部分还分别介绍了 MATLAB 软件、GeoGebra 软件的基本用法。

本书第 4 章的内容可供教师辅助课堂教学使用;第 2 章和第 3 章中比较简单的内容可供

课程实践教学环节开展实践性教学使用，内容略复杂的实验和案例可在工程数学实验选修课、数学特长班教学案例分析课或研究生数理统计教学中使用。

本书多数内容为编者原创，另有部分内容在编写时参考了一些文献，主要参考文献在书后罗列，在此，我们对参考文献的作者表示衷心感谢。

由于水平有限，书中难免存在不妥、不足之处，恳请读者批评指正。

编　者

2024 年 8 月

目 录

第 1 章 实验基础

数理统计被越来越多地用于各个领域的科学研究和工程计算，统计数据的处理量大而烦琐，而处理大量烦琐的数据正是计算机的优势所在。MATLAB 中用于统计数据的统计工具箱(statistics toolbox)，经过多年的发展，功能日趋完善，基本上涵盖了统计的全部功能。在掌握概率论与数理统计理论知识的前提下，借助 MATLAB 平台开展概率统计数学实验，必将加深学生对所学知识的理解深度，提升数学应用能力。为方便学生开展后续数学实验实践活动，本章简要介绍一些 MATLAB 在概率统计领域的常用命令与函数，主要罗列概率统计常用函数的主要调用格式和功能。

建议同学们开展数学实验前将本章的内容浏览一遍，先粗略了解实验时需要用到的函数名和函数功能，做到心中有数，详细用法说明请同学们在使用过程中查阅相关帮助文档。

1.1 数据的最大最小值与排序

有关数据的最大值、最小值、排序等命令见表 1-1。

表 1-1 数据排序与最值的函数调用格式

函数及调用格式	说明
sort(x)	将向量 $\boldsymbol{x}$ 的元素按递增顺序排列。如果元素是复数，则按它们的模排列，即 sort(abs($\boldsymbol{x}$))
[y,ind]=sort(x)	将向量 $\boldsymbol{x}$ 的元素按递增顺序排列为 $\boldsymbol{y}$ 向量，同时输出一个下标向量 ***ind***
sort(A,dim)	对 $\boldsymbol{A}$ 中的各列按递增顺序排序，此时原来的行已被改变。如果给出参数 dim，则在参数指定的维数内排序
[B,ind]=sort(A)	将矩阵 $\boldsymbol{A}$ 的列元素按递增顺序排列为 $\boldsymbol{B}$，矩阵 ***ind*** 是 $\boldsymbol{A}$ 每列的列下标向量

续表

函数及调用格式	说明
sortrows(A,col)	将矩阵 **A** 的各行按递增顺序排序。若行的元素是复数,则按它们的模为主、幅角为辅进行排序。如果给出参数 col,则根据 col 指定的列进行排序
max(x)	求向量 ***x*** 中的最大元素值。如果元素是复数,则求最大模
max(A)	求矩阵 **A** 中每一列中最大值组成的行向量
[y,ind]=max(A)	求矩阵 **A** 中每一列中最大值组成的行向量 y,并给出最大值的行下标向量
max(A,B)	求由矩阵 **A**、***B*** 中对应元素最大值组成的矩阵
c=max(A,[ ],dim)	求在参数 dim 指定维内矩阵 **A** 的最大分量。如 dim=1 时,则求出 **A** 中的最大行向量
min(x)	求向量 ***x*** 中的最小元素值。如果元素是复数,则求最小模

1.2 求和与乘积

概率计算过程中,经常要用到加法原理、乘法原理进行计数,因此,需要进行多个数据的求和、求乘积运算,相关 MATLAB 函数介绍如下。

1.2.1 对向量与矩阵求和的函数

求和函数及其调用格式见表 1-2。

表 1-2 求和函数的调用格式

函数及调用格式	说明
sum(x)	求向量 ***x*** 所有元素的和
sum(A)	求矩阵 **A** 的各列元素和
cumsum(x)	求向量 ***x*** 的元素累积和向量
cumsum(A)	求矩阵 **A** 的各列累乘积和矩阵
cumsum(A,dim)	计算由参数 dim 指定维数的累积和矩阵

1.2.2 向量与矩阵元素乘积函数

向量与矩阵元素乘积函数及其调用格式见表 1-3。

续表

函数名称及调用格式	函数说明
y = exppdf(X, μ)	指数分布,参数为 μ, μ 默认值为 1
y = normpdf(X, μ, σ)	正态分布,参数为 μ, σ。默认值分别为 0,1
y = chi2pdf(X,V)	卡方分布,自由度为 V
y = tpdf(X,V)	t 分布,自由度为 V
y = fpdf(X,V1,V2)	F 分布,V_1、V_2 分别为第一、第二自由度

1.4.2　分位数函数

MATLAB 提供了计算常见分布的分位数计算函数(实际上是累积概率分布函数的反函数),见表 1-8。

表 1-8　左 α 分位数 x 的计算

函数名称及调用格式	函数说明
x=binoinv(α,n,p)	二项分布 $b(n,p)$ 的左 α 分位数
x=poissinv(α, λ)	泊松分布 $P(\lambda)$ 的左 α 分位数
x=unifinv(α,a,b)	均匀分布 $U[a,b]$ 的左 α 分位数
x=expinv(α, λ)	指数分布 $E(\lambda)$ 的左 α 分位数
x=norminv(α,μ, σ)	正态分布 $N(\mu, \sigma^2)$ 的左 α 分位数
x=tinv(α,n)	$t(n)$ 分布的左 α 分位数
x=finv(α,n1,n2)	$F(n_1,n_2)$ 分布的左 α 分位数
x=chi2inv(α,n)	$\chi^2(n)$ 分布的左 α 分位数

注意,表 1-8 所列函数给出的是各种分布的左 α 分位点,即概率密度曲线下方左侧概率(面积值)为 α 的分位点。和一般教科书不同,一般教科书中多用右 α 分位点。

以正态分布为例,如果我们需要右 α 分位点,则调用方式需改写为:

$$x=\text{norminv}(1-\alpha,\ \mu,\ \sigma)$$

1.5　描述性统计基础

描述性统计,是指运用制表、分类、图形以及计算概括性数据来描述数据特征的各项活动。描述性统计分析要对调查总体所有变量的有关数据进行统计性描述,主要包括数据的频数分析、集中趋势分析、离散程度分析、分布以及一些基本的统计图形。

描述性统计的内容主要包括数据的频数分析、数据的集中趋势分析、数据的离散程度分析、数据的分布探索,以及一些基本的统计图形,通常用图示法表述,从中能发现数据总体的分布状况、趋势走向的一些规律。

1.5.1 样本数据描述性统计函数

MATLAB 中常用的描述性统计函数见表 1-9。

表 1-9 MATLAB 中常用的描述性统计函数

函数	功能	函数	功能
m=geomean(x)	几何均值	y=var(x)	方差
m=harmmean(x)	调和均值	y=std(x)	标准差
m=mean(x)	算术均值	y=prctile(x,p)	p 分位数
m=median(x)	样本中值	m=moment(x,k)	k 阶中心矩
m=trimmean(x,percent)	截尾均值	R=corrcoef(x)	相关系数矩阵
y=iqr(x)	内四分极值	C=cov(x)	协方差矩阵
y=mad(x)	样本均值绝对差	k=kurtosis(x)	峰度
y=range(x)	极差	y=skewness(x)	偏度
table=tabulate(x)	频数表	[f,x]=ecdf(y)	经验分布函数

这里部分介绍如下。

1)函数 mean( )

语法:m=mean(x)

若 $\boldsymbol{x}$ 是单个向量(可以是行向量,也可以是列向量),则返回结果 $\boldsymbol{m}$ 是 $\boldsymbol{x}$ 的均值;若 $\boldsymbol{x}$ 是矩阵,则返回结果 $\boldsymbol{m}$ 是行向量,它包含 $\boldsymbol{x}$ 的每列数据的均值。即若

$$\boldsymbol{x}=\begin{bmatrix} x_{11} & x_{12} & \cdots & x_{1k} \\ x_{21} & x_{22} & \cdots & x_{2k} \\ \vdots & \vdots & & \vdots \\ x_{n1} & x_{n2} & \cdots & x_{nk} \end{bmatrix}$$

则 $\boldsymbol{m}=[\bar{x}_1,\bar{x}_2,\cdots,\bar{x}_k]$,其中 $\bar{x}_j=\dfrac{1}{n}\sum_{i=1}^{n}x_{ij}\ (j=1,2,\cdots,k)$。

2)函数 var( )

语法:y=var(x)

若 $\boldsymbol{x}$ 是单个向量(可以是行向量,也可以是列向量),则返回值 y 是 $\boldsymbol{x}$ 的方差;若 $\boldsymbol{x}$ 是矩阵,则返回值 $\boldsymbol{y}$ 是行向量,它包含 $\boldsymbol{x}$ 的每列数据的方差。调用模式 var(x)运用 $n-1$ 进行标准化处理(其中 n 为数据的长度),即样本方差被定义为

$$S^2=\frac{1}{n-1}\sum_{i=1}^{n}(x_i-\bar{x})^2,\bar{x}=\frac{1}{n}\sum_{i=1}^{n}x_i$$

此时,样本方差 S^2 是总体方差 σ^2 的无偏估计。

若要运用 n 进行标准化,则可使用 var(x,1)格式。此时,样本方差定义为

$$V^2 = \frac{1}{n}\sum_{i=1}^{n}(x_i - \bar{x})^2$$

此时,样本方差 V^2 是总体方差 σ^2 的有偏估计。

3)函数 std( )

语法:y=std(x)

返回样本 x 的标准差,即 y std(x)= sqrt(var(x))。

4)函数 cov( )

语法:C=cov(x)

返回协方差矩阵。若 $\boldsymbol{x}$ 是由观测值组成的列向量(或者行向量),则返回值 C 为标量值,是样本方差。若 $\boldsymbol{x}$ 是矩阵,则返回值 $\boldsymbol{C}$ 为各列数据间的协方差构成的协方差矩阵。

调用格式 cov($\boldsymbol{x}$)运用 $n-1$ 进行标准化处理,即将协方差定义为

$$C_{xy} = \frac{1}{n-1}\sum_{i=1}^{n}(x_i - \bar{x})(y_i - \bar{y})$$

调用格式 cov($\boldsymbol{x}$,1)将按观测值数量 n 对它实现标准化,即将协方差定义为

$$C_{xy} = \frac{1}{n}\sum_{i=1}^{n}(x_i - \bar{x})(y_i - \bar{y})$$

5)函数 corrcoef( )

语法:R=corrcoef(x)

返回一个相关系数矩阵 $\boldsymbol{R}$。矩阵 $\boldsymbol{R}$ 的元素 $R(i, j)$ 与对应的协方差矩阵 $\boldsymbol{C}$=cov($\boldsymbol{x}$)的元素 $C(i, j)$ 的关系为

$$R(i,j) = \frac{C(i,j)}{\sqrt{C(i,i)\ C(j,j)}}$$

6)函数 tabulate( )

语法:table=tabulate(x)

生成样本观测数据 x 的频数和频率分布表。输入参数 x 可以是数值型数组、字符串、字符型数组、字符串单元数组和名义尺度数组。输出参数 table 是包含 3 列的数组,其第一列是 x 中不重复的元素,第二列是这些元素出现的频数,第三列是这些元素出现的频率。当 x 是数值型矩阵时,table 是数值矩阵;当 x 是字符串、字符型数值、字符串单元数组和名义尺度数组时,table 是单元数组。

1.5.2 含缺失数据的样本的描述性统计函数

MATLAB 的统计工具箱中有一组以 nan 开头的函数,用于描述缺失数据的样本。部分处理含缺失数据样本的描述统计函数见表 1-10。

表 1-10 MATLAB 中含缺失数据样本的描述统计函数

函数名称	功能	调用格式
nanmax	包含缺失数据,求样本数据的最大值	m=nanmax(x) [m,ndx]=nanmax(x) m=nanmax(x1,x2)

续表

函数名称	功能	调用格式
nanmin	包含缺失数据,求样本数据的最小值	m=nanmin(x) [m,ndx]=nanmin(x) m=nanmin(x1,x2)
nanmean	包含缺失数据,求样本数据的均值	y=nanmean(x)
nanmedian	包含缺失数据,求样本数据的中位数	y=nanmedian(x)
nanstd	包含缺失数据,求样本数据的标准差	y=nanstd(x)
nansum	包含缺失数据,求样本数据的和	y=nansum(x)

1.5.3 绘制统计图

用图形来表达数据,比用文字表达更清晰、更简明。数理统计中常用的绘图方式包括散点图、饼图、条形图、直方图、箱线图、PP 图、QQ 图等,见表 1-11。

表 1-11 MATLAB 中常用统计绘图函数

功能	函数名	功能	函数名
饼图	area, pie, pie3	添加最小二乘拟合线	lsline
条形图	bar, barh, bar3, bar3h	正态概率图	normplot
直方图	histogram, historgram2	帕累托图	pareto
带密度拟合曲线的直方图	histfit	PP 图	probplot
箱形图	boxplot	QQ 图	qqplot
经验累加分布函数图	cdfplot	回归个案次序图	rcoplot
误差条图	errorbar	参考多项式曲线	refcurve
函数交互等值线图	fsurfht	添加参考线	refline
交互画线	gline	交互插值等值线图	surfht
交互点标注	gname	威布尔图	weibplot
散点矩阵图	gplotmatrix	正态曲线指定区间填充图形	normspec
散点图	gscatter	—	—

表 1-11 中部分绘图函数用法简介如下。

1)函数 boxplot( )

boxplot( )用来绘制样本数据的盒图。该函数的调用格式为:

```
H=boxplot(X, 'param1', val1,'param2', val2, …)
```

该函数的输入参数为矩阵,绘制每一列的盒图。

2)指令 lsline

lsline 用来绘制最小二乘拟合直线。该指令的调用格式为:

```
lsline
```

该命令返回已知样本数据的最小二乘拟合直线;

```
h = lsline
```

该命令返回已知样本数据的最小二乘拟合直线并返回函数句柄。

3)函数 normplot( )

normplot( )用来绘制正态分布概率图。该函数的调用格式为:

```
normplot(X)
H = normplot(X)
```

如果输入参数为向量,则显示正态分布的概率图形;如果为矩阵,则显示每一列的正态分布概率图形。第二种格式还将返回函数句柄。

4)函数 cdfplot( )

cdfplot( )用来绘制样本数据的经验累积分布函数图。该函数的调用格式为:

```
cdfplot(X)
H=cdfplot(X)
[H, stats]=cdfplot(X)
```

输入参数 X 可以为行向量或列向量,代表服从某种特定分布的随机样本。

返回值 H 为函数句柄;返回值 stats 中包含样本数据的一些特征,具体有:

```
· stats.min       样本数据的最小值;
· stats.max       样本数据的最大值;
· stats.mean      样本数据的平均值;
· stats.median    样本数据的中位数;
· stats.std       样本数据的标准差。
```

5)函数 qqplot( )

qqplot( )用来绘制分位数-分位数图。该函数的调用格式为:

```
qqplot(X)
```

输入参数 X 为行向量或列向量,绘制样本数据和标准正态分布的分位数-分位数图。

```
qqplot(X,Y)
```

该函数的输入参数 X 和 Y 的分位数-分位数图。

```
H=qqplot(X,Y)
```

该函数返回所绘制直线的函数句柄。

6)函数 refline( )

函数 refline( )用来给当前图形加一条参考线。该函数的调用格式为:

```
refline(slope, intercept)
```

该函数的输入参数 slope 为直线的斜率,intercept 为直线的截距。

```
refline(slope)
```

该函数的输入参数 slope=[a, b],图中添加的直线为 $y=ax+b$。

```
H=refline(slope)
```

该函数返回所绘制直线的函数句柄。

7）函数 refcurve( )

refcurve( )用来给当前图形加一条多项式曲线。该函数的调用格式为：

```
refcurve(p)
```

该函数的输入参数 p 为多项式系数组成的向量多项式的系数由高到低进行排列。

```
H=refcurve(p)
```

该函数返回所绘制曲线的函数句柄。

8）函数 capaplot( )

capaplot( )用来绘制样本的概率图形，该函数返回随机变量落入指定区间内的概率。该函数的调用格式为：

```
p = capaplot(data, specs)
```

输入参数 data 为所给的样本数据，参数 specs 为指定的区间；返回值 p 为落入该区间的概率。

```
[p, h] = capaplot(data, specs)
```

该函数有两个返回值，p 为指定区间的概率，h 为所绘制图形的函数句柄。

9）函数 normspec( )

normspec( )用来在指定的区间绘制正态密度曲线。该函数的调用格式为：

```
p=normspec(specs)
```

在指定的区间 specs 填充标准正态密度曲线，期望 mu 和标准差 sigma 分别为 0 和 1。

```
normspec(specs, mu, sigma)
```

该函数对正态分布的期望和标准差进行设置。

```
[p,h]= normspec(specs, mu, sigma)
```

该函数返回所绘制图形的函数句柄。

1.6　MATLAB 随机数发生器函数

在 MATLAB 数学实验过程中，经常需要模拟总体抽样过程，此时，随机数发生器便有着重要用途。MATLAB 随机数生成器函数见表 1-12，方便大家查阅。

表 1-12　MATLAB 随机数生成器函数

函数名称及参数	函数功能
rand(m,n)	(0,1)内均匀分布的随机数
randn(m,n)	标准正态分布随机数
normrnd(mu, sigma, m, n)	正态分布随机数
unifrnd(A, B, m, n)	区间[A, B]上均匀分布随机数
unidrnd(N, m, n)	均匀分布(离散数)随机数
exprnd(lambda, m, n)	参数为 lambda 的指数分布随机数

续表

函数名称及参数	函数功能
chi2rnd(N, m, n)	自由度为 N 的卡方分布随机数
trnd(N, m, n)	自由度为 N 的 t 分布随机数
frnd(N1, N2, m, n)	自由度为 N_1, N_2 的 F 分布随机数
gamrnd(A, B, m, n)	参数为 A, B 的 γ 分布随机数
betarnd(A, B, m, n)	参数为 A, B 的 β 分布随机数
lognrnd(mu, sigma, m, n)	对数正态分布随机数
nbinrnd(R, P, m, n)	参数为 R, P 的负二项分布随机数
ncfrnd(N1, N2, delta, m, n)	非中心 F 分布随机数
nctrnd(N, delta, m, n)	非中心 t 分布随机数
ncx2rnd(N, delta, m, n)	非中心卡方分布随机数
raylrnd(B, m, n)	瑞利分布随机数
weibrnd(A, B, m, n)	威布尔分布随机数
binornd(N, P, m, n)	二项分布随机数
geornd(N, P, m, n)	几何分布随机数
hygernd(M, K, N, m, n)	超几何分布随机数
poissrnd(Lambda, m, n)	泊松分布随机数
random('name', A1, A2, A3, m, n)	多种分布随机数,取决于 name 的值

1.7 统计工具箱之参数估计

MATLAB 概率统计工具箱提供了丰富的参数估计函数,常用的见表 1-13。

表 1-13 MATLAB 概率统计工具箱中的参数估计函数

函数名	函数说明	调用格式
betafit	β 分布的参数估计和区间估计	phat=betafit(x) [phat,pci]=betafit(x,alpha) (注:ci 即置信区间;confident interval)
betalike	β 分布负对数似然函数	logL=betalike(params,data) [logL,avar]=betalike(params,data) (注:avar 是参数估计的近似方差,即 sigmahat)

续表

函数名	函数说明	调用格式
binofit	二项分布的参数估计和区间估计	phat=binofit(x,n) [phat,pci]=binofit(x,n) [phat,pci]=binofit(x,n,alpha)
expfit	指数分布的参数估计和区间估计	muhat=expfit(x) [muhat,muci]=expfit(x) [muhat,muci]=expfit(x,alpha)
gmafit	γ分布的参数估计和区间估计	phat=gamafit(x) [phat,pci]=gamafit(x) [phat,pci]=gamafit(x,alpha)
gemlike	γ分布的负对数似然函数	logL= gemlike (params,data) [logL,avar]= gemlike (params,data)
mle	最大似然估计	phat=mle('dist',data) [phat,pci]=mle('dist',data) [phat,pci]=mle('dist',data,alpha) [phat,pci]=mle('dist',data,alpha,p1) (最后一命令仅适用于二项分布)
normlike	正态分布的负对数似然函数	logL=normlike(params,data) [logL,avar]=normlike(params,data)
normfit	正态分布的参数估计和区间估计	[muhat,sigmahat,muci,sigmaci]=normfit(x) [muhat,sigmahat,muci,sigmaci]=normfit(x,alpha)
poissfit	泊松分布的参数估计和区间估计	Lamdahat=poissfit(x) [Lamdahat,lamdaci]=poissfit(x) [Lamdahat,lamdaci]=poissfit(x,alpha)
unifit	均匀分布的参数估计和区间估计	[ahat,bhat]=unifit(x) [ahat,bhat,aci,bci]=unifit(x) [ahat,bhat,aci,bci]=unifit(x,alpha)
weibfit	威布尔分布的参数估计和区间估计	phat=weibfit(x) [phat,pci]=weibfit(x) [phat,pci]=weibfit(x,alpha)
weiblike	威布尔分布的负对数似然函数	logL=weiblike(params,data) [logL,avar]=weiblike(params,data)

1.8 数理统计工具箱之假设检验

MATLAB 数理统计工具箱的常用假设检验函数见表1-14。

表1-14 MATLAB 数理统计工具箱之假设检验函数

问题类型	函数名称	函数说明	调用格式
正态总体参数假设检验	ztest	单正态总体均值的 Z 检验（方差已知）	[h,p,ci,zval] = ztest(x,mu0,sigma,alpha,tail)
	ttest	单正态总体均值 t 检验（方差未知）	[h,p,ci,tval] = ttest(x,mu0,alpha,tail)
	ttest2	双正态总体均值差 t 检验（方差未知但相等）	[h,p,ci,tval] = ttest2(x,y,alpha,tail)
	vartest	单正态总体方差的检验	[h, p, ci, stats] = vartest(x, v, Name,Value)
非参数假设检验	jbtest	单样本正态分布 Jarque-Bera 检验（H_0:样本来自正态分布）	[h,p,jbstat,cv]=jbtest(x,alpha)
	lillietest	单样本正态分布 Lilliefors 检验（H_0:样本来自正态分布）	[h,p,lstat,cv]= lillietest(x,alpha)
	kstest	单样本分布 Kolmogorov-Smirnov 检验	[h,p,ksstat,cv] = kstest(x,cdf,alpha,tail)
	kstest2	双样本同分布 Kolmogorov-Smirnov 检验（H_0:两样本来自同一连续分布）	h = kstest2(x1,x2,alpha,tail)
	ranksum	双不匹配样本同分布 Wilcoxon 秩和检验（H_0:两样本来自同一分布）	[p,h,stats] = ranksum(x,y,alpha)
绘图检验	normplot	单样本正态分布概率纸检验（H_0:样本来自正态分布）	normplot(x)
	weibplot	单样本威布尔概率纸检验（H_0:样本来自威布尔分布）	weibplot(x)
	qqplot	画双样本同分布检验分位数-分位数图（简称 QQ 图）（H_0:两样本来自同一分布）	qqplot(x,y)

表1-14 中的部分命令解释说明如下。

1)[h,p,ci,zval] = ztest(x,mu0,sigma,alpha,tail)

对已知方差的单个总体均值进行显著性水平为 alpha 的 Z 检验。可通过指定 tail 的值来控制备择假设的类型:

tail=0(缺省值)或'both'时,备择假设为 H_1:mu≠mu0;(双边检验)

tail=1 或'right'时,备择假设为 H_1:mu>mu0;(右边检验)

tail=-1 或'left'时,备择假设为 H_1:mu<mu0。(左边检验)

输出变量含义:

h:如果 $h=0$,则接受原假设 H_0,如果 $h=1$,则拒绝 H_0 从而接受备择假设 H_1;

p:假设检验的 p 值,它是根据当前样本观察值拒绝原假设的最小显著水平,p 值表示反对原假设依据的强度,p 越小,反对原假设 H_0 的理由越充分。假设检验中,若 p 值≤alpha,则拒绝原假设,否则,不拒绝原假设;

ci:总体均值的置信区间,单边检验对应单侧区间估计;

zval:Z 统计量的观测值。

2)[h,p,ci,tval] = ttest(x,mu0,alpha,tail)

tval:包含两个结果,即 tstat 表示 t 统计量的值;df 表示 t 分布的自由度。

3)[h,p,jbstat,cv] = jbtest(x,alpha)

对"单个总体服从正态分布(未指定均值和方差)"的假设进行显著水平为 alpha 的 Jarque-Bera 检验。此检验基于 x 的偏度与峰度。对于真实的正态分布,样本偏度应接近于 0,样本峰度应接近于 3。Jarque-Bera 检验通过 JB 统计量来判定样本偏度和峰度是否与它们的期望值显著不同。

输出变量含义:

h:如果 $h=0$,则接受"H_0:认为 x 来自正态总体";如果 $h=1$,则接受备择假设"H_1:认为 x 不是来自正态总体";

p:检验的概率 p 值;

jbstat:检验统计量的值;

cv:判断是否拒绝原假设的关键值。

4)[h,p,ksstat,cv] = kstest(x,cdf,alpha,tail)

对"x 的总体服从由两列矩阵 cdf 指定的分布 G"假设进行显著水平为 alpha 的 Kolmogorov-Smirnov 检验。矩阵 cdf 的第一列包含可能的 x 值,第二列包含相应的理论累积分布函数值 $G(x_0)$。在可能的情况下,应定义 cdf 的每一列均包含 x 中的值。如果 cdf=[ ],kstest( )将使用标准正态分布。

5)[h,p,ksstat] = kstest2(x,cdf,alpha,tail)

对"两个样本来自同一连续分布"假设进行显著水平为 alpha 的 Kolmogorov-Smirnov 检验。对于大容量的样本来说,p 值将很精确。

6)normplot(x)

绘出 x 中数据的正态检验概率图。如果 $\boldsymbol{x}$ 是一个矩阵,则对每一列绘出一条线。图中样本数据用符号"+"来表示,叠加在数据上的实线是数据的第一个与第三个四分位点之间的连线(为样本顺序统计量的鲁棒线性拟合)。这条线延伸到样本数据的两端,以便估计数据的线性度。如果数据是来自一个正态分布，则“+”线近似地在一直线上。一般地，中间的点离直线位置的偏差不能过大，两头的点的偏差可以允许大一些。当中间的点离直线位置偏差太大时，就认为 x 来自其他分布。

7）qqplot（x，y）

绘出两样本的分位数-分位数图。图中样本数据用符号“+”来表示，叠加在数据上的实线是各分布的第一个与第三个四分位点之间的连线（为两个样本顺序统计量的鲁棒线性拟合）。这条线延伸到样本数据的两端以便估计数据的线性度。如果两个样本来源于同一个分布，则“+”线近似地在一直线上。

8）normplot（x）

绘出样本 x 的分位数-正态分布的理论分位数图。如 x 为正态分布，则“+”线近似地在一直线上。

9）jbtest，lillietest 与 kstest 的比较

①jbtest 与 lillietest 均检验样本是否来自正态分布，而 kstest 可检验样本来自任意指定的分布；

②jbtest 利用偏度和峰度来检验，适用于大样本；对于小样本，则用 lillietest 来检验；

③lillietest 与 kstest 的检验原理均是用 x 的经验分布函数与一个有相同均值与方差的正态分布的分布函数进行比较，不同的是 lillietest 中正态分布的参数是由 x 估计得来，而 kstest 中正态分布的参数是事先指定的。

1.9 方差分析与回归分析函数

方差分析与回归分析是数理统计中的重要内容，在很多实际问题中有重要应用。然而方差分析与回归分析的计算过程较为复杂，好在 MATLAB 软件的统计工具箱给出了一些功能强大的函数以实现复杂的计算工程，这里列表展示有关函数以备查询（表 1-15、表 1-16）。

表 1-15　MATLAB 数理统计工具箱之方差分析函数

函数调用格式	函数功能说明
[p，table，stats] = anova1（x，group，displayopt）	检验 x 的各列对应的总体是否具有相同的均值（即均值齐性），并生成单因素方差分析表和对于 x 的列数据箱线图
[c，m，h] = multcompare（stats）	根据结构体变量 stats 中的信息进行多重比较
[p，table，stats] = anova2（x，reps，displayopt）	根据均衡试验样本矩阵 $\boldsymbol{x}$ 进行双因素方差分析，包括非重复实验的方差分析和重复实验的方差分析
[p，tbl，stats，terms] = anovan（y，group，Name，Value）	多因素方差分析

续表

函数调用格式	函数功能说明
[p,tbl,stats,terms] = anovan(y,group,Name,Value)	根据样本观察值向量 **y** 进行均衡或非均衡实验的多因素一元方差分析,检验多个因素的主效应或交互效应是否显著
[d,p,stats] = manova1(x,group,alpha)	根据样本观测值矩阵 **x** 进行单因素多元方差分析
[h,atab,ctab,stats] = aoctool(x,y,g,alpha)	生成进行方差分析模型拟合和预测的交互图

表 1-16　MATLAB 数理统计工具箱之回归分析函数

函数调用格式	函数功能说明
[p,S,mu] = polyfit(x,y,n)	以 x,y 为样本数据,求从一次到高次的多项式回归
hcurve = refcurve(p)	在图中添加多项式 p 对应的参考曲线
[b,bint,r,rint,stats] = regress(y,x,alpha)	进行多元线性回归
rcoplot(r,rint)	绘制回归分析残差置信区间图
[beta,R,J,CovB,MSE,ErrorModelInfo] = nlinfit(x,y,modelfun,beta0,options)	作一元或多重非线性回归
ci =nlparci(beta,resid,'covar',sigma) ci =nlparci(beta,resid,'jacobian',J) ci =nlparci(…,'alpha',alpha)	求解非线性模型参数估计的置信区间
nlintool(x,y,fun,beta0)	求解非线性拟合并显示交互图形
[Ypred,delta] = nlpredci(modelfun,x,beta,R,'Covar',CovB) [Ypred,delta] = nlpredci(modelfun,x,beta,R,'Covar',CovB,Name,Value) [Ypred,delta] = nlpredci(modelfun,x,beta,R,'Jacobian',J) [Ypred,delta] = nlpredci(modelfun,x,beta,R,'Jacobian',J,Name,Value)	非线性回归预测置信区间
stepwise(x,y)	逐步回归

第 2 章 概率统计基础实验

2.1 随机数实验

2.1.1 问题背景

随机数是专门的随机实验的结果。在统计学的不同技术中需要使用随机数,比如从统计总体中抽取有代表性的样本,将实验对象分配到不同的实验组,或者进行蒙特卡罗模拟法计算等场景。产生随机数有多种不同的方法,这些方法被称为随机数发生器。

本节实验中,我们将研习基于 MATLAB 平台的随机数生成方法,这些方法在后面的实验及案例研讨中经常用到。

2.1.2 实验过程

1)常见一维分布随机数

特定分布的随机数是指:设随机变量 X 服从分布 $F(x)$,则称随机变量 X 的抽样序列 $\{X_i\}$ 为分布 $F(x)$ 的随机数。

MATLAB 中常用的随机数函数见表 2-1。

表 2-1 常用的 MATLAB 随机数函数

函数名称及参数	函数功能
rand(m,n)	生成(0,1)内均匀分布的随机数
randn(m,n)	生成标准正态分布随机数
normrnd(mu, sigma, m, n)	生成正态分布随机数
unifrnd(a, b, m, n)	生成区间$[a, b]$上均匀分布随机数

续表

函数名称及参数	函数功能
unidrnd(N, m, n)	生成均匀分布(离散数)随机数
exprnd(lambda, m, n)	生成参数为 lambda 的指数分布随机数
chi2rnd(N, m, n)	生成自由度为 N 的卡方分布随机数
trnd(N, m, n)	生成自由度为 N 的 t 分布随机数
frnd(N1, N2, m, n)	生成自由度为 N_1,N_2 的 F 分布随机数
binornd(n, p, m, n)	生成二项分布随机数
geornd(N, P, m, n)	生成几何分布随机数
hygernd(M, K, N, m, n)	生成超几何分布随机数
poissrnd(lambda, m, n)	生成泊松分布随机数
random('name', A1, A2, A3, m, n)	生成多种分布随机数,取决于 name 的值

(1)均匀分布随机数

当只知道一个随机变量取值在(a, b)内,但不知道(也没理由假设)它在何处取值的概率大、在何处取值的概率小时,就用$U(a, b)$来模拟它。

①(0,1)区间内均匀分布随机数。

rand(m,n):生成区间(0,1)内均匀分布的随机数 $m\times n$ 矩阵;

```
r1 = rand(10)           % 生成(0,1)内均匀分布 10×10 矩阵
r2 = rand(4,5)          % 生成(0,1)内均匀分布 4×5 矩阵
```

②任意区间(a,b)内均匀分布随机数。

方法 1:可以使用公式 $r = a + (b-a) * \text{rand}(N,1)$ 生成区间(a, b)内的 N 个随机数。

```
a=2;b=10;
r = a + (b-a)* rand(10,2)  % 生成(2,10)内均匀分布 10×2 矩阵
```

方法二:应用 MATLAB 工具箱函数 unifrn d( )生成指定区间内均匀分布随机数。

```
a=2; b=10; m=10; n=2;
R=unifrnd (a, b)         % 生成一个[a,b]均匀分布的随机数
R=unifrnd (a, b, m, n)   % 限定在[a,b]上,生成 m 行 n 列的均匀分布随机数矩阵
```

③均匀分布随机整数

用到函数 randi( ),常用调用格式为:

```
X = randi([imin, imax], m, n)
```

该函数将返回闭区间[imin, imax]上随机整数构成的 $m\times n$ 矩阵。举例如下:

```
r = randi([-20 20],3,5)  % 生成[-20,20]上均匀分布随机整数 3×5 矩阵
```

(2)二项分布随机数

n 重独立重复实验过程中,随机事件的发生次数 X 服从二项分布,X 的取值可以用二项分布随机数来模拟。二项分布随机数函数 binornd( )的调用方法为:

```
r = binornd(n,p,s,t)
```

生成二项分布的随机数，n 为实验重数，p 为每次成功的概率；s 为返回值的行数，t 为列数。举例如下：

```
p = 0.6; n = 10; s = 4; t = 5;
R = binornd(n,p)          % 生成一个二项分布随机数
R = binornd(n,p,s,t)      % 生成 s 行 t 列的二项分布随机数
```

(3)泊松分布随机数

在单位时间、单位长度、单位面积、单位体积等单位度量范围内，稀有事件的发生次数服从泊松分布。比如，某地区每天发生重大交通事故的次数、某医院每天病亡患者的人数、某消防站每天接收到火警报警的次数、某片精心管理的草坪每周出现杂草的数量等，这些随机变量通常可以用泊松分布随机数来模拟。

```
r = poissrnd(lambda,s,t)
```

该函数返回以 lambda 为参数的泊松分布随机数矩阵，s 行 t 列。例如：

```
r = poissrnd(10,10,1)    % 生成参数为 10 的泊松分布随机数 10 个
```

(4)指数分布随机数

指数分布随机数在排队论、可靠性理论中用得较多，例如，顾客到达服务窗口的时间间隔服从指数分布；某些电子元器件发生故障的时间间隔服从指数分布。指数分布随机数函数用法如下：

```
r = exprnd(lambda, s, t)
```

返回值为以 lambda 为参数的指数分布的随机数矩阵，s 行，t 列。

注意，以 λ 为参数的指数分布，其密度函数是：

$$f(x;\lambda)=\begin{cases}\dfrac{1}{\lambda}\mathrm{e}^{-x/\lambda}, & x>0\\ 0, & x\leqslant 0\end{cases},(\lambda>0) \tag{2-1}$$

指数分布的随机数用法举例：

```
r = exprnd(8,10,1)          % 生成参数为 8 的指数分布的随机数 10 个
```

(5)正态分布随机数

正态分布在生活实践中有广泛应用，是概率统计教学中非常重要的内容。若一随机变量由诸多相互独立的随机变量叠加而成，每个分量不占主要成分，则总和变量的取值可用正态分布随机数模拟。正态分布随机数函数的用法是：

```
r=randn(s, t)
```

该函数生成 s 行 t 列的标准正态分布随机数矩阵。

```
r = normrnd(mu, sigma, s, t)
```

该函数生成均值为 mu，标准差为 sigma 的正态分布随机数矩阵，s 行，t 列。

举例如下：

```
r1 = randn(5,1)             % 生成标准正态分布随机数 5×1 矩阵
r2 = normrnd(0,1,5,1)       % 生成标准正态分布随机数 5×1 矩阵
r3 = normrnd(4,2,5,1)       % 生成正态分布随机数 5×1 矩阵，均值为 4,标准差为 2
```

2)其他一维分布随机数

(1)指定分布律的离散型随机数产生方法

设离散型随机变量 X 具有分布律

$$P\{X=x_i\}=p_i, i=1,2,\cdots, \sum_{i=1}^{\infty} p_i=1 \tag{2-2}$$

生成 X 的随机数,算法步骤如下:

①首先产生(0,1)上均匀分布的随机数 u;

②令

$$X=\begin{cases} x_1, & u<p_1 \\ x_2, & p_1 \leqslant u<p_1+p_2 \\ \vdots & \vdots \\ x_i, & \sum_{j=1}^{i-1} p_j \leqslant u<\sum_{j=1}^{i} p_j \\ \vdots & \vdots \end{cases} \tag{2-3}$$

则随机变量 X 服从分布律式(2-2)。

证明如下:由于 u 是(0,1)上服从均匀分布的随机变量,故其密度函数为

$$f_u(x)=\begin{cases} 1, & x \in(0,1) \\ 0, & x \notin(0,1) \end{cases} \tag{2-4}$$

若记 $a=\sum_{j=1}^{i-1} p_j, b=\sum_{j=1}^{i} p_j, i=1,2,\cdots$, 则根据式(2-3)、式(2-4)有

$$P\{X=x_i\}=P\{a \leqslant u<b\}=\int_a^b 1 \mathrm{d}x=b-a \tag{2-5}$$

即

$$P\{X=x_i\}=\sum_{j=1}^{i} p_j-\sum_{j=1}^{i-1} p_j=p_i, i=1,2,\cdots \tag{2-6}$$

即式(2-3)生成的随机变量服从分布律式(2-2),得证。

【算例】设离散型随机变量 X 的分布律为

$X=i$	1	2	3	4
p_i	0. 2	0. 35	0. 25	0. 4

试产生该分布的随机数。

根据上述算法,编写程序如下:

%产生指定离散型分布的随机数

```
X = 1:4;                     % 分布律中随机变量取值
p = [0.2,0.15,0.25,0.4];  % 分布律中的概率值
cumP = cumsum(p)             % 分布律中概率的累计和
u = rand;
if u<cumP(1)                 % 若 u<0.2
   R = X(1);
```

```
elseif u<cumP(2)            % 若0.2≤u<0.35
    R = X(2);
elseif u<cumP(3)            % 若0.35≤u<0.6
    R = X(3);
else                        % 若0.6≤u
    R = X(4);
end
R
```

运行上述程序便可获得一个需要的随机数。

为了验证这种算法的可行性,我们也可以从频率的角度验证,只需产生多个随机数,然后统计上述随机数的出现频率,看是否和分布律中的概率值接近。编程验证如下:

```
% 产生指定离散型分布的随机数,并进行实验验证
X = 1:4;                     % 分布律中随机变量运行取值
p = [0.2,0.15,0.25,0.4];     % 分布律中的概率值
cumP = cumsum(p);            % 分布律中概率的累计和
N = 20000;                   % 下面准备产生N个随机数
R = zeros(1,N);              % 所产生的随机数将存储在变量R内
for k=1:N                    % 本循环内产生随机数
    u = rand;
    if u<cumP(1)             % 若u<0.2
        R(k) = X(1);
    elseif u<cumP(2)         % 若0.2≤u<0.35
        R(k) = X(2);
    elseif u<cumP(3)         % 若0.35≤u<0.6
        R(k) = X(3);
    else                     % 若u≥0.6
        R(k) = X(4);
    end
end
table=tabulate(R)            % 统计随机数的频数频率表
```

某次执行结果列表整理见表2-2。从程序运行结果看出,4个随机数出现的频率约等于分布律中的概率。

表2-2 程序某次执行结果

随机数 X	频数	频率/%
1	4 040	20.20
2	3 056	15.28
3	5 014	25.07
4	7 890	39.45

(2)指定分布的连续型随机数产生方法

设连续型随机变量 X 具有分布函数 $F(x)$,即 $X\sim F(x)$,若函数 $F(x)$ 是严格单调增加的连续函数,则产生这一分布的随机数的算法步骤如下:

①产生(0,1)上均匀分布的随机数 u;

②取 $X=F^{-1}(u)$,则 $X\sim F(x)$。这里,$F^{-1}(\cdot)$是函数 $F(\cdot)$的反函数。

证明如下:由于函数 $F(x)$ 是严格单调增加的连续函数,因此其反函数 $F^{-1}(x)$ 存在,且 $F^{-1}(x)$ 严格单调递增且连续,因此随机变量 $X=F^{-1}(u)$ 的分布函数为

$$P\{X\leqslant x\}=P\{F^{-1}(u)\leqslant x\}=P\{F(F^{-1}(u))\leqslant F(x)\}=P\{u\leqslant F(x)\}=F(x) \tag{2-7}$$

注:式(2-7)最后一步的等号是利用(0,1)上均匀分布变量 U 的分布函数得到的。因此算法步骤中②的结论得证,即 $X\sim F(x)$。

【算例】利用上述方法产生 N 个标准正态分布的随机数,并进行正态性验证。

```
% 利用上述算法产生标准正态分布的随机数,并进行验证
% 步骤 1:产生(0,1)上伪随机数 u,作为分布函数的值使用
% 步骤 2:将 u 代入逆分布函数,求得随机变量的取值
% 步骤 3:绘制正态概率图验证所生成的随机数是否服从标准正态分布
N = 1000;                  % 生成 N 个随机数
R = zeros(1,N);            % 变量 R 用于存放所生成的 N 个随机数
for k = 1:N
    u = rand;              % 生成 1 个(0,1)上均匀分布随机数
    R(k) = norminv(u);     % 将 u 代入标准正态分布的逆分布函数公式求得随机数取值
end
normplot(R);               % 验证所生成的随机数服从标准正态分布
grid on; box on;
```

程序运行结果见图 2-1。

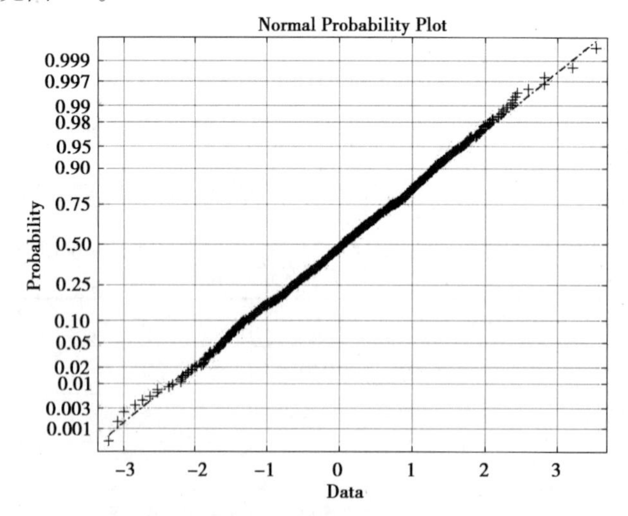

图 2-1　关于生成的 1 000 个随机数的正态性验证

这里将上述程序倒数第二行中用到的函数 normplot( )的功能和用法解释说明如下:

MATLAB 统计工具箱提供了 normplot( )函数,用来绘制正态概率图。正态概率图用于正态分布的检验,在图 2-1 中,每一个观测值对应图上一个"+"号,图上给出了一条参考线(点划线),若图中的"+"都集中在这条参考线附近,说明样本近似服从正态分布;若偏离参考线的"+"越多,说明观测数据越不服从正态分布。

2.1.3 课外研讨问题

①调用 rand( )函数生成 10×10 的随机数矩阵,并将矩阵按列拉长(用函数 reshape( )),然后调用 histogram( )函数画出频数直方图。

②调用 normrnd( )函数生成 1 000×3 的正态分布随机矩阵,其中均值 $\mu=75$,标准差 $\sigma=8$,并调用 histogram( )函数作出各列的频数直方图。

③产生 N 个服从以 1/5 为参数的指数分布的随机数 X,作为某天从上班开始到服务窗口访问的 N 位顾客到达的时间间隔(单位:h),逐一累加(用 cumsum( )函数)得到各位顾客到达时刻,统计 1 h(即区间[0,1])内来访的顾客人数,记为随机变量 Y,反复统计得到一批 Y 的观测值,画 QQ 图,验证 Y 服从以 5 为参数的泊松分布。

④设计虚拟抽奖算法、虚拟轮盘赌算法。这里只要求设计其中产生随机数的核心算法并编程实现。

⑤在某篇科技论文中,作者构造了蚁群算法,蚂蚁位于行进路径中的某个节点处,其下一步行进有 A、B、C、D 共 4 个方向可供选择,蚂蚁选择各个方向的概率已算出,分别是 p_1,p_2,p_3,p_4(满足 $p_1+p_2+p_3+p_4=1$)。请你接着设计算法并编写程序,为蚂蚁下一步随机选择行进方向(其中这 4 个概率值请自行给定)。

2.2 二项分布实验

2.2.1 问题背景

二项分布在概率统计教学中以及工程技术中有重要的理论和应用价值。这里,我们将通过实验进一步认识该分布的特征和性质。请围绕以下几个问题展开实验研究:

①了解二项分布分布律函数 binopdf( )、累积概率分布函数 binocdf( )的用法;

②自定参数,绘制二项分布的分布律、分布函数图形;

③研究二项分布的最大概率点,即服从二项分布的随机变量最可能取哪一个值,在此基础上分析给出理论结果。

针对上述 3 个问题,请同学们先自行开展初步实验,然后阅读下面的内容并开展实验与研究。

2.2.2 实验过程

1) MATLAB 中的二项分布律、累积概率分布函数

(1) 二项分布律函数

```
Y = binopdf(X, N, P)
```

参数说明:N 表示二项分布模型中独立重复实验的重数;P 为每次实验时所关注事件发生的概率。

当 X 为标量时,返回值为 X 处的二项分布概率值;当 $\boldsymbol{X}$ 为向量时,返回值为 $\boldsymbol{X}$ 中的每个值相应的二项分布概率值组成的向量。

注意,$\boldsymbol{X}$ 中的元素值必须是 $0 \sim N$ 之间的整数,否则其概率值为零。

(2) 二项分布累积概率分布函数

```
y = binocdf(x,n,p)              % 计算二项分布 x 点及其左侧累积概率值,即 P{X≤x}
y = binocdf(x,n,p,'upper')      % 计算二项分布 x 点右侧累积概率值,即 P{X>x}
```

这里请同学们动手实验:

①计算 $b(4,0.4)$ 的分布律;

②验证上述两种调用模式语法中右边注释语句的正确性。

参考代码如下:

```
N = 4; p = 0.4;                 % 设定参数值
X = [0,1,2,3,4];                % 二项分布 b(4,0.4)的随机变量允许取值
P = binopdf(X,N,p)              % 计算 X 的各个取值处的概率值
a1 = binocdf([-1,0,0.5,1],N,p)    % 验证 X 点及其左侧的累积概率值,与分布律对照
a2 = binocdf([4.5,4,3.8,3,2.5],N,p,'upper')    % 验证右侧累积概率值
```

请同学们运行代码,观察运行结果,作出自己的判断。

2) 二项分布律、分布函数图形绘制

(1) 分布律图形

方法要点是用 binopdf( ) 函数计算分布律的概率值,用 stem( ) 函数绘制火柴杆图。为了对比不同参数下的分布律图形,这里分别作 $N=5,10,15,20$, $p=0.3$ 的二项分布律图形。参考代码如下:

```
% 二项分布律绘图程序
p = 0.3; N = 5:5:20;                 % 设置二项分布 b(n,p)的参数,N 取 5,10,15,20 四个值
for k=1:length(N)
    x = 0:N(k);                      % 二项分布随机变量的允许取值
    subplot(length(N)/2,2,k);        % 分割绘图子区域,设定当前绘图区域
    y = binopdf(x,N(k),p);           % 计算二项分布律的因变量值
    stem(x,y,'fill','b','MarkerSize',3)   % 绘制离散数据的火柴杆图
    axis([0,N(k),0,0.4]);            % 设置显示图形范围
    title(['$ X: ~b($',num2str(N(k)),',0.3)'],'Interpreter','latex')
end
```

程序运行结果见图 2-2。

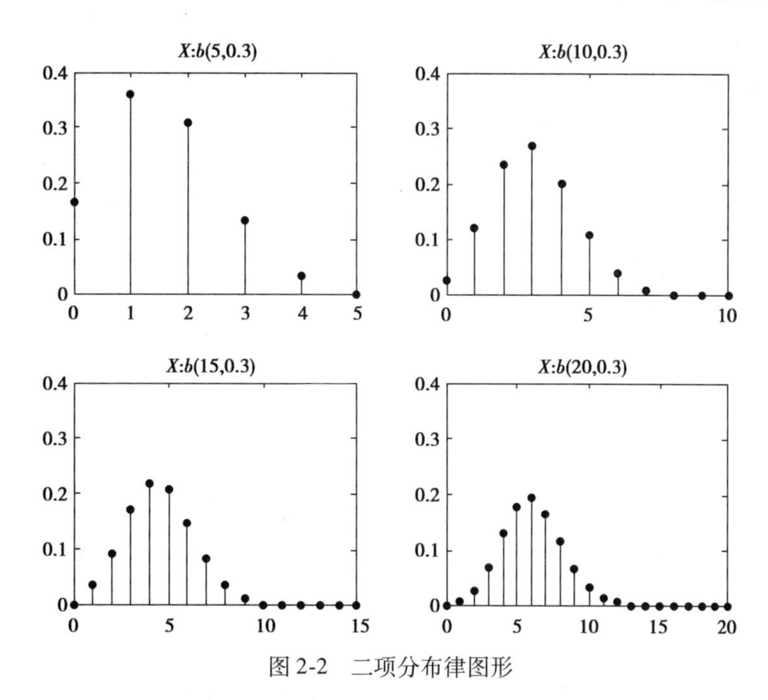

图 2-2 二项分布律图形

由图 2-2 可以看出，在参数 p 不变的情况下，二项分布的分布律呈现先增后减的离散单峰不对称钟形曲线特征，峰值随参数 N 的增加而减小，峰的位置随 N 的增加而右移。

(2)分布函数图形

方法要点是用 binocdf( )函数计算分布函数值。由于离散型随机变量的分布函数是阶梯形曲线，故适合用 stairs( )函数绘制曲线图。参考代码如下：

```
N=4;p=0.4;                          % 二项分布的参数取值
x=-1:5;                             % 绘图时自变量的取值
y=binocdf(x,N,p);                   % 计算自变量取值点处分布函数的值
% 用 stairs( )函数绘制分布函数的阶梯形折线图,并根据需要设定部分属性参数
h = stairs(x,y,'Marker','o','MarkerSize',4,'MarkerFaceColor','auto')
xlabel('x');ylabel('F(x)')
```

程序运行结果见图 2-3。

观察图 2-3 二项分布函数的曲线，体会分布函数“单调不减，右连续性”的含义。

3)二项分布的最大概率点研究

观察图 2-2 可知，二项分布 $b(n,0.3)$ 的最大概率点见表 2-3。

表 2-3 二项分布最大概率点观察

二项分布	最大概率点	$(n+1)p$	$[(n+1)p]-1$	$[(n+1)p]$
$b(4,0.3)$	$X=1$	1.5	0	1
$b(9,0.3)$	$X=2,3$	3	2	3
$b(14,0.3)$	$X=4$	4.5	3	4
$b(19,0.3)$	$X=5,6$	6	6	6

注：表头中符号$[x]$表示不超过 x 的最大整数。

从表2-3中可以观察出二项分布最大概率点和$(n+1)p$的值有明显关系。对此进行如下理论分析：

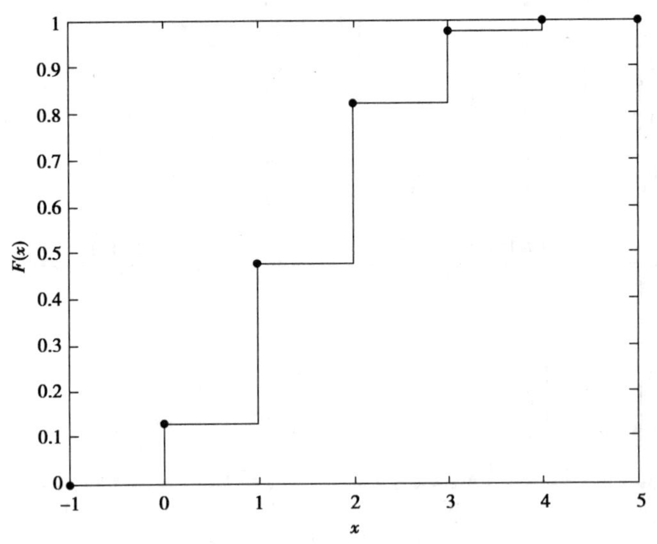

图2-3　二项分布$b(4,0.4)$分布函数图形

设$X\sim b(n,p)$，设该二项分布的最大概率在$X=k$处取得，则有

$$\begin{cases}P\{X=k-1\}\leqslant P\{x=k\}\\P\{X=k\}\geqslant P\{X=k+1\}\end{cases}\tag{2-8}$$

即

$$\begin{cases}C_n^{k-1}p^{k-1}(1-p)^{n-k+1}\leqslant C_n^k p^k(1-p)^{n-k}\\C_n^k p^k(1-p)^{n-k}\geqslant C_n^{k+1}p^{k+1}(1-p)^{n-k-1}\end{cases}\tag{2-9}$$

解这个关于k的不等式组得

$$(n+1)p-1\leqslant k\leqslant(n+1)p\tag{2-10}$$

【实验结论】注意到上述区间的长度为1，且k取值为正整数，结合图2-2、表2-3的观察结果，可得如下结论：

①当$(n+1)p$为整数时，二项分布在$X=(n+1)p-1$及$X=(n+1)p$处均取得最大概率值；

②当$(n+1)p$不为整数时，二项分布在$X=[(n+1)p]$处取得最大概率。这里，符号$[x]$表示不超过x的最大整数。

“实验观察+理论求证”是发现知识的重要方法，本实验关于二项分布最大概率点的研究过程，就让我们体会了这一点。从研究问题的方法论层面，希望对同学们以后的学习研究能有所启发。

2.2.3　课外研讨问题

①请同学们实践，对于离散型随机变量，如果作分布函数图形时不用stairs( )函数而改用plot( )函数是什么效果？比一比，哪个效果好？

②设随机变量 X 的分布律为

X	−1	0	3	4	7	10
p_i	0.1	0.2	0.3	0.2	0.1	0.1

请编程绘制 X 的分布律图形和分布函数图形。

③有 10 个人一起玩摸球游戏,约定赢者有奖品。已知口袋中有 6 个黄球、4 个白球。第一步:每人从写着数字 0,1,…,9 的卡片中任选一张;第二步:每人从口袋中摸 1 个球,观察后放回;第三步:统计所有摸到黄球的人数,这个数和谁的卡片数字相同,谁获胜。

如果第一个人问你该选几号卡片,你该如何建议?请通过仿真实验验证你的想法。

2.3 泊松分布实验

2.3.1 问题背景

泊松分布在概率统计教学及工程技术中有着重要的理论和应用价值。下面,请围绕以下几个问题展开实验研究,进一步认识泊松分布的特征和性质。

①研究 MATLAB 中泊松分布的分布律函数 poisspdf( )、分布函数 poisscdf( )的调用方法;

②自定参数,绘制泊松分布律图形、分布函数图形;

③研究泊松分布的最大概率点;

④研讨二项分布和泊松分布的关系——泊松定理。

请同学们首先自行实验,学习研究上述问题,然后实践并研究下面的实验过程。

2.3.2 实验过程

1)泊松分布律及分布函数的 MATLAB 函数

(1)分布律函数

```
Y = poisspdf(x,lambda)
```

参数说明:lambda 为泊松分布的参数;x 为泊松分布随机变量的取值,若 x 为标量,该函数的返回值为 x 处泊松分布律的概率值,若 x 为向量或矩阵,则返回值 Y 为同型向量或矩阵,其每一值是对应于 x 中每个数的泊松分布律概率值。

(2)分布函数

分布函数可以有以下两种调用格式:

```
P = poisscdf(x,lambda)              % 参数为 lambda 的泊松分布函数在 x 处的值,P{X≤x}
P = poisscdf(x,lambda,'upper')      % 泊松分布在 x 右侧的累积概率值,即 P{X>x}
```

2)泊松分布律图形绘制

为了对比密度函数与分布律的关系,这里将参数为 5 的泊松分布的分布律图形和分布函数图形画在一个坐标系中。参考代码如下:

```
lmd = 5;                            % 泊松分布参数取值
x =0:15;                            % 自变量取值
pdfy = poisspdf(x,lmd);             % 计算分布律的值
cdfy = poisscdf(x,lmd);             % 计算分布函数的值
h1 = stem(x,pdfy,'filled');         % 画分布律火柴杆图
hold on;
h2 = stairs(x,cdfy,'-.b','Marker','o')   % 画分布函数阶梯曲线
xlabel('x');ylabel('p')
legend('Poiss PDF','Poiss CDF')
grid on;
```

程序运行结果见图 2-4。

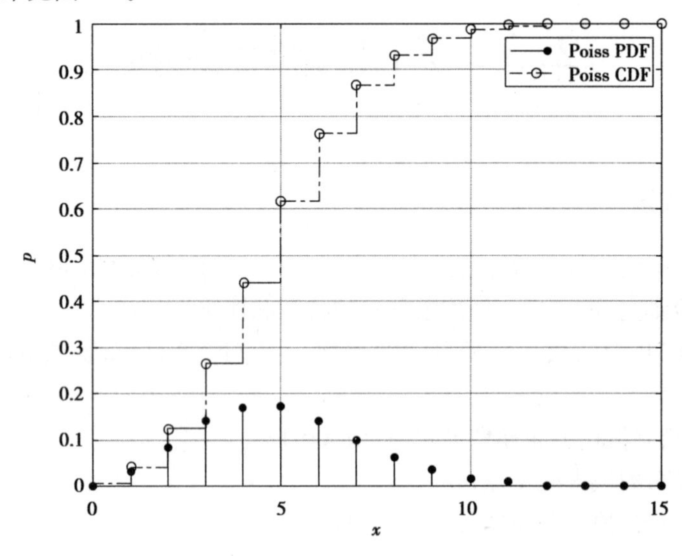

图 2-4　泊松分布的分布律及分布函数图形

为比对不同参数 λ 的影响,下面编写代码分别绘制不同 λ 值的泊松分布律图形。

```
% 泊松分布律绘图
lambda = 5:5:20;                          % 设置泊松分布的参数为不同值
x = 0:40;                                 % 设置绘图范围
for k = 1:length(lambda)
    subplot(length(lambda)/2,2,k);        % 划分绘图子区域
    P = poisspdf(x,lambda(k));            % 计算泊松分布律的值
    stem(x,P,'fill','b','MarkerSize',3)   % 绘制离散数据的火柴杆图
    axis([0,40,0,0.2]);                   % 设置显示图形范围
    title(['$ X:Poiss( $',num2str(lambda(k)),'$ ) $'],'Interpreter','latex');
end
```

程序运行结果见图 2-5。

由图 2-5 可以看出,泊松分布的分布律为:先增后减,呈现离散单峰不对称钟形曲线特征,峰的位置随着参数 λ 的增加而右移。

3)泊松分布的最大概率点

请同学们通过 MATLAB 计算观察 λ=5、λ=7.6 时泊松分布律的概率值。

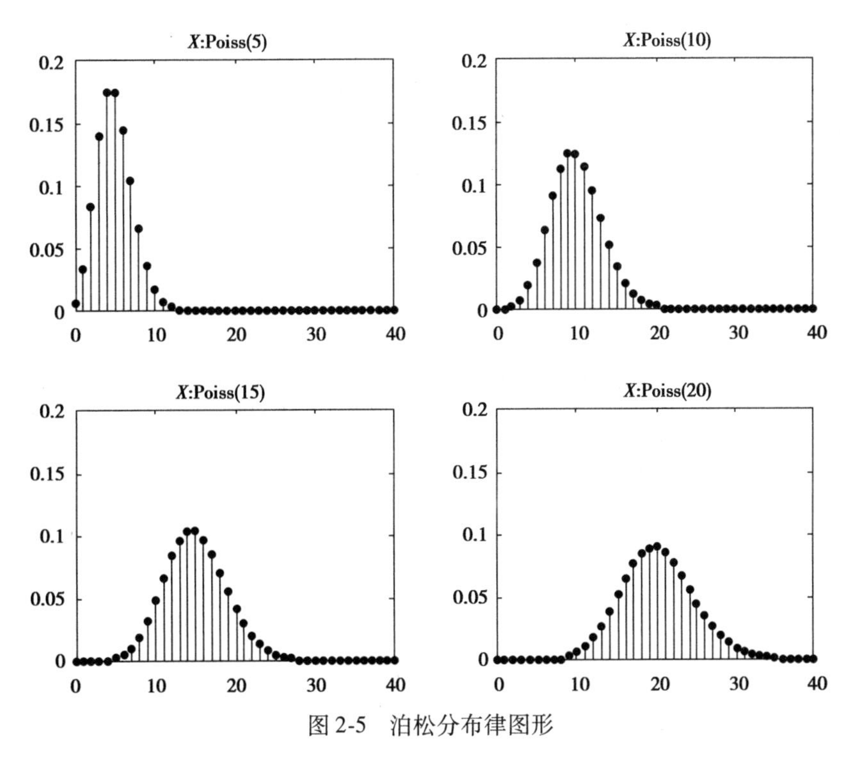

图 2-5 泊松分布律图形

这里给出参考代码如下:

```
% 本段程序查找不同参数的泊松分布的最大值点
lambda1 = 5;
lambda2 = 7.6;
x = (0:9)';                          % 泊松分布随机变量的部分取值
result = zeros(length(x),3);         % result 矩阵用来存放计算的结果
result(:,1) = x;
result(:,2) = poisspdf(x,lambda1);
result(:,3) = poisspdf(x,lambda2);
```

列表整理上述程序运行结果,见表 2-4。

表 2-4 $\lambda=5$、$\lambda=7.6$ 时泊松分布律的部分概率值

k	当 $\lambda=5$ 时,$P\{X=k\}$	当 $\lambda=7.6$ 时,$P\{X=k\}$
0	0.00673794699908547	0.000500451433440611
1	0.0336897349954273	0.00380343089414865
2	0.0842243374885684	0.0144530373977648
3	0.140373895814281	0.0366143614076709
4	**0.175467369767851**	0.0695672866745748
5	**0.175467369767851**	0.105742275745354
6	0.146222808139876	0.133940215944115
7	0.104444862957054	**0.145420805882182**
8	0.0652780393481587	0.138149765588072

从表2-4可以看出，当 $\lambda=5$ 时，泊松分布在 $X=4$ 及 $X=5$ 处取得最大概率值；当 $\lambda=7.6$ 时，泊松分布在 $X=7$ 处取得最大概率值。

那么，泊松分布取得最大概率值的一般规律是什么呢？

根据上面的实验，我们猜想：

①若 λ 是正整数，则当 $k=\lambda-1$ 或 $k=\lambda$ 时，泊松分布概率 $P\{X=k\}$ 最大；

②若 λ 不是正整数，则当 $k=[\lambda]$ 时，泊松分布概率 $P\{X=k\}$ 最大。

下面我们做理论推导：

设 $X\sim P(\lambda)$，设该二项分布的最大概率在 $X=k$ 处取得，则有

$$\begin{cases} P\{X=k-1\} \leqslant P\{X=k\} \\ P\{X=k\} \geqslant P\{X=k+1\} \end{cases} \tag{2-11}$$

即

$$\begin{cases} \dfrac{\lambda^{k-1}e^{-\lambda}}{(k-1)!} \leqslant \dfrac{\lambda^{k}e^{-\lambda}}{k!} \\ \dfrac{\lambda^{k}e^{-\lambda}}{k!} \geqslant \dfrac{\lambda^{k+1}e^{-\lambda}}{(k+1)!} \end{cases} \tag{2-12}$$

解得

$$\lambda-1 \leqslant k \leqslant \lambda \tag{2-13}$$

由此可知，若 λ 是正整数，即当 $k=\lambda-1$ 或 $k=\lambda$ 时，式(2-11)中两个不等式同时成立，这表明泊松分布概率取得最大值；若 λ 不是正整数，即当 $k=[\lambda]$ 时，式(2-11)中两个不等式同时成立，此时，泊松分布概率最大。

也就是说，我们上面提出的猜想是正确的。

4)二项分布与泊松分布的关系探究

(1)泊松定理

在概率论学习中，二项分布与泊松分布的关系体现为“泊松定理”，其内容如下：

泊松定理：设 $\lambda>0$ 是一个常数，n 是任意正整数，设 $np=\lambda$，则对于任一固定的非负整数 k，有

$$\lim_{n\to\infty} C_n^k p_n^k (1-p_n)^{n-k} = \frac{\lambda^k e^{-\lambda}}{k!} \tag{2-14}$$

泊松定理表明，在二项分布中，随着 n 无限增大，若 $np_n=\lambda$(常数)，则二项分布的极限分布为泊松分布。这也意味着当 n 很大、p 很小($np=\lambda$ 为常数)时，二项分布的概率可以近似地用泊松分布来计算，即

$$P(X=k)=C_n^k p^k (1-p)^{n-k} \approx e^{-\lambda}\frac{\lambda^k}{k!},\quad k=0,1,\cdots,n \tag{2-15}$$

经过实践人们得出，当 $n\geqslant 20$，$p\leqslant 0.05$ 时，用泊松分布作为二项分布的近似效果颇佳。

针对上述知识，请设计实验对二项分布与泊松分布进行对比验证。

(2)实验探究

同学们可以自行设定参数，将二项分布 $b(n,p)$ 的分布律图形与 $\lambda=np$ 的泊松分布图形绘制在一起作比较，可以看出两者的接近程度。特别是 n 很大、p 很小时的二项分布，将和 np 为参数的泊松分布律十分接近。

作为示范，这里取 $n=10$，$p=0.5$ 的二项分布及 $n=100$，$p=0.05$ 的二项分布分别于 $\lambda=5$

的泊松分布律作比较,绘图代码如下:

```
n1=10; n2=100; p1=0.5; p2=0.05; lmd1=5; lmd2=5;  % 设置二项分布及泊松分布参数值
x=0:n1;                              % 取定 X 的值
y1=binopdf(x,n1,p1);                 % 计算 X 处二项分布 b(n1,p1)的概率值
y2=binopdf(x,n2,p2);                 % 计算 X 处二项分布 b(n2,p2)的概率值
z1=poisspdf(x,lmd1);                 % 计算 X 处泊松分布 P(lmd1)的概率值
z2=poisspdf(x,lmd2);                 % 计算 X 处泊松分布 P(lmd2)的概率值
subplot(2,1,1);                      % 将绘图区分为上下两块激活第一块
plot(x,y1,'b:o',x,z1,'r-.^');        % 绘图
title('Comparing PMF of Poisson Dist. and Binomial Dist.')  % 设置图标题
ylabel("Probability")                % 设置纵坐标标签
legend('Binopdf(n=10,p=0.5)','Poisspdf(lmd=5)')  % 设置图例
subplot(2,1,2);                      % 将绘图区分为上下两块激活第二块
plot(x,y2,'b:o',x,z2,'r-.^');        % 绘图
ylabel("Probability")                % 设置纵坐标标签
legend('Binopdf(n=100,p=0.05)','Poisspdf(lmd=5)')  % 设置图例
```

程序运行结果见图 2-6。

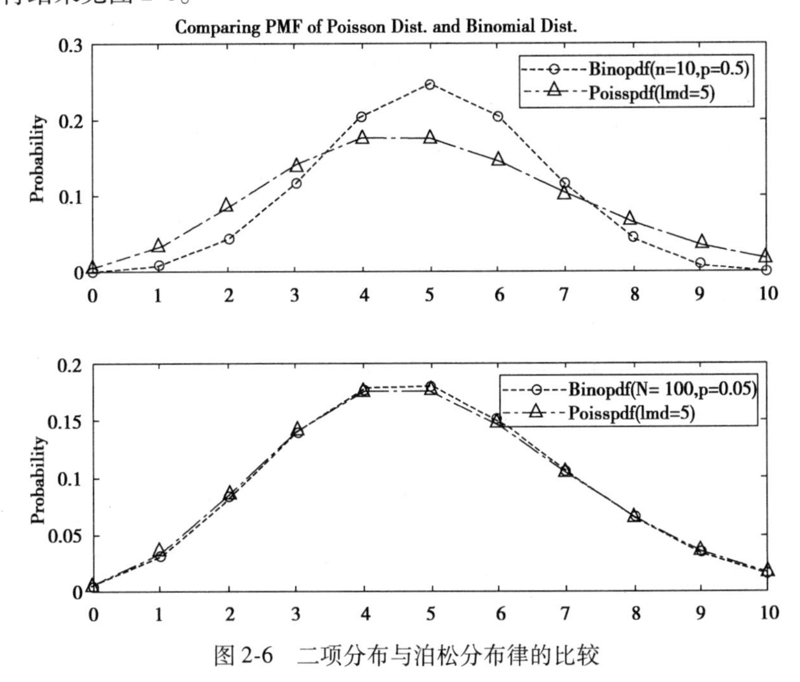

图 2-6 二项分布与泊松分布律的比较

泊松分布在工程技术和理论教学中有重要的价值,通过实验加深对泊松分布性质的认识与理解很有必要。另外,本实验在泊松分布最大概率点的讨论中再次用到"实验观察+理论分析"的研究方法。

关于二项分布、泊松分布的关系实验探究,加深了我们对泊松定理的理解,当 n 很大、p 很小时,可近似用 np 为参数的泊松分布来近似计算二项分布 $b(n,p)$ 的概率。近似计算在工程技术中是一种重要的思想,但在传统的理论教学过程中容易被忽视,对此,希望同学们在以后的学习中予以更多关注。

2.3.3 课外研讨问题

①编制程序,绘制泊松分布分布律图形和分布函数图形,参数自定。

②对 $p=0.0002$ 时,请通过实验验证,n 取多少时,在 $X=[np]$ 处(这里符号[ ]表示截尾取整),二项分布 $b(n,p)$ 的概率值与泊松分布 $P(np)$ 的概率值误差不超过 10^{-4}。

③设某企业有同类型设备 300 台,各台工作是独立的,每台发生故障的概率均为 0.01。为保障设备发生故障又不能及时维修的概率小于 0.01,那么需要配备维修工人多少名(假设一台设备的故障可由一人处理)?

2.4 指数分布实验

2.4.1 问题背景

指数分布是重要的连续型分布,在可靠性理论与排队论中有广泛应用。为加深大家对指数分布的认识,请围绕下述内容开展数学实验:

①指数分布概率密度作图、分布函数作图;

②指数分布的无记忆性;

③指数分布与泊松分布的关系。

2.4.2 实验过程

1)MATLAB 中指数分布的密度函数与分布函数

(1)密度函数

```
Y = exppdf(X,mu)
```

该函数计算的是以 mu 为参数、自变量值取 X 时的指数分布的密度函数值。X 可以是标量、向量或者矩阵。

查阅 MATLAB 帮助可知,函数 exppdf( )计算的是如下形式的指数分布概率密度函数的值。

$$f(x;\mu)=\begin{cases}\dfrac{1}{\mu}\mathrm{e}^{-x/\mu}, & x>0\\ 0, & x\leqslant 0\end{cases} \tag{2-16}$$

(2)分布函数

```
p = expcdf(x,mu)
```

参数说明:x 为自变量,可为标量、向量或矩阵;mu 为指数分布的参数,也就是数学期望。返回值 p 为指数分布的在 x 中每一个值左侧的累积概率。

```
p= expcdf(x,mu,'upper')
```

参数说明:x,mu 同上;'upper'参数使用后,则计算的是 x 中每个值右侧的累积概率值。

学到这里,请同学们动手实践:绘制指数分布的概率密度函数及分布函数的图形。

2)指数分布的概率密度函数及分布函数的图形

以 mu=2 的指数分布为例,编写以下代码绘制指数分布 PDF 图及 CDF 图。

```
x = 0:0.01:15;           % 自变量取值
mu = 2;                  % 指数分布的参数
ypdf = exppdf(x,mu);     % 计算密度函数因变量值
ycdf = expcdf(x,mu);     % 计算分布函数因变量值
subplot(1,2,1)
plot(x,ypdf);grid on;
title('Exponential PDF')
xlabel('x');ylabel('yPDF')
subplot(1,2,2)
plot(x,ycdf);
title('Exponential CDF')
xlabel('x');ylabel('yCDF')
grid on
```

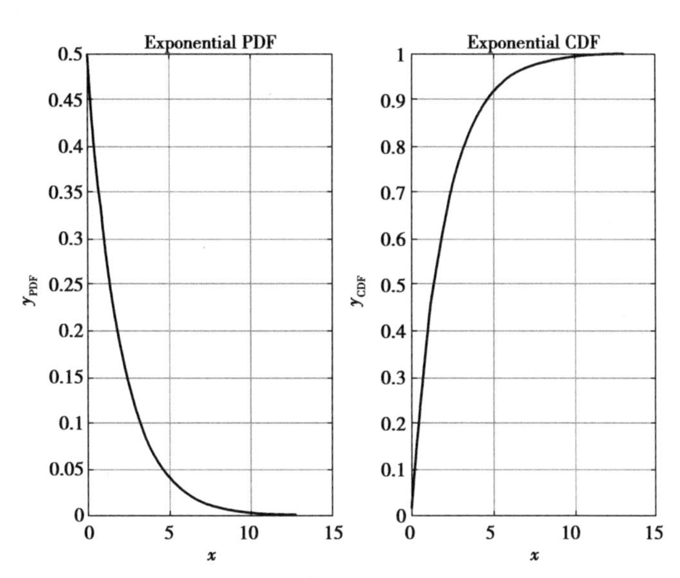

图 2-7　指数分布的 PDF 图及 CDF 图(mu=2)

3)指数分布的无记忆性实验验证

指数分布有一个很特别的性质,就是指数分布的"无记忆性",其数学含义是:对于服从指数分布的随机变量 X,有

$$P\{X > s + t \mid X > s\} = P\{X > t\} \tag{2-17}$$

若把 X 理解为某一元件的寿命,则式(2-17)表明:已知元件使用了 s 小时,它总共能使用至少 $s+t$ 小时的概率,与它从开始使用时算起至少能使用 t 小时的概率相等。也就是说,元件对已经使用过 s 小时的经历没有记忆。

概率论教学中,我们从理论分析角度论证了指数分布的无记忆性质,为了让同学们对此有进一步直观的认识,下面,我们从实验角度进行验证。

由条件概率计算公式变形可得

$$P\{X > s + t \mid X > s\} = \frac{P\{X > s + t\}}{P(X > s)} \tag{2-18}$$

于是,要验证式(2-17)成立,就是要验证

$$P\{X > s + t\} = P\{X > s\}P\{X > t\} \tag{2-19}$$

根据式(2-19),我们给出验证实验设计思想:在多次观察中,统计事件的发生频率$f\{X>s+t\}$、$f\{X>s\}$、$f\{X>t\}$,由于实验次数较多时,事件的发生频率和发生概率近似相等,因此可以从频率的角度判断式(2-19)的正确性。

据上述验证实验设计思想,假设某元件寿命服从以100为参数的指数分布,取$s=40$(小时)、$t=80$(小时)。构造实验算法步骤如下:

①取定程序初值:$N=10000000$;mu=100;$s=40$;$t=80$;

②产生N个服从Exp(mu)的随机数,代表对N个元件使用寿命的观察值;

③统计N个寿命值中的下述频率值:$f\{X>s+t\}$、$f\{X>s\}$、$f\{X>t\}$;

④显示$f\{X>s+t\}-f\{X>s\}f\{X>t\}$的值。

这里,请同学们思考,为什么步骤④不写作"判断$f\{X>s+t\}=f\{X>s\}f\{X>t\}$是否成立"?

根据上述算法,编写实验代码如下:

```
% 指数分布无记忆性验证实验
N = 1e+8;
mu=100;
s = 40;
t = 80;
X = exprnd(mu,1,N);          % 产生N个指数分布随机数
f1 = sum(X>(s+t));           % 统计{X>s+t}的频数
f2 = sum(X>s);               % 统计{X>s}的频数
f3 = sum(X>t);               % 统计{X>t}的频数
format short g               % 控制数据显示格式为
result = f1/N-f2* f3/N^2     % 显示 f{X>s+t}-f{X>s}f{X>t}的计算结果
```

这里给出某次运行的结果:"result = -1.498 7e-05"。

这表明$f\{X>s+t\} \approx f\{X>s\}f\{X>t\}$,因而间接验证了式(2-17)的正确性。

4)指数分布与泊松分布的关系实验探究

(1)问题背景

关于泊松分布,我们知道,单位时间(或单位长度、单位面积、单位体积等)内,某稀有事件发生的次数这一随机变量通常服从以$\lambda(\lambda>0)$为参数的泊松分布,参数λ表示单位度量范围内稀有事件发生的均值,反映事件发生的频率。然而,不可思议的是,泊松分布与指数分布有密切关系。下面,我们通过一个具体实例,探讨泊松分布与指数分布之间的关系。

问题一:如果某设备在单位时间内发生故障的次数N服从以$\lambda(\lambda>0)$为参数的泊松分布,则该设备在任意时长t的时段$[0, t]$内发生故障的次数$N(t)$服从以λt为参数的泊松分布;若以T表示相邻两次故障之间的时间间隔,则T将服从以$1/\lambda$为参数的指数分布,即T的概率密度函数形式为:

$$f(x)=\begin{cases}\lambda e^{-\lambda x}, & x>0\\ 0, & x\leqslant 0\end{cases} \tag{2-20}$$

问题二:若某设备的故障间隔 T 服从以 $1/\lambda$ 为参数的指数分布,则单位时间内,该设备发生故障的次数 N 将服从以 λ 为参数的泊松分布。

(2)理论分析与实验验证

针对问题一:可以从理论分析角度论证故障时间间隔服从指数分布。

设 $N(t)\sim P(\lambda t)$,即 $P\{N(t)=k\}=(\lambda t)^k e^{-\lambda t}/k!, k=0,1,\cdots$。首先分析故障间隔 T 的分布函数及概率密度函数。

注意到两次故障之间的时间间隔 T 是非负随机变量,且事件 $\{T\geqslant t\}$ 说明该设备在 $[0,t]$ 内没有发生故障,即 $\{T\geqslant t\}=\{N(t)=0\}$,因此我们得出:

当 $t<0$ 时,有 $F_T(t)=P\{T\leqslant t\}=0$;

当 $t\geqslant 0$ 时,有 $F_T(t)=P\{T\leqslant t\}=1-P\{T>t\}=1=P\{N(t)=0\}=1-e^{-\lambda t}$;

由此可得 T 的分布函数和概率密度函数分别为:

$$F_T(t)=\begin{cases}0, & t<0\\ 1-e^{-\lambda t}, & t\geqslant 0\end{cases} \tag{2-21}$$

$$f_T(t)=\begin{cases}0, & t<0\\ -\lambda e^{-\lambda t}, & t\geqslant 0\end{cases} \tag{2-22}$$

这表明,故障间隔 T 服从以 $1/\lambda$ 为参数的指数分布。

根据上述分析,设备故障次数变量 $N(t)$ 与故障间隔变量 T 的分布关系可表示为图 2-8。

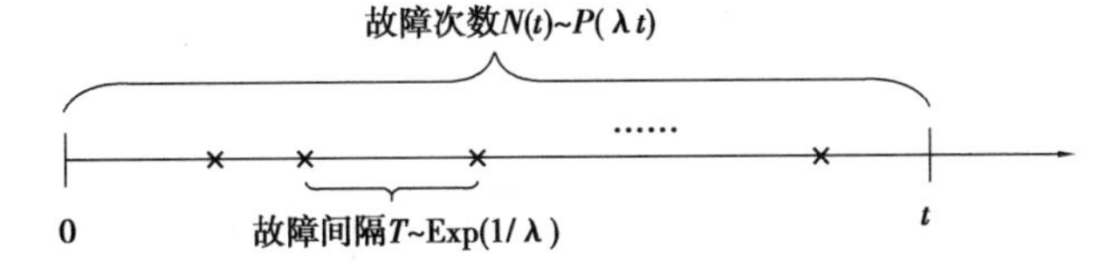

图 2-8 故障次数与故障间隔之间的关系示意图

针对问题二:由于不便根据理论分析得出结果,这里给出实验验证方法。

方法是:产生一系列服从指数分布 Exp(1/λ)的随机变量作为故障间隔,依次累加这些故障间隔,得到故障发生时间序列,统计单位时间内发生故障的次数,经过多次观察统计,得到单位时间内发生故障次数的样本数据,然后以 QQ 图为工具与泊松分布 $P(\lambda)$ 对比,判定得出样本数据服从泊松分布 $P(\lambda)$ 的结论。

关于 QQ 图,我们将在数理统计实验部分介绍,现在我们只需要知道该函数的功能即可。该函数的功能是:从图形比对的角度来评判样本数据是否来自某个指定的分布,或者评判两组样本数据是否来自同一个总体。当图中由分位点构成横、纵坐标的标注点在参考线附近匀称分布,则可认为样本数据服从指定的分布,或者认为两个样本数据来自同一个总体。

编写程序验证如下:

```
% 本段代码欲验证单位时间内发生故障次数是否服从泊松分布
% 相邻故障的时间间隔用以 1/λ 为参数的指数分布随机数模拟
% 求累计和得到故障发生时刻,统计单位时间内的故障次数
N = 2000;              % 最多统计故障次数
```

```
lambda = 20;          % 单位时间内平均故障次数
m = 100;              % 观察次数
CN = zeros(1,m);      % CN 将用于保存单位时间内故障次数的各次观察结果
for k = 1:m
    interval = exprnd(1/lambda,N,1);     % 故障发生的时间间隔
    T = cumsum(interval);                % 求累计和得到故障发生时间序列
    CN(k) = sum(T<1);                    % 统计单位时间内发生故障次数
end
% 做 QQ 图比对单位时间内故障发生次数是否服从参数为 λ 的泊松分布
pd = makedist('Poiss','lambda',lambda);  % 产生一个泊松分布对象
qqplot(CN,pd);                           % 若 QQ 图中样本匀称地分布在参考线附近,则可
                                           认为是泊松分布
```

程序运行结果见图 2-9。

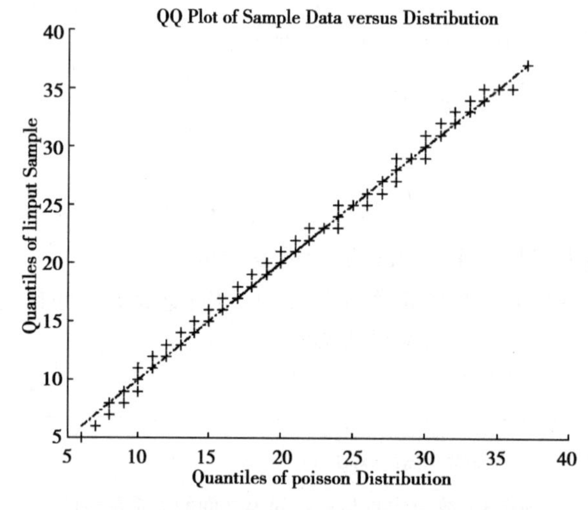

图 2-9　验证样本数据是否服从 $P(\lambda)$ 的 QQ 图

从图 2-9 可以看出,样本的分位点紧紧围绕参考线分布,可以认定,单位时间内故障发生的次数服从泊松分布 $P(\lambda)$。

2.4.3　课外研讨问题

①取不同参数值,在同一个坐标系中绘制指数分布概率密度函数的图形。

②生成参数为 10 的指数分布的随机数 1 000 个,画出数据的频率直方图。

③所谓指数分布的无记忆性,其数学含义是

$$P\{X>s+t|X>s\}=P\{X>t\}$$

我们在本节实验中讲过,式(2-17)可变形为式(2-19),即

$$P\{X>s+t\}=P\{X>s\}P\{X>t\}$$

请同学们利用 MATLAB 中指数分布函数 expcdf( )为计算工具,自行取定指数分布的参数以及上式中 s 和 t 的值,通过计算验证式(2-19)的成立性。另外,请同学们思考,式(2-19)成立性的证明,能不能用指数分布的密度函数的积分运算来证明。

④据说几何分布也具有“无记忆性”,请同学们从理论或者实验的角度探究探究。

2.5 大数定理与中心极限定理实验

2.5.1 问题背景

在概率论中,大数定理和中心极限定理起着极其重要的作用。大数定理本质上揭示了随机变量序列的算术平均值依概率收敛到总体均值,事件发生的频率随实验次数增多而稳定到事件发生的概率值;中心极限定理的基本思想则是:n 个相互独立、同分布的随机变量之和的分布近似于正态分布,并且 n 越大,这种近似程度越好。中心极限定理揭示了实际生活中正态分布大量存在的数学奥秘。

本节将通过可视化实验来验证大数定理和中心极限定理的正确性,以加深对定理的认识和理解。

2.5.2 实验过程

1)弱大数定律作图验证

(1)辛钦大数定律

辛钦大数定律是常用的弱大数定律之一,其基本内容为:设 $X_1,X_2,\cdots,X_n,\cdots$ 是相互独立、服从同一分布的随机变量序列,并具有数学期望 $E(X_i)=\mu(i=1,2,\cdots)$,作前 n 个随机变量的算术平均值 $\frac{1}{n}\sum_{i=1}^{n}X_i$,则对于任意 $\varepsilon>0$,有

$$\lim_{n\to\infty}P\left\{\left|\frac{1}{n}\sum_{i=1}^{n}X_i-\mu\right|<\varepsilon\right\}=1 \tag{2-23}$$

辛钦大数定律揭示的含义是:相互独立且同分布随机变量序列的均值依概率收敛到总体数学期望。

验证实验方法是:将随机变量序列所服从的分布视为总体 X,产生 X 的样本观察值(即 X 的随机数)n 个,求其均值 $\bar{x}_n$,令 n 不断增大,在坐标系中画出点列$(n,\bar{x}_n)$,并画出 X 的数学期望水平线作为参考线,观察点列$(n,\bar{x}_n)$随 n 增大的分布变化情况。

下面以均匀分布随机变量序列为例,编程作图验证辛钦大数定律。

```
% 基于均匀分布 U(0,20)随机变量序列验证辛钦大数定理
rng default
a = 0; b = 20;                              % 均匀分布的区间为[a,b]
n = 100:300:200000;                         % 样本容量 n 取不同的值
xba = zeros(1,length(n));                   % xba 将用于保存随机数序列的均值
for k = 1:length(n)
    xba(k) = mean(unifrnd(a,b,n(k),1));     % 产生均匀分布随机数 n(k)个并求均值
end
plot(n,xba,'.b');                           % 绘制均值点序列
```

```
grid on;hold on;
plot([0,n(end)],[10,10],'r--');                % 绘制总体数学期望水平参考线
xlabel('$ n $','Interpreter',"latex");
ylabel('$ { \bar x_n} $','Interpreter',"latex");
```

程序运行结果见图 2-10。

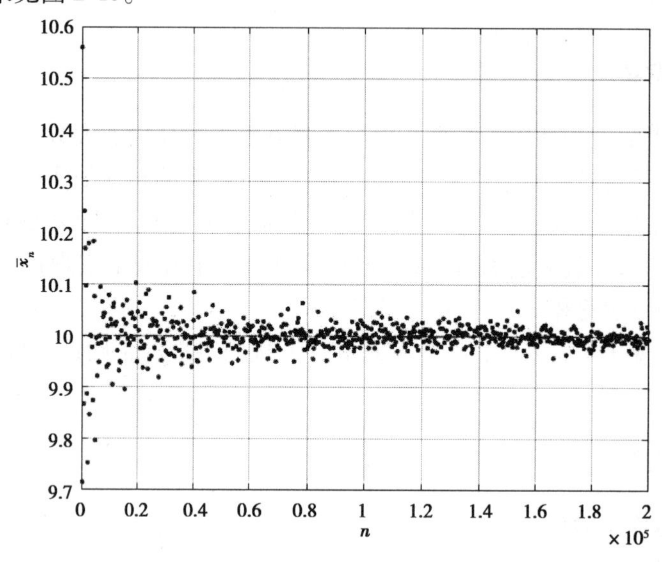

图 2-10　基于均匀分布序列的辛钦大数定律验证

从图 2-10 中可以看出,均匀分布 $U(0, 20)$ 的随机数序列的均值分布在数学期望在 $\mu=10$ 附近,且随着 n 的不断增大有向 $\mu=10$ 集中的趋势。这个结果直观验证了辛钦大数定律的成立性。

(2)伯努利大数定律

伯努利大数定律的基本内容是:设 f_A 是 n 次独立重复实验中事件 A 发生的次数,p 是事件 A 在每次实验中发生的概率,则对于任意正数 $\varepsilon>0$,有

$$\lim_{n\to\infty}P\left\{\left|\frac{f_A}{n}-p\right|<\varepsilon\right\}=1 \tag{2-24}$$

伯努利大数定律揭示的是:独立重复实验中事件 A 的发生频率依概率收敛于事件 A 的发生概率。也就是人们通常所说的“事件的频率稳定到概率”。

验证实验方法是:独立重复实验过程中,事件 A 发生的次数服从二项分布 $b(n,p)$,因而,只需产生二项分布 $b(n,p)$ 的随机数 x,则 x/n 即为事件 A 发生的频率。于是,只需验证随着 n 的增加,x/n 与参数 p 的接近程度。

编写程序代码如下:

```
%伯努利大数定律的实验验证
rng default;
n = 100:500:500000;                 % 取不同的样本容量
p = 0.6;                            % 二项分布的参数 p
fa = zeros(1,length(n));            % fa 用来存放各次二项分布中 A 发生的次数
for k = 1:length(n)
```

```
    fa(k) = binornd(n(k),p)/n(k);        % 产生二项分布的随机数
end
plot(n,fa,'b.');                         % 绘图 n-频率散点图
hold on; grid on;
plot([0,n(end)],[p,p],'r--');            % 绘制二项分布的参数 p 的水平参考线
xlabel('$ n $','Interpreter',"latex");
ylabel('${f_A\\/n}$','Interpreter',"latex");
```

程序运行结果见图 2-11。

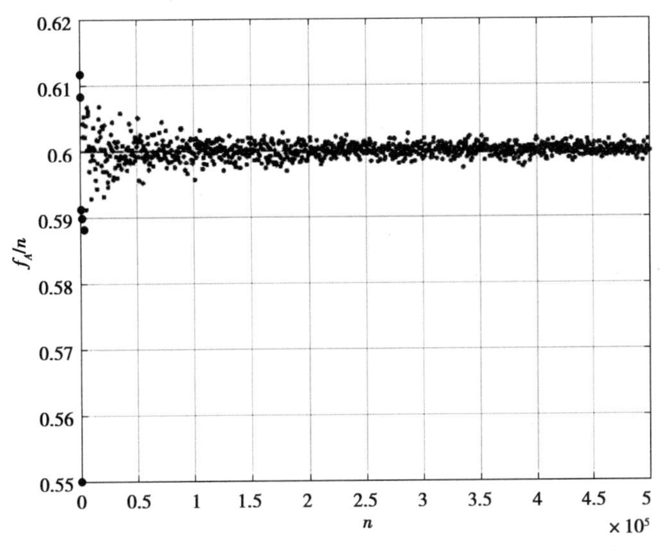

图 2-11　伯努利大数定律验证实验

从图 2-11 可观察到，当独立重复实验的次数 n 增加时，事件 A 发生的频率 f_A/n 越来越紧密地分布在事件 A 的概率值 p 附近，从实验角度验证了伯努利大数定律的正确性。

2）中心极限定理作图验证

（1）独立同分布中心极限定理

其基本内容为：设随机变量 $X_1,X_2,\cdots,X_n,\cdots$ 相互独立，服从同一分布，且具有数学期望 $E(X_i)=\mu$ 和方差 $D(X_i)=\sigma^2(i=1,2,\cdots)$，则随机变量之和 $\sum\limits_{i=1}^{n}X_i$ 的标准化变量的分布函数对于任意 x 满足

$$\lim_{n\to\infty}F_n(x)=\lim_{n\to\infty}P\left\{\frac{\sum\limits_{i=1}^{n}X_i-n\mu}{\sqrt{n}\sigma}\right\}\leqslant x=\Phi(x) \tag{2-25}$$

$\Phi(x)$ 为标准正态分布的分布函数。

独立同分布中心极限定理表明，独立同分布的随机变量序列（假设期望 μ、方差 σ^2 存在），当 n 无限增加时其前 n 个变量的和的标准化变量近似服从正态分布 $N(0,1)$，或者说当 n 很大时 $\sum\limits_{i=1}^{n}X_i\overset{\text{近似}}{\sim}N(n\mu,n\sigma^2)$。

下面，我们基于泊松分布验证独立同分布中心极限定理，也就是验证多个独立同分布的

泊松随机变量的和变量近似服从正态分布。设计验证方法如下：

由于相互独立时，泊松分布的随机变量对参数具有可加性，即若 $X_1, X_2, \cdots, X_n$ 均为服从泊松分布 $P(\lambda)$ 的随机变量，则 $\sum_{i=1}^{n} X_i \sim P(n\lambda)$，因此我们只需要验证 n 不断增大的过程中，泊松分布 $P(n\lambda)$ 的分布函数将逼近于正态分布 $N(n\lambda, n\lambda)$ 的分布函数。编写程序代码如下：

```
% 基于泊松分布验证独立同分布中心极限定理
n = [5,10,20,100];                          % 参与求和的泊松变量数 n 取不同值
lmd = 5;                                    % 泊松分布的参数
for k = 1:length(n)
    mu = n(k)* lmd; sigma = sqrt(n(k)* lmd);   % 和变量的期望和标准差
    x = (mu-4* sigma):0.01:(mu+4* sigma);      % 设置绘图区间为 mu±4sigma
    ypoiss = poisscdf(x,mu);                   % 计算绘图区间上泊松分布函数值
    ynorm = normcdf(x,mu,sigma);               % 计算绘图区间上正态分布函数值
    subplot(length(n)/2,2,k);                  % 分割绘图区域并指定当前绘图区域
    stairs(x,ypoiss,'b');                      % 绘制 P(nλ)的分布函数阶梯曲线
    grid on; hold on;
    plot(x,ynorm,'r');                         % 绘制 N(nλ,nλ)的分布函数曲线
    title([num2str(n(k)),'个泊松变量和的 CDF'])
end
```

程序运行结果见图 2-12。

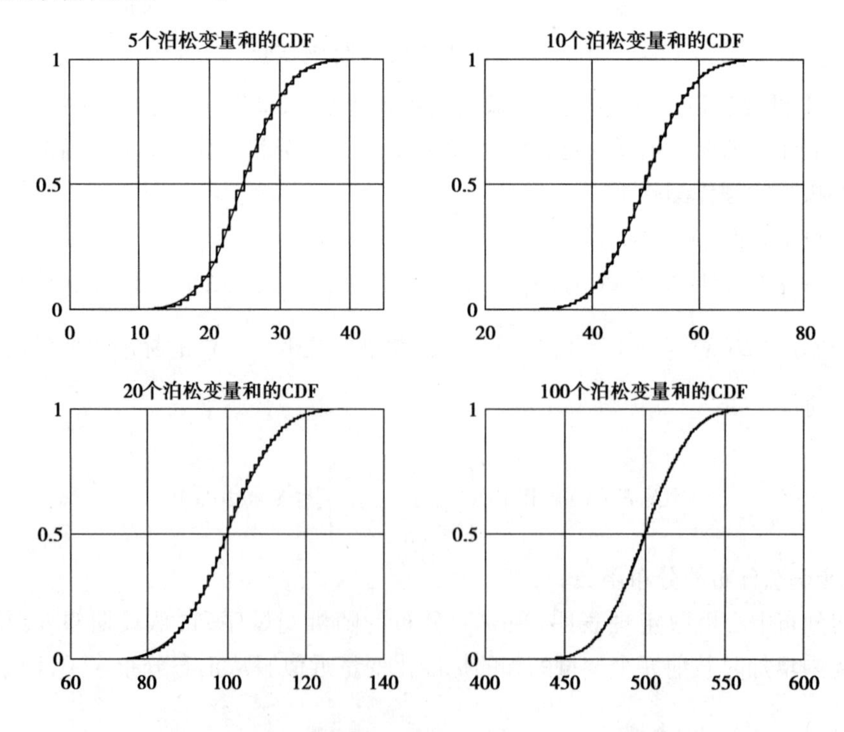

图 2-12　基于泊松分布验证独立同分布中心极限定理

在图 2-12 中,阶梯曲线为泊松分布的分布函数,曲线为正态分布函数。可以看出,当参与求和的变量个数 n 由小到大变化时,泊松分布 $P(\lambda)$ 的分布函数逐步逼近于正态分布 $N(n\lambda,n\lambda)$ 的分布函数,所以,从实验的角度验证了独立同分布中心极限定理的正确性。

(2)棣莫弗-拉普拉斯中心极限定理

其基本内容为:设随机变量序列 $\eta_n \sim b(n,p)(n=1,2,\cdots)$,则对于任意 x,有

$$\lim_{n\to\infty}F_n(x)=\lim_{n\to\infty}P\left\{\frac{\eta_n-np}{\sqrt{np(1-p)}}\leqslant x\right\}=\Phi(x)$$

该定理表明,正态分布是二项分布的极限分布,当 n 充分大时,二项分布的分布函数和正态分布函数很接近。

验证方案:令 n 不断增大,在此过程中,直接将 $b(n,p)$ 和 $N(np,np(1-p))$ 的分布函数画图作对比。

```
% 绘图验证棣莫弗-拉普拉斯中心极限定理
n = [10,50,100,1000];                  % 二项分布的参数 n 取不同值
p = 0.6;                               % 二项分布的参数 p
for k = 1:length(n)
    mu = n(k)* p;sigma = sqrt(n(k)* p* (1-p));  % 二项分布的期望和标准差
    x = (mu-4* sigma):0.01:(mu+4* sigma);  % 设置绘图区间为 mu±4sigma
    ybino = binocdf(x,n(k),p);         % 计算绘图区间上二项分布函数值
    ynorm = normcdf(x,mu,sigma);       % 计算绘图区间上正态分布函数值
    subplot(length(n)/2,2,k);          % 分割绘图区域并指定当前绘图区域
    stairs(x,ybino,'b');               % 绘制 b(n,p)的分布函数阶梯曲线
    grid on; hold on;
    plot(x,ynorm,'r');                 % 绘制 N(np,np(1-p))的分布函数曲线
    title(['$ n= $',num2str(n(k))],'Interpreter','latex')
end
```

程序运行结果见图 2-13。

在图 2-13 中,阶梯曲线为二项分布的分布函数,曲线为正态分布函数。从图中可以看出,当 n 由小到大变化时,二项分布 $b(n,p)$ 的分布函数逐步逼近于正态分布 $N(np,np(1-p))$ 的分布函数,所以,从实验的角度验证了棣莫弗-拉普拉斯中心极限定理的正确性。

一系列相互独立的随机变量的和的分布趋向于正态分布,这就是中心极限定理的核心内容。中心极限定理为大样本统计提供了可靠的理论保证。在统计推断的过程中,无论总体服从什么分布,只要样本容量 n 较大($n\geqslant 30$),就可以按照样本均值服从正态分布构造统计量对总体进行统计推断。

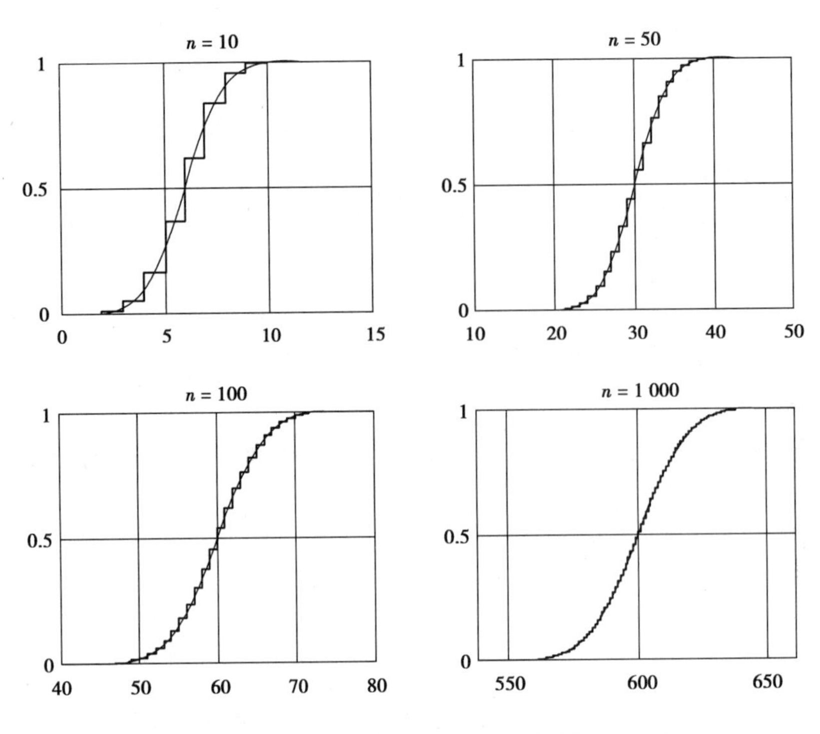

图 2-13　n 变大时二项分布函数与正态分布函数的图形

2.5.3　课外研讨问题

①请同学们动手绘制均匀分布的样本均值(容量为 n)与均匀分布的数学期望之差 $\bar{x}_n-\mu$，随着 n 增加的变化趋势图，并根据解释绘图结果说明道理。

②令 p 不变，取 $n=10, 50, 100, 1\,000$，分别绘制二项分布的分布律 $b(n,p)$ 图形，并在同一坐标系绘制正态分布 $N(np,np(1-p))$ 的密度函数图形，并解释绘图结果。

③令 λ 取定值，$n=5, 10, 20, 100$，分别绘制泊松分布律 $P(n\lambda)$ 图形，并在同一坐标系中绘制正态分布 $N(n\lambda,n\lambda)$ 的密度函数图形，并解释绘图结果。

2.6　正态分布实验

2.6.1　问题背景

正态分布在实际中应用广泛，是教学中的重要内容，熟悉正态分布的相关作图与计算，对后续学习和研究非常必要。本节，我们将围绕下述问题展开实验研讨：

①正态分布作图：密度函数图、分布函数图；

②二维正态分布概率密度曲面作图。

2.6.2 实验过程

1)MATLAB 中正态分布密度函数与分布函数

(1)正态概率密度函数

```
y = normpdf(x)
```

功能:返回参数 x 的每个分量对应的标准正态概率密度函数值。

```
y = normpdf(x,mu)
```

功能:返回参数 x 的每个分量的正态分布概率密度函数值,以 mu 为数学期望、1 为标准差。

```
y = normpdf(x,mu,sigma)
```

功能:返回参数 x 的每个分量的正态分布概率密度函数值,以 mu 为数学期望、sigma 为标准差。请注意,在 MATLAB 的正态分布相关的函数中,参数 sigma 均代表正态分布的标准差,而不是方差。

(2)正态分布函数

```
p = normcdf(x)
```

功能:返回参数 x 的每个分量对应的标准正态分布函数值。

```
p = normcdf(x,mu)
```

功能:返回参数 x 的每个分量的正态分布函数值,以 mu 为数学期望、1 为标准差。

```
p = normcdf(x,mu,sigma)
```

功能:返回参数 x 的每个分量的正态分布函数值,以 mu 为数学期望、sigma 为标准差。

```
p = normcdf(____,'upper')
```

功能:上述 3 个调用方式后面都可以跟上字符串参数'upper',此时函数返回的是右侧累积概率值。

2)正态分布绘图实践

(1)正态分布的分布函数曲线

以标准正态分布的分布函数为例。这里,将标准正态分布的概率密度曲线和分布函数曲线在同一坐标系中画出。

```
x = linspace(-4,4,100);
ypdf = normpdf(x);
ycdf = normcdf(x);
plot(x,ypdf,'--',x,ycdf,'LineWidth',1.5)
grid on;
legend('NormPDF','NormCDF')
```

程序运行结果如图 2-14 所示。

(2)μ 的变化对概率密度曲线的影响

在正态分布 $N(\mu,\sigma^2)$ 中标准差 σ 固定不变的情况下,画图研究正态概率密度曲线随着参数 μ 的变化情况。这里,不妨取 $\sigma=1$,分别画出 $\mu=-4,-2,0,2,4$ 时的概率密度曲线图。编写程序代码如下:

```
mu = [-4,-2,0,2,4];
```

```
x = linspace(-8,8,100);
y1 = normpdf(x,mu(1));
plot(x,y1,'LineWidth',1.5);
hold on; grid on;
title('Normal Probability Density Function')
text(mu(1),0.38,'\mu=-4');
y2 = normpdf(x,mu(2));
plot(x,y2,'LineWidth',1.5);
text(mu(2),0.38,'\mu=-2');
y3 = normpdf(x,mu(3));
plot(x,y3,'LineWidth',1.5);
text(mu(3),0.38,'\mu=0');
y4 = normpdf(x,mu(4));
plot(x,y4,'LineWidth',1.5);
text(mu(4),0.38,'\mu=2');
y5 = normpdf(x,mu(5));
plot(x,y5,'LineWidth',1.5);
text(mu(5),0.38,'\mu=4');
```

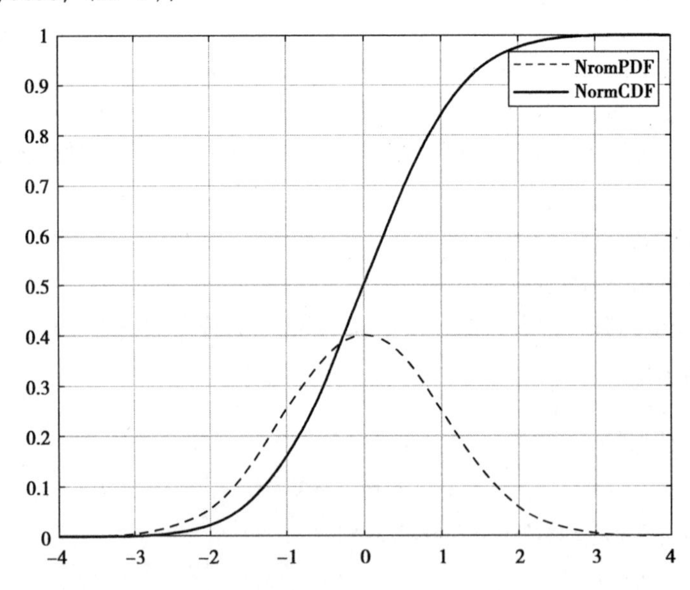

图 2-14　标准正态分布的概率密度函数和分布函数曲线

程序运行结果如图 2-15 所示。

从图 2-15 可以看出,正态分布概率密度曲线是以 $x=\mu$ 为对称轴的钟形曲线。正态分布 $N(\mu,\sigma^2)$ 中,当 σ 固定不变时,正态概率密度曲线形状不变,位置随着 μ 的增加而右移。所以,参数 μ 被称为正态概率密度函数的位置参数。

(3) σ 变化对正态概率密度曲线的影响

在正态分布 $N(\mu,\sigma^2)$ 中均值 μ 固定不变的情况下,画图研究正态概率密度曲线随着参数

σ 的变化而变化的情况。这里,不妨取 $\mu=0$,分别画出 $\sigma=0.5,0.8,1,2,3$ 时概率密度曲线图。编写绘图代码如下:

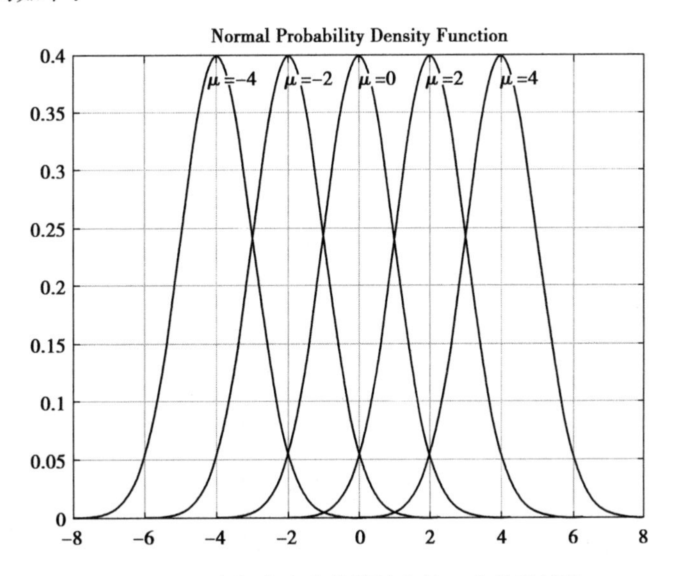

图 2-15　正态概率密度曲线随参数 μ 变化的情况

```
mu = 0;
sigma = [0.5,0.8,1,2,3];
x = linspace(-8,8,100);

y1 = normpdf(x,mu,sigma(1));
plot(x,y1,'LineWidth',1.5);
hold on; grid on;
title('Normal Probability Density Function')
text(2,0.6,'\sigma=0.5');

y2 = normpdf(x,mu,sigma(2));
plot(x,y2,'LineWidth',1.5);
text(2,0.5,'\sigma=0.8');

y3 = normpdf(x,mu,sigma(3));
plot(x,y3,'LineWidth',1.5);
text(2,0.4,'\sigma=1');

y4 = normpdf(x,mu,sigma(4));
plot(x,y4,'LineWidth',1.5);
text(2,0.3,'\sigma=2');

y5 = normpdf(x,mu,sigma(5));
plot(x,y5,'LineWidth',1.5);
text(2,0.2,'\sigma=3');
% 下面语句的作用是添加标注箭头
annotation('arrow',[0.5165 0.6041],[0.251 0.3029])
annotation('arrow',[0.5238 0.6041],[0.3191 0.4002])
```

```
annotation('arrow',[0.5176 0.5952],[0.515 0.515])
annotation('arrow',[0.5247 0.5999],[0.6152 0.6152])
annotation('arrow',[0.5341 0.6022],[0.7279 0.7216])
```

程序运行结果见图 2-16。

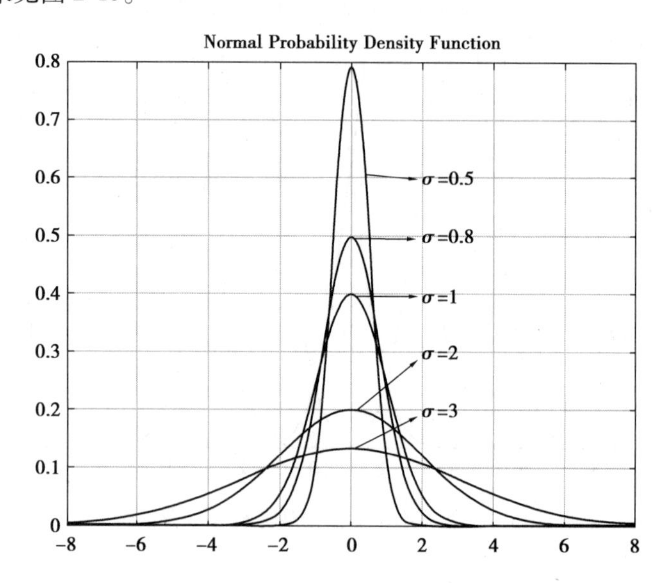

图 2-16　正态分布概率密度曲线随参数 σ 的变化而变化的情况

从图 2-16 可以看出,在正态分布的概率密度曲线中,固定参数 μ 不变而让参数 σ 变化时,概率密度曲线的对称轴位置保持不变,钟形曲线的陡峭程度发生变化,具体是:随着 σ 由大变小,钟形曲线形状由平缓变陡峭。因此,正态分布的参数 σ 被称为形状参数。

(4)正态分布在指定区间上的概率计算与图示

因为正态分布用途十分广泛,MATLAB 对它也非常重视,这里介绍一个关于正态分布概率计算与图示的特殊函数 normspec( ),请同学们注意学习和实践。

```
p = normspec(specs)
p = normspec(specs,mu,sigma)
p = normspec(specs,mu,sigma,region)
[p,h] = normspec(____)
```

该函数的功能是计算正态分布在指定区间内的概率值,并且在概率密度曲线下方以区域填充的方式进行图示。

输入参数 specs 表示所指示的区间的端点,是二维实值向量;mu、sigma 为正态分布的均值与标准差;region 的表达式'inside'或'outside',表示区间方向范围为内部或者外部,用 region 参数时,需将 mu 及 sigma 参数写全。

返回值 p 表示概率,h 为概率密度曲线句柄。

应用举例如下:

```
p1 = normspec([-1,1],0,1,'inside')             % 标准正态分布在[-1,1]内的概率
p2 = normspec([-1,1],0,1,'outside')            % 标准正态分布在[-1,1]外侧的概率
p3 = normspec([1-3/128,Inf],1,2/128,'inside')  % Inf 表示正无穷大;求指定点右侧的概率
p4 = normspec([1-3/128,Inf],1,2/128,'outside') % 求指定点左侧的概率
```

绘图结果见图 2-17。

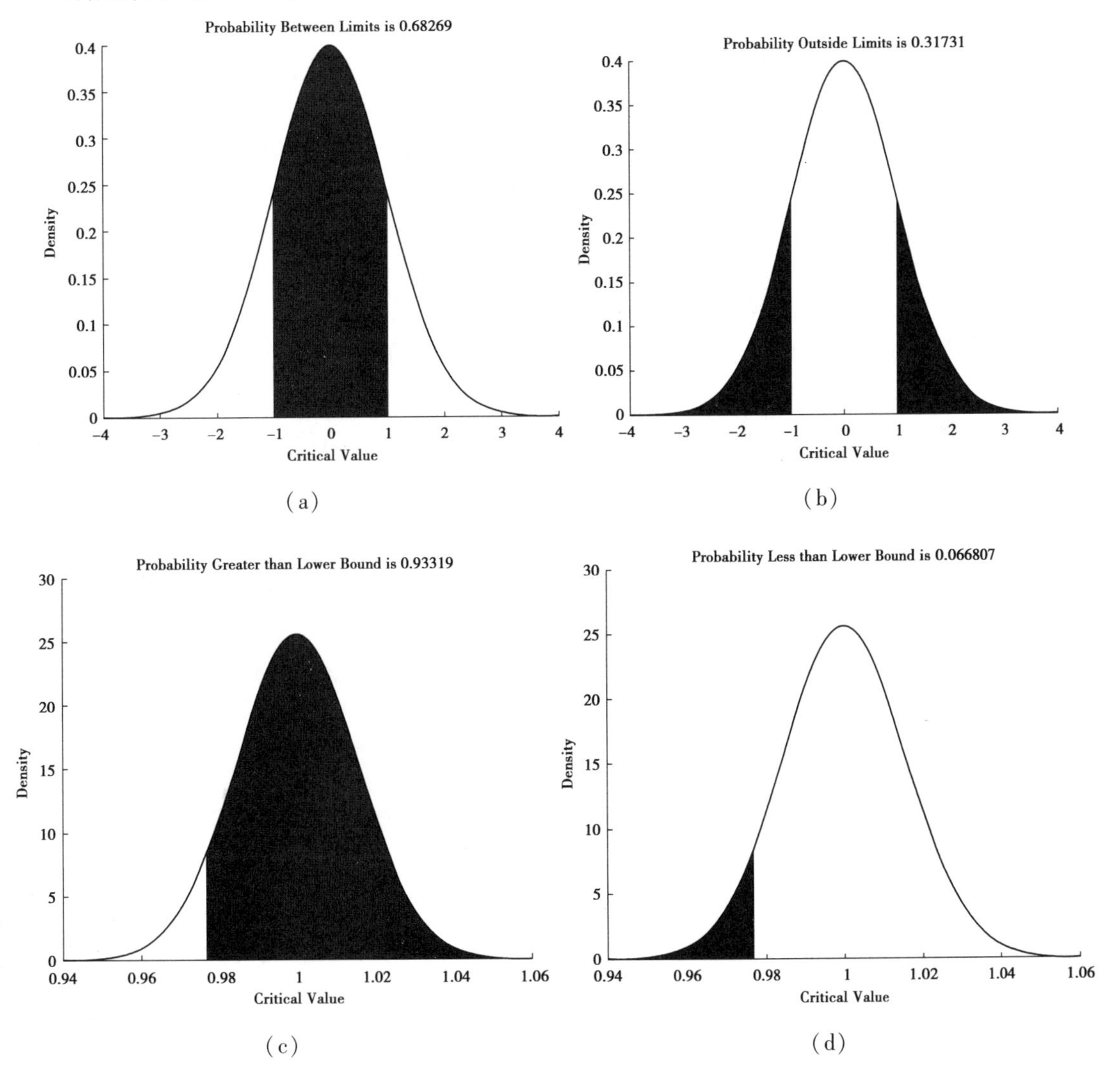

图 2-17　正态分布概率计算函数 normspec( ) 的绘图

利用 normspec( ) 函数可以方便地验证正态分布的“3σ 法则”。方法如下：

```
mu =1; sigma = 2;
p1 = normspec([mu-sigma,mu+sigma],mu,sigma)
p2 = normspec([mu-2* sigma,mu+2* sigma],mu,sigma)
p3 = normspec([mu-3* sigma,mu+3* sigma],mu,sigma)
```

请同学们动手实验上述几条指令，观察程序执行结果，并思考运算结果的含义。

3) 二维正态分布概率密度图

二维正态分布的密度函数为：

$$f(x_1,x_2)=\frac{1}{(2\pi)^{2/2}(\det C)^{1/2}}\exp\left\{-\frac{1}{2}(X-\mu)^T C^{-1}(X-\mu)\right\} \tag{2-26}$$

其中 $X=\begin{pmatrix}x_1\\x_2\end{pmatrix}$，$\mu=\begin{pmatrix}\mu_1\\\mu_2\end{pmatrix}$，$C=\begin{pmatrix}\sigma_1^2 & \rho\sigma_1\sigma_2\\\rho\sigma_1\sigma_2 & \sigma_2^2\end{pmatrix}$，$C^{-1}=\frac{1}{\det C}\begin{pmatrix}\sigma_2^2 & -\rho\sigma_1\sigma_2\\-\rho\sigma_1\sigma_2 & \sigma_1^2\end{pmatrix}$，$\mu_1,\mu_2$ 为两个正

态变量的数学期望;σ_1,σ_2 为两个标准差;ρ 为两个正态随机变量的相关系数。矩阵 $\boldsymbol{C}$ 称为协方差矩阵。

从二维正态分布密度函数的定义可知,二维正态分布由数学期望向量、协方差矩阵唯一确定(推广到多维正态分布同样如此)。鉴于此,MATLAB 中定义的二维正态分布概率密度函数 mvnpdf( )中的输入参数除了自变量的取值向量 x 外,还需提供数学期望向量 $\boldsymbol{\mu}$ 和协方差矩阵 $\boldsymbol{C}$。

多元正态密度函数 mvnpdf( )的常用调用格式如下:

```
y = mvnpdf(X,mu,Sigma)
```

返回一个 $n\times1$ 向量 y,由多维正态分布的概率密度函数值,以 mu 为数学期望向量,Sigma 为协方差矩阵;针对 X 的每一行(即密度函数自变量的每一组取值)进行计算。

二维正态分布的概率密度函数是二元函数,其图形为空间曲面。因而,绘制二维正态分布概率密度曲面图的方法是:meshgrid 绘图区分网+mvnpdf 计算函数值+mesh 画曲面图。这里编写示范代码如下:

```
% 本段程序绘制二维正态分布函数曲面
mu = [0 0];                              % 二维正态分布的两个数学期望
sigma1 = 1;sigma2 = 1;                   % 两个正态变量各自的标准差
r = 0.8;                                 % 相关系数
Sigma = [sigma1^2,r*sigma1*sigma2; r*sigma1*sigma2,sigma2^2];  % 计算协方差矩阵
Xregion = linspace(-3,3,60);             % 绘图区域 X 坐标离散点
Yregion = linspace(-3,3,60);             % 绘图区域 Y 坐标离散点
[X1,X2] = meshgrid(Xregion, Yregion);% 生成绘图区域自变量网格
X = [X1(:) X2(:)];                       % 提取绘图区域所有网格点坐标
p = mvnpdf(X, mu, Sigma);                % 计算网格点处二维正态密度函数值
mesh(X1,X2,reshape(p,60,60));            % 绘制二维正态分布概率密度曲面
xlabel('x');ylabel('y');zlabel('z');
```

程序运行结果如图 2-18 所示。

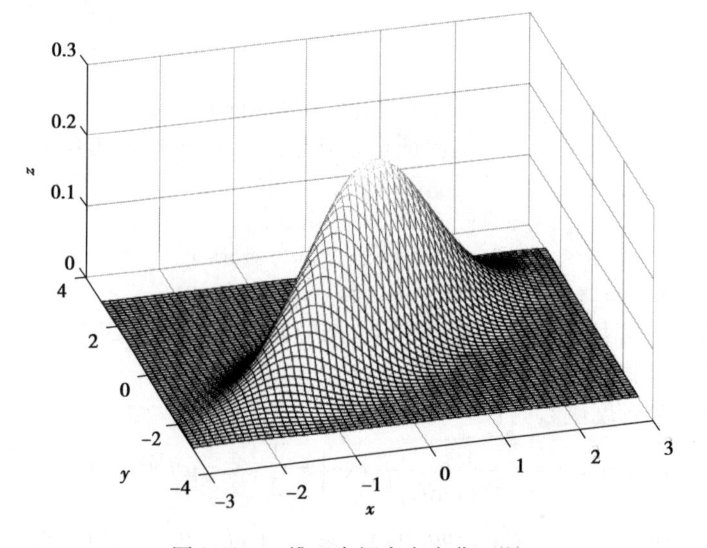

图 2-18　二维正态概率密度曲面图

请同学们动手实践一下:将上述绘图程序中标准差参数 mu、sigma1、sigma2 及相关系数 r 进行变化,然后运行程序观察图形的变化情况,思考这几个参数各自的意义。

为加深大家对二维正态分布密度函数意义的理解,这里再给出一种实验方案,用三维散点图函数来表现二维正态分布概率密度曲面。参考程序如下:

```
mu = zeros(1,2);
sigma1 = 1;                        % 第一个正态变量的标准差
sigma2 = 1;                        % 第二个正态变量的标准差
r = 0.8;                           % 相关系数
Sigma = [sigma1^2,r*sigma1*sigma2; r*sigma1*sigma2,sigma2^2];  % 计算协方差矩阵
% 第一步:使用 mvnrnd 函数生成二维正态分布的一系列样本点
data = mvnrnd(mu,Sigma,1000);      % 生成二维正态分布的随机数
x = data(:,1);                     % 样本点横坐标
y = data(:,2);                     % 样本点纵坐标
% 第二步:计算样本点处的概率密度函数值
z = mvnpdf(data,mu,Sigma);
% 第三步:画三维散点图
scatter3(x,y,z)
xlabel('x');ylabel('y');zlabel('z');
```

程序运行结果如图 2-19 所示。

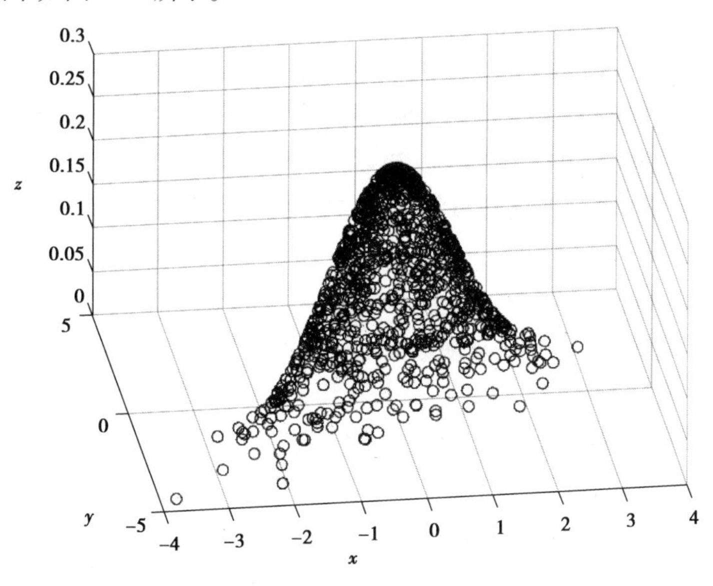

图 2-19 二维正态分布概率密度曲面的三维散点图

对于上述散点图,同学们可以在 MATLAB 绘图窗口里,单击三维旋转快捷按钮后,拖动鼠标旋转观察,特别是由俯视图可以看出二维正态分布随机变量的取值点集中区域形状,可以调整参数观察取值区域的变化情况,直观理解参数的含义。

正态分布的实际应用非常广泛,所以是教学重点所在。本节实验旨在让同学们熟悉基于

MATLAB 的正态分布绘图方法,加深对正态分布的理解。

2.6.3 课外研讨问题

①自定参数,绘制正态分布的概率密度曲线图形、分布函数曲线图形,绘图时相关信息标注完整。

②自定参数,利用 normspec( )函数绘图并求正态分布的概率 $P\{a< X<b\}$,$P\{X>a\}$,$P\{X>b\}$。

③利用 MATLAB 编程生成标准正态分布表,表的内容结构参照浙江大学、盛骤、谢式千等主编的《概率论与数理统计》附录 2。

④设 $X\sim N(10,4)$,产生 X 的 1 000 个随机数,画出直方图和带密度函数的直方图,将随机数的频率曲线和概率密度曲线放一起作对比。

⑤调整参数运行本节实验中关于二维正态分布概率密度曲面三维散点图绘制方法程序,着重研究相关系数取值对二维随机变量取值的影响。

2.7 描述性统计基本概念实验

2.7.1 问题背景

描述性统计,是指针对总体所有变量的有关数据,运用制表、分类、绘图以及计算概括性数据等方法来描述数据特征的各项活动。描述性统计通常是数理统计中进行数据处理的开端,目的是从中能发现数据总体的分布状况、趋势走向的一些规律。描述性统计的基本内容一般包括:

①数据的频数分析。在数据的预处理部分,利用频数分析可以检验异常值。

②数据的集中趋势分析。用来反映数据的一般水平,常用的指标有平均值、中位数和众数等。

③数据的离散程度分析。主要是用来反映数据之间的差异程度,常用的指标有方差和标准差。

④数据的分布。在统计分析中,通常要假设样本所属总体的分布属于正态分布,因此需要用偏度和峰度两个指标来检查样本数据是否符合正态分布。

⑤绘制统计图。用图形的形式来表达数据,比用文字表达更清晰、更简明,包括散点图、饼图、条形图、直方图、箱线图等。

2.7.2 实验过程

1) 了解常用描述性统计量

描述性统计量,通常是指反映数据的范围、集中趋势、标准差、方差、相关性特征的有关统计量。描述样本数据集中趋势的统计量:算术平均值、中位数、众数、几何均值、调和均值和截尾均值等。描述样本数据离散趋势的统计量:极差、平均差、平均绝对差、方差和标准差等。此外还有峰度、偏度、分位数和相关系数等统计量也能描述样本数据的某些特征。

常用描述性统计量概念简介如下:

(1) 顺序统计量

如果把以数值升序排列的样本观察值 $x_{(1)},x_{(2)},\cdots,x_{(n)}$ 作为随机变量 $X_{(1)},X_{(2)},\cdots,X_{(n)}$ 的实验值,则称 $X_{(1)},X_{(2)},\cdots,X_{(n)}$ 是子样 $X_1,X_2,\cdots,X_n$ 的顺序统计量,$x_{(1)},x_{(2)},\cdots,x_{(n)}$ 称为顺序统计量的值。

(2) 经验分布函数

经验累积分布函数:一般地,设 $x_1, x_2, \cdots, x_n$ 是总体的一个容量为 n 的样本值,将它们按大小次序排列如下:

$$x_{(1)} \leqslant x_{(2)} \leqslant \cdots \leqslant x_{(n)}$$

则经验分布函数 $F_n(x)$ 的观察值为

$$F_n(x)=\begin{cases}0,\text{若 } x<x_{(1)}\\ \dfrac{k}{n},\text{若 } x_{(k)} \leqslant x<x_{(k+1)},(k=1,2,\cdots,n-1)\\ 1,\text{若 } x \geqslant x_{(n)}\end{cases} \tag{2-27}$$

(3) 样本中位数

$$me=\begin{cases}X_{\left(\frac{n+1}{2}\right)}, & \text{当 } n \text{ 是奇数}\\ X_{\left(\frac{n+1}{2}+1\right)}, & \text{当 } n \text{ 是奇数}\end{cases} \tag{2-28}$$

(4) 样本方差

$$S^2=\frac{1}{n-1}\sum_{i=1}^{n}(X_i-\overline{X})^2=\frac{1}{n-1}\left(\sum_{i=1}^{n}X_i^2-n\overline{X}^2\right) \tag{2-29}$$

(5) 样本标准差

$$S=\sqrt{S^2}=\sqrt{\frac{1}{n-1}\sum_{i=1}^{n}(X_i-\overline{X})^2} \tag{2-30}$$

(6) 样本协方差矩阵

二维随机变量的样本协方差:设 (X, Y) 为二维随机变量,$(x_i, y_i)(i=1,\cdots,n)$ 为其 n 对观测值,则样本协方差定义为

$$c_{xy}=\frac{1}{n-1}\sum_{i=1}^{n}(x_i-\bar{x})(y_i-\bar{y}) \tag{2-31}$$

二维随机变量样本的协方差矩阵定义为下述对称矩阵:

$$\boldsymbol{C}=\begin{pmatrix} c_{xx} & c_{xy} \\ c_{yx} & c_{yy} \end{pmatrix} \tag{2-32}$$

其中 $c_{xx}=\frac{1}{n-1}\sum_{i=1}^{n}(x_i-\bar{x})^2=s^2$。

n 维随机变量样本$(x_{1k},x_{2k},\cdots,x_{nk})(k=1,2,\cdots,m)$的协方差矩阵定义为下述对称矩阵：

$$\boldsymbol{C}=\begin{pmatrix} c_{11} & c_{12} & \cdots & c_{1n} \\ c_{21} & c_{22} & \cdots & c_{2n} \\ \vdots & \vdots & & \vdots \\ c_{n1} & c_{n2} & \cdots & c_{nn} \end{pmatrix} \tag{2-33}$$

其中，$c_{ij}=\mathrm{cov}(X_i,X_j)=\frac{1}{m-1}\sum_{k=1}^{m}(x_{ik}-\bar{x}_i)(x_{jk}-\bar{x}_j)$，$\bar{x}_i=\frac{1}{m}\sum_{k=1}^{m}x_{ik}(i=1,2,\cdots,n)$。

注意,样本协方差矩阵是总体协方差矩阵的无偏估计。

(7)样本相关系数

二维随机变量的样本相关系数:用于度量其线性相关性。设(X, Y)为二维随机变量,(x_i, y_i) $(i=1,\cdots,n)$为其 n 对观测值,则 Pearson 相关系数定义为

$$\rho(X,Y)=\frac{\mathrm{cov}(X,Y)}{s_X s_Y}=\frac{1}{n-1}\sum_{i=1}^{n}\left(\frac{x_i-\bar{x}}{s_X}\right)\left(\frac{y_i-\bar{y}}{s_Y}\right) \tag{2-34}$$

其中,$\bar{x}$ 和 s_X 分别是 X 的样本均值和标准差,$\bar{y}$ 和 s_Y 分别是 Y 的均值和标准差。

两个随机变量的相关系数矩阵定义为：

$$\boldsymbol{R}=\begin{pmatrix} \rho(X,X) & \rho(X,Y) \\ \rho(Y,X) & \rho(Y,Y) \end{pmatrix}=\begin{pmatrix} 1 & \rho(X,Y) \\ \rho(Y,X) & 1 \end{pmatrix} \tag{2-35}$$

样本容量为 m 的 n 维随机变量样本$(x_{1k},x_{2k},\cdots,x_{nk})(k=1,2,\cdots,m)$的相关系数矩阵定义为下述对称矩阵：

$$\boldsymbol{R}=\begin{pmatrix} r_{11} & r_{12} & \cdots & r_{1n} \\ r_{21} & r_{22} & \cdots & r_{2n} \\ \vdots & \vdots & & \vdots \\ r_{n1} & r_{n2} & \cdots & r_{nn} \end{pmatrix} \tag{2-36}$$

其中,$r_{ij}=\rho(X_i,X_j)=\frac{\mathrm{cov}(X_i,X_j)}{S_i S_j}=\frac{c_{ij}}{s_i s_j}(i,j=1,2,\cdots,n)$,$c_{ij}$ 为 X_i,X_j 的样本协方差,s_i,s_j 为 X_i,X_j 的样本标准差。

2)了解 MATLAB 软件中的描述性统计函数

用于对数据进行描述性统计的 MATLAB 函数见表 2-5,这些函数包含在统计和机器学习工具箱中。这里只做简单罗列,必要时请查阅网上的 MATLAB 帮助信息。

表 2-5 MATLAB 中常用描述性统计函数

函 数	功 能	函 数	功 能
M = min(X)	样本的最小元素	M = max(X)	样本的最大元素
B = mink(X,k)	样本的 k 个最小元素	B = maxk(X,k)	样本的 k 个最大元素
[S,L] = bounds(X)	样本最小值和最大值	B=topkrows(X,k)	按排列顺序的前若干行
m=geomean(X)	几何均值	y=var(X)	方差
m=harmmean(X)	调和均值	y=std(X)	标准差
m=mean(X)	算术均值	y=prctile(X,p)	p 分位数
m=median(X)	样本中值	m=moment(X,k)	k 阶中心矩
m=trimmean(X,pcent)	截尾均值	R=corrcoef(X)	相关系数矩阵
y=iqr(X)	第三四分位数与第一四分位数差	C=cov(X)	协方差矩阵
y=mad(X)	样本均值绝对差	k=kurtosis(X)	峰度
y=range(X)	极差	y=skewness(X)	偏度
table=tabulate(X)	频数表	[f,x]=ecdf(y)	经验分布函数区间估计
[M,F]=mode(X)	样本众数	h=cdfplot(X)	画经验分布函数图形

3)实践问题

(1)正态分布随机数的描述性统计

请利用 MATLAB 中的正态分布(或其他分布)随机数生成函数,生成一组随机数模拟抽样实验,然后通过表 2-5 中的各种函数对样本数据进行描述性统计。

这里,取 5 组正态分布随机数,每组 100 个,计算均值、中位数、标准差、极差、方差。

```
format short g
X=normrnd(0,1,100,5);          % 取正态分布的随机数模拟抽样实验
mean1=mean(X)                  % 计算样本均值
median1=median(X)              % 计算样本中值
std1=std(X)                    % 计算样本标准差
var1=var(X)                    % 计算样本方差
rang1=range(X)                 % 计算样本极差
```

(2)二维正态分布样本分布规律与相关系数的关系实验

利用二维正态分布随机数函数模拟抽样实验,取得样本后,研究样本分布性质与相关性的关系。编写代码如下:

```
mu = zeros(1,2);               % 两个变量的期望均为 0
sigma1 = 1;                    % 第一个正态变量的标准差
sigma2 = 1;                    % 第二个正态变量的标准差
r = [0,0.9,-0.9];              % 指定 3 个相关系数值
for k=1:length(r)
```

```
    Sigma =[sigma1^2,r(k)*sigma1*sigma2;
       r(k)*sigma1*sigma2,sigma2^2];          % 计算协方差矩阵
    data = mvnrnd(mu,Sigma,200);              % 生成二维正态分布的随机数
    x = data(:,1);                            % 样本点横坐标
    y = data(:,2);                            % 样本点纵坐标
    subplot(1,3,k);
    plot(x,y,'* ');
    axisequal; axis square; grid on;
    title(['r=',num2str(r(k))]);
end
```

程序运行结果见图 2-20。

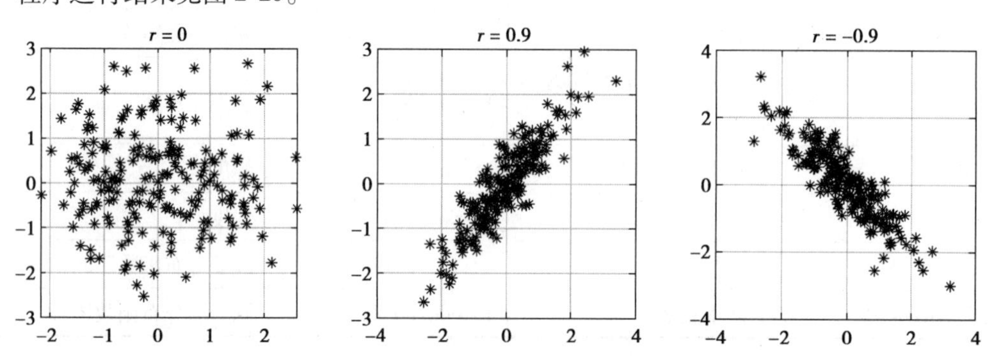

图 2-20　二维正态分布随机数分布规律与相关系数 ρ 的关系

图 2-20 表明,相关系数是反映两个随机变量之间线性关系强弱的量,当 $\rho=0$ 时,称两个随机变量不相关。当 $|\rho|$ 接近 1 时,随机变量间的线性关系变强;当 ρ 接近 1 时,随机变量取值分布在直线 $y=x$ 附近;当 ρ 接近−1 时,随机变量取值分布在直线 $y=-x$ 附近。

(3)数据频数频率表统计

MATLAB 中,函数 tabulate( )可用来统计数据中各个数值出现的频数、频率。

①当数据全部为正整数时,举例如下:

```
format short g
dat = randi(10,1,6)     % 产生最大值不超过 10 的随机正整数 6 个
tabulate(dat)           % 返回数据频率表
```

某次运行结果如下:

```
dat = 1×6
    8     3     1     8     7     8
```

对上述数据 dat 进行频数频率统计如下:

Value	Count	Percent
1	1	16.67%
2	0	0.00%
3	1	16.67%
4	0	0.00%
5	0	0.00%

```
6         0         0.00%
7         1         16.67%
8         3         50.00%
```

可以看出，当数据的最大值为 8 时，该函数将 1 ~ 8 中的所有数都在第一列列举出来，数据频数在第二列列出，频率百分数在第三列列出。

②当数据不全为正整数时，举例如下：

```
format short g
dat1= [4,5,6,-3,4,5,4,3];          % 给定样本数据
tabulate(dat1)                      % 返回数据频率表
dat2 = [1,3,2.22,5.3,4,3,4];        % 给定样本数据
tabulate(dat2)                      % 返回数据频率表
```

对于 data1 数据，程序运行结果为：

```
Value     Count     Percent
  1         1       14.29%
2.22        1       14.29%
  3         2       28.57%
  4         2       28.57%
 5.3        1       14.29%
```

对于 data2 数据，程序运行结果为：

```
Value     Count     Percent
 -3         1       12.50%
  3         1       12.50%
  4         3       37.50%
  5         2       25.00%
  6         1       12.50%
```

上述运行结果表明，当数据不全为正整数时，tabulate 函数将所有数据由小到大排列后不重复地在第一列给出，第二列为数据的频数，第三列为频率百分比。

2.7.3　课外研讨问题

①产生正态分布 $N(10,4)$ 随机数 200 个、$\chi^2(4)$ 随机数 200 个，调用 MATLAB 函数，分别统计这两组样本数据下列描述性统计量观察值：样本均值、样本方差、样本标准差、最小值、最大值、内四分极值。

②产生二项分布 $b(5,\ 0.7)$ 及指数分布 Exp(5) 的随机数各 10 个，调用函数 tabulate( ) 给出样本数据的频数表。

③设 $X \sim N(10,1)$，取 X 的随机数 100 个，

- 若 $Y=aX+1$，这里 $a=2$ 或 $a=-2$，对应地求出 Y 的样本值 100 个，求 X、Y 样本的相关系数；
- 若 $Y \sim U(-1,1)$，取 Y 的随机数 100 个，求 X、Y 的样本的相关系数。

2.8 直方图与箱线图实验

2.8.1 问题背景

在进行描述性统计时,经常需要以图形的方式描述或分析数据信息,常用的有直方图、箱线图等。本次实验,我们就来学习直方图和箱线图的概念和用法。

2.8.2 实验过程

1) 直方图

实际应用中,直方图的形式多样,最常用的有频数直方图和频率直方图两大类。这里我们研究学习概率论教材中常用的一种"频率直方图"。

频率直方图的做法:先把子样值分组。如果把样本值 $x_1,x_2,\cdots,x_n$ 分成 l 组,各组区间端点记为 $a_0,a_1,\cdots,a_l$,各组距可以等或不等。把各组取为左开右闭区间,因而各组为 $(a_0,a_1]$,$(a_1,a_2],\cdots,(a_{l-1},a_l]$;样本值落在各组中的频数为 $m_1,m_2,\cdots,m_l$,于是频率为

$$\frac{m_1}{n},\frac{m_2}{n},\cdots,\frac{m_l}{n}$$

如图 2-21 所示,直方图由一些矩形构成,各矩形以组为底边,高取为相应组的频率除以组距。即矩形条的高度定义为

$$\text{纵坐标}=\frac{\text{组的频率}}{\text{组距}}$$

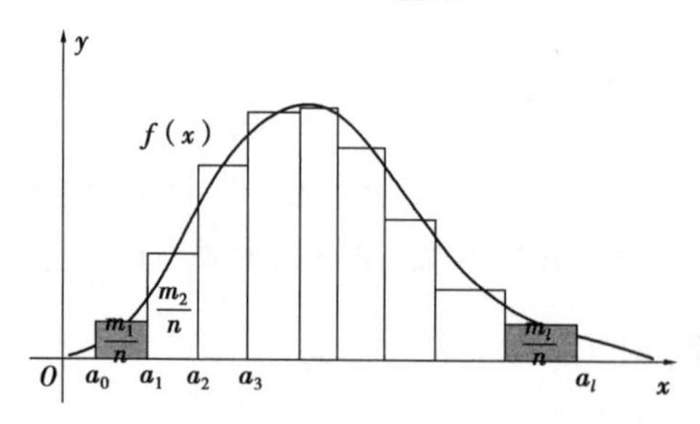

图 2-21 直方图示意图

对于上述定义的频率直方图,这里做两点注解:

①频率直方图中每一矩形面积等于样本值落入相应组的频率;

②取各矩形条顶端一点连成的光滑曲线,可以近似看作总体 X 的概率密度函数。

MATLAB 中绘制直方图的函数是 histogram( ),基本用法如下:

(1) h=histogram(X,Name,Value)

基于输入参数 X 创建直方图。histogram 函数使用自动 bin 划分算法,然后返回均匀宽度的 bin,这些 bin 可涵盖 X 中的元素范围并显示分布的基本形状。

Name,Value 是该函数设置的“名称-值对参数”,可缺省,此时默认绘制频数图(即矩形条的高度表示频数);对组参数 Name、Value 被依次设置为'Normalization'、'pdf'时,则绘制频率直方图,即图 2-21 所示类型的直方图(矩形条的面积表示频率)。

该函数除绘制所需直方图外,还会返回绘制直方图的有关属性信息,有关属性列表,请参阅 Histogram 属性。查阅帮助系统可进一步了解直方图相关属性设置方法。

注意,对组参数 Name,Value 还可以指定其他选项,例如,可以指定'BinWidth'和一个标量以调整 bin 的宽度,或指定'Normalization'和一个有效选项:'count'、'probability'、'countdensity'、'pdf'、'cumcount'或'cdf',得到不同类型的直方图。

关于对组参数 Name、Value 的用法在各种方式里是相同的,故下文不再赘述。

(2)histogram(X,nbins,Name,Value)

使用标量 nbins 指定的 bin 数量。

(3)histogram(X,edges)

将 X 划分到由向量 edges 来指定 bin 边界的 bin 内。每个 bin 包含左边缘,但不包含右边缘,除了包含两个边缘的最后一个 bin 外。

(4)histogram('BinEdges',edges,'BinCounts',counts,Name,Value)

手动指定 bin 边界和关联的 bin 计数。histogram 绘制指定的 bin 计数,而不执行任何数据的 bin 划分。

(5)histogram(C)

其中 C 为分类数组,通过为 C 中的每个类别绘制一个条形来绘制直方图。

(6)histogram(C,Categories,Name,Value)

仅绘制 Categories 指定的类别的子集。

(7)histogram('Categories',Categories,'BinCounts',counts,Name,Value)

手动指定类别和关联的 bin 计数。histogram 绘制指定的 bin 计数,而不执行任何数据的 bin 划分。

不同类型直方图举例如下:

```
X=normrnd(5,1,200,1);
h1=histogram(X)                                         % 以数据的频数为矩形条高度
h2=histogram(X,'Normalization','probability')           % 以频率为矩形条高度
h3=histogram(X,'Normalization','pdf')                   % 以矩形条面积表示频率
h4=histogram(X,'Normalization','countdensity')          % 以矩形条面积表示频数
h5=histogram(X,'Normalization','cumcount')              % 累计频数直方图
h6=histogram(X,'Normalization','cdf ')                  % 累计频率直方图
```

请同学们运行上述直方图绘制指令,观察领悟矩形条的高度或者面积表示的含义,研究返回值中信息的含义,并查阅帮助文档,研究直方图显示属性的更多控制方法。

2)箱线图

(1)样本分位数定义

箱线图(Box-plot)又称为盒须图、盒式图或箱形图,是一种用来显示一组数据分散情况的统计图,因形状如箱子而得名。箱线图在各领域中经常被使用,一般用于质量管理、人事测评、探索性数据分析等统计分析场景,它主要反映原始数据的分布特征,可以比较不同来源的

样本数据的均值差异、离散程度差异、对称性差异等情况。

定义：设有容量为 n 的样本观察值 $x_1, x_2, \cdots, x_n$，样本 p 分位数$(0<p<1)$记为 x_p，它有以下的性质：

①至少有 np 个观察值小于或等于 x_p；

②至少有 $n(1-p)$ 个观察值大于或等于 x_p。

(2) x_p 求法

样本 p 分位数 x_p 可以按以下法则求得。将 $x_1, x_2, \cdots, x_n$ 按从小到大的顺序排列：$x_{(1)} \leqslant x_{(2)} \leqslant \cdots \leqslant x_{(n)}$；

• 若 np 不是整数，则只有一个数据满足定义中的两个要求，这一数据位于大于 np 的最小整数处，即位于$[np]+1$处的数 $x_{[np]+1}$；

• 若 np 是整数，就取位于$[np]$和$[np]+1$处两个数据的中位数。

综上所述：

$$x_p = \begin{cases} x_{([np]+1)}, & np \notin \mathbf{Z} \\ \dfrac{1}{2}[x_{(np)} + x_{(np+1)}], & np \in \mathbf{Z} \end{cases} \tag{2-37}$$

特别地，当 $p=0.5$ 时，0.5 分位数 $x_{0.5}$ 也记为 Q_2 或 M，称为样本中位数，即有

$$x_{0.5} = \begin{cases} x_{([n/2]+1)}, & n/2 \notin \mathbf{Z} \\ \dfrac{1}{2}[x_{(n/2)} + x_{(n/2+1)}], & n/2 \in \mathbf{Z} \end{cases} \tag{2-38}$$

0.25 分位数 $x_{0.25}$ 称为第一四分位数，记作 Q_1；0.75 分位数 $x_{0.75}$ 称为第三四分位数，记作 Q_3。

(3) 箱线图的画法

数据集的箱线图是由箱子和直线组成的图形，它是基于以下 5 个数的图形概括：最小值 Min，第一四分位数 Q_1，中位数 M，第三四分位数 Q_3 和最大值 Max。它的做法如下：

①画一个水平（也可以是竖直）数轴，在轴上标上 Min，Q_1，M，Q_3，Max。

②在数轴上方画一个上下侧平行于数轴的矩形箱子，箱子的左右两侧分别位于 Q_1，Q_3 的上方，同时在 M 点的上方箱子内部画一条垂直于数轴的线段。

③自箱子左侧向箱子外部引一条平行于数轴的线段至 Min 位置上方；自箱子右侧向箱子外部引一条平行于数轴的线段至 Max 位置上方；

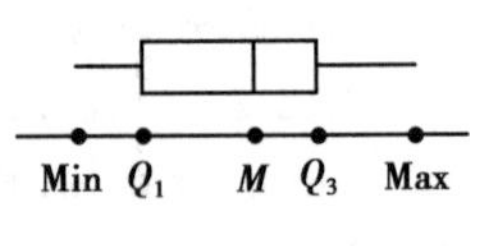

图 2-22　箱线图结构

箱线图结构示意图如图 2-22 所示。

(4) 关于疑似异常值的处理和修正箱线图

在数据集中，某一个观察值不寻常地大于或小于其他数据，称为疑似异常值。

第一四分位数 Q_1 与第三四分位数 Q_3 之间的距离

$$Q_3 - Q_1 = IQR \tag{2-39}$$

称为四分位数间距。若数据小于 $Q_1-1.5IQR$ 或大于 $Q_3+1.5IQR$，则认为它是疑似异常值。箱线图的要素如图 2-23 所示。

修正箱线图画法：

①画一个水平或者竖直数轴，在轴上标上 Min，Q_1，M，Q_3，Max。

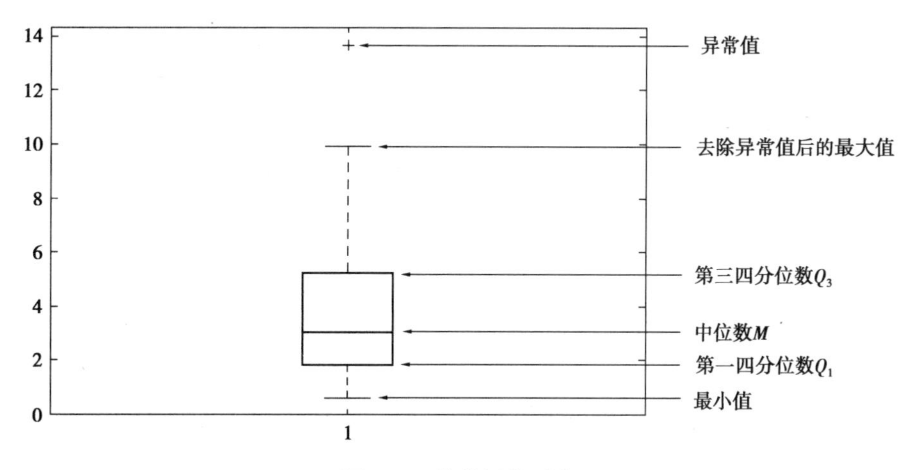

图 2-23 箱线图的要素

②在数轴上方画一个上下侧平行于数轴的矩形箱子，箱子的左右两侧分别位于 Q_1，Q_3 的上方，同时在 M 点的上方箱子内部画一条垂直于数轴的线段。

③将疑似异常值以“ * ”“o”或“+”标注，并在箱子左右两侧画水平延伸线，向左右分别延伸到去除异常值后的数据的最小值和最大值处。

(5)箱线图的 MATLAB 绘制方法

MATLAB 中，工具箱函数 boxplot( )可用于绘制箱线图，基本调用格式如下：

①boxplot(x)：

创建 x 中数据的箱线图。如果 $\boldsymbol{x}$ 是向量，boxplot 会绘制一个箱子。如果 $\boldsymbol{x}$ 是矩阵，boxplot 会为 x 的每列绘制一个箱子。在每个箱子上，中心标记表示中位数 M，箱子的底边和顶边分别表示第一四分位数(0.25 分位数) Q_1 和第三四分位数(0.75 分位数) Q_3。虚线会延伸到不是离群值(疑似异常值)的最远端数据点，离群值会以“+”符号单独绘制。

②boxplot(x,g)：

使用 g 中包含的一个或多个分组变量创建箱线图。boxplot 为具有相同的一个或多个 g 值的各组 x 值创建一个单独的箱子。

③boxplot(ax,____)：

使用坐标区图形对象 ax 指定的坐标区和任何上述语法创建箱线图。

④boxplot(____,Name,Value)：

使用由一个或多个 Name,Value 对组参数指定的附加选项创建箱线图。例如，可以指定箱子样式或顺序。

箱线图绘制举例：

```
n=100;                            % 指定样本容量
data1=chi2rnd(4,n,1);             % 模拟卡方分布样本
data2=unifrnd(-1,2,n,1);          % 模拟均匀分布样本
data3=trnd(2,n,1);                % 模拟 t 分布样本
data4=normrnd(0,1,n,1);           % 模拟正态分布样本
data=[data1,data2,data3,data4];   % 将样本数据合并为矩阵
boxplot(data,'Labels',{'卡方分布','均匀分布','t 分布','正态分布'});
```

绘图结果见图 2-24。

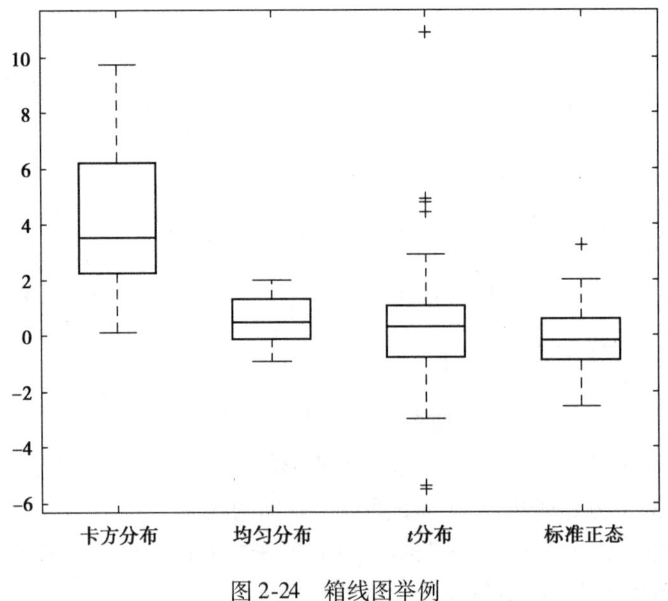

图 2-24　箱线图举例

(6)箱线图信息解读

以学生考试成绩箱线图(图 2-25)为例。我们可以看到学生的思政课成绩中位数高于 80 分,且第三四分位数、第一四分位数相对其他科目高,可以认为成绩整体较好;英语成绩比较集中,除了异常值外,对称性最好,最接近正态分布;物理课四分位间距 IQR 最大,成绩很分散,且对称性最差,可以认为物理成绩明显不服从正态分布。

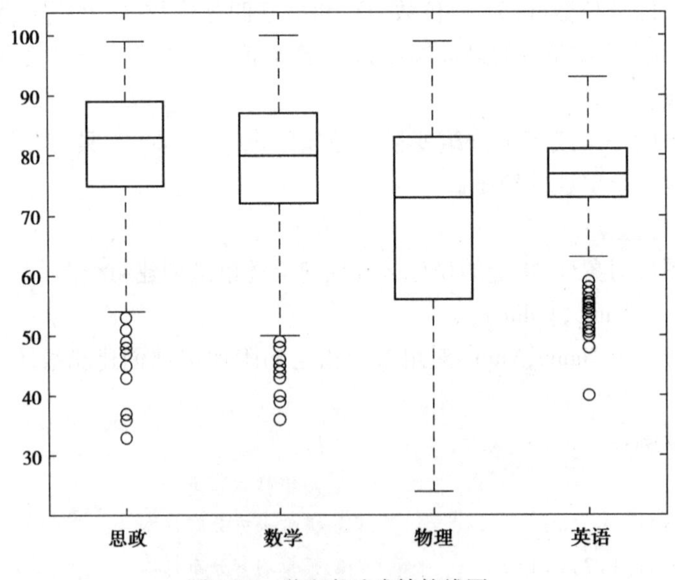

图 2-25　学生考试成绩箱线图

2.8.3　课外研讨问题

①产生 1 000 个 $t(10)$ 分布的随机数,调用 MATLAB 函数 histogram( ) 作数据的直方图,并

研究该函数返回值的信息含义,所绘直方图的类型分别是:

- 以数据的频数为矩形条高度;
- 以频率为矩形条高度;
- 以矩形条面积表示频率;
- 绘制累计频率直方图。

②产生正态分布 $N(20,4)$ 随机数 100 个、$t(15)$ 分布随机数 100 个、均匀分布 $U(10,20)$ 随机数 100 个、$\chi^2(10)$ 随机数 100 个。一次性绘制上述数据的箱线图,做好标注,通过箱线图解读数据的均值、对称性、分布集中度等信息。

2.9 经验分布函数实验

2.9.1 背景问题

人们在研究随机变量时,常常需要知道其分布函数,从样本的经验分布函数出发估计总体的理论分布函数是常用方法之一,这也是经验分布函数知识点的价值和意义所在,为使同学们对经验分布函数能深刻理解和灵活应用,本节通过实验研究经验分布函数。

这里以正态分布的样本经验分布函数与总体理论分布函数的比较问题为抓手展开研究。

取 $\mu=5$ 及 $\sigma^2=1$,$n=100$,产生 n 个服从 $N(\mu,\sigma^2)$ 分布的随机数作为取自正态总体 $N(\mu,\sigma^2)$ 的样本值 $x_1,\cdots,x_n$,在同一坐标下画出它的经验分布函数图形,并与总体分布函数进行比较。改变 n,重做上述实验,验证格列汶科定理,体会其内涵。

2.9.2 实验过程

1)理论知识回顾

(1)经验分布函数的概念

设 $X_1,X_2,\cdots,X_n$ 是来自总体 X 的样本,$(x_1,x_2,\cdots,x_n)$ 是其观察值,将 $(x_1,x_2,\cdots,x_n)$ 按由小到大的顺序排列为 $x_{(1)}\leqslant x_{(2)}\leqslant\cdots\leqslant x_{(n)}$。对任意的 $x\in(-\infty,+\infty)$,令

$$F_n(x)=\begin{cases}0, & x<x_{(1)}\\ \dfrac{k}{n}, & x_{(k)}\leqslant x\leqslant x_{(k+1)},k=1,2,\cdots,n-1\\ 1, & x\geqslant x_{(n)}\end{cases} \tag{2-40}$$

其中 k 为样本观察值中小于或等于 x 的个数,则称 $F_n(x)$ 为总体 X 的经验分布函数。

经验分布函数与分布函数具有相同的性质:非降性,右连续性,$F_n(-\infty)=0$,$F_n(\infty)=1$。

(2)格列汶科定理及经验分布函数的意义

格列汶科定理:设总体 X 分布函数为 $F(x)$,经验分布函数为 $F_n(x)$,则当 $n\to\infty$时,$F_n(x)$ 以概率 1 关于 x 均匀地收敛于 $F(x)$,即

$$\lim_{x\to\infty}P\{\sup_{x\in R}|F_n(x)-F(x)|<\varepsilon\}=1 \tag{2-41}$$

格列汶科定理表明,对于一切实数 x,当 n 充分大时,事件 $\{|F_n(x)-F(x)|<\varepsilon\}$ 是一大概率事件,其中 ε 是任意给定的很小的正数。因此,当 n 充分大时,对一切实数 x,经验分布函数 $F_n(x)$ 是总体分布函数 $F(x)$ 的一个很好的近似,所以在实际使用中,可用 $F_n(x)$ 代替 $F(x)$。

2)实验算法与步骤

(1)MATLAB 中经验分布函数的定义方法与绘图方法

MATLAB 提供了 ecdf()函数用于实现对样本数据定义经验分布函数,其基本用法如下:

```
[f,x] = ecdf(y)
[f,x,flo,fup] = ecdf(y)
```

输入以参数 y 为样本数据构成的向量;该函数返回经验分布函数,f 为在 x 点处的估计。实质上,ecdf()函数的返回值 x 是经验分布函数的分界点,f 则是 x 中各点对应的左侧累积频率值。

返回值 flo、fup 表示经验分布函数值的 95% 置信下限和置信上限。

举例:写出样本数据 1, 3, 2, 2, 3 的经验分布函数,与调用 ecdf()函数的运算结果作对比。

该样本的经验分布函数为:

$$F^*(x)=\begin{cases}0, & x\in(-\infty,1)\\ 1/5, & x\in[1,2)\\ 3/5, & x\in[2,3)\\ 1, & x\in[3,+\infty)\end{cases} \tag{2-42}$$

调用 ecdf 函数:

```
formatrat;
y = [1,3,2,2,3];          % 样本值
[f,x]=ecdf(y);            % 计算经验分布函数
A=[f,x]                   % 显示计算结果
```

程序运行结果为:

A=4×2

	1	2
1	0	1
2	1/5	1
3	3/5	2
4	1	3

从上述对比结果可以看出,返回值 x 里存放经验分布函数的分界点;返回值 f 里存放对应的经验分布函数值。

关于经验分布函数的绘图方法,可以有以下两种:

方法一:用函数 cdfplot()直接根据所给样本绘制经验累积分布函数图。其用法如下:

```
h = cdfplot(X)
[h,stats] = cdfplot(X)
```

输入参数 X 为样本向量。返回值 h 为图形句柄对象,其中包含多种图形属性信息;返回

值 stats 为结构体对象，其中包含样本最大值、最小值、样本均值、中位数、样本标准差。

举例：

```
X = normrnd(10,4,50,1);          % 抽取正态分布的样本
h = cdfplot(X);                  % 绘制经验分布函数曲线
```

同学们可能已经注意到了，这里，cdfplot 绘制的经验分布函数曲线和概率论教材中绘制的曲线是略有差异的，教材中的经验分布函数曲线在分界点处是无竖直线段连接的阶梯线，而图 2-26 中阶梯线在分界点处却有竖直线段连接，但两者本质是一致的。

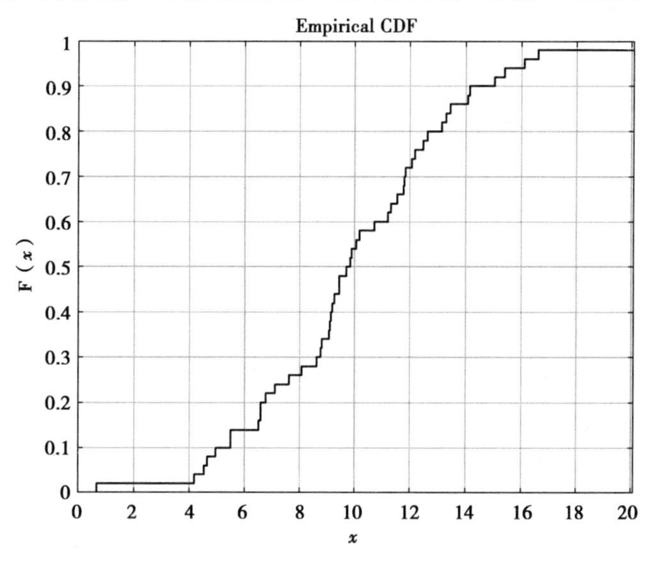

图 2-26　cdfplot 绘制的经验分布函数曲线

方法二：也可以用 ecdf( ) 函数直接计算样本的分布函数值，然后用 stairs( ) 函数绘制经验阶梯曲线图。

```
y = normrnd(10,4,50,1);          % 抽取正态分布的样本
[f,x]= ecdf(y);                  % 定义经验分布函数
stairs(x,f)                      % 绘制经验分布函数阶梯曲线
```

(2)研究经验分布函数对于理论分布函数的逼近效果

利用随机数函数模拟正态分布抽样实验得到样本，绘制经验分布函数和正态分布函数图形，观察样本容量增加时，经验分布函数对总体分布函数的逼近效果。实验过程设计如下：

①通过函数 normrnd( )生成 N 个服从 $N(\mu,\sigma^2)$ 的随机数作为样本，其中 $\mu=10,\sigma^2=4$；

②通过函数 ecdf( )计算样本的经验分布函数；

③通过 stairs( )函数绘制所计算的经验分布函数图形；

④通过 normcdf( )函数计算正态分布的理论分布函数值，并通过 plot( )函数在同一画布上绘制理论分布函数图像；

⑤从小到大多次调整样本容量 N 的值后重复实验，观察经验分布函数和理论分布函数的接近程度。

本实验的 MATLAB 代码如下：

```
% 正态分布样本的经验分布函数与理论分布函数的逼近程度实验
N=[20,50,100,200,500,1 000];
```

```
mu=10; sigma=2;
for k = 1:length(N)
    t = normrnd(mu,2,[N(k),1]);        % 产生N个正态分布随机数
    [x,f] = ecdf(t);                   % 求经验分布函数(自变量x和因变量f)
    subplot(3,2,k); hold on;
    stairs(x,f,'LineWidth',1);         % 绘制累积经验分布函数曲线
    x = linspace(0,20,30);
    y = normcdf(x,mu,sigma);           % 计算正态分布函数值
    plot(x,y,'LineWidth',1);           % 绘制正态分布的分布函数曲线
    title(['N=',num2str(N(k))]);
end
hold off;
```

程序运行结果如图 2-27 所示。

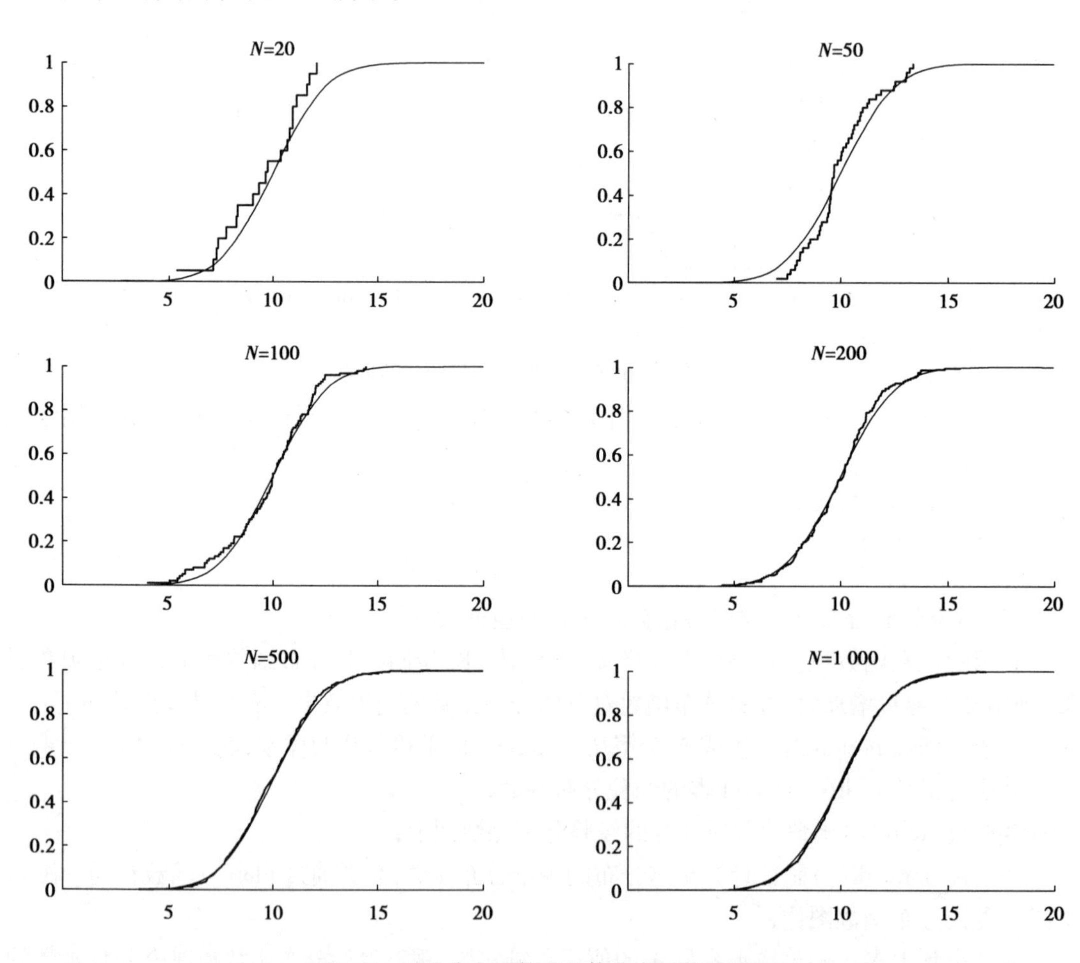

图 2-27　经验分布函数对总体分布函数的逼近

从图 2-27 可以看出，随着样本容量增加，经验分布函数对总体分布函数的逼近效果越来越好，事实上，格列汶科定理就表明当 N 趋近于无穷时，样本经验分布函数收敛于总体的理论分布函数。因此，在人们研究一个分布未知的总体时，当样本容量 N 较大时，通常用经验分布

函数作为理论分布函数的估计,也就是把经验分布函数当作理论分布函数来使用。

2.9.3 课外研讨问题

①用 binornd( )函数生成二项分布 $b(6, 0.8)$的随机数 10 个作为样本数据,利用 ecdf( )定义该样本的经验分布函数,利用 stairs( )函数绘制经验分布函数图形。

②利用 exprnd( )函数模拟对 $\theta=5$ 的指数分布的随机抽样,样本容量为 N,利用 cdfplot( )函数绘制样本的经验分布函数;另外将该指数分布的理论分布函数曲线也绘制在同一坐标系加以对比。依次取样本容量 $N=20, 50, 100, 200, 500, 1\ 000$ 完成上述实验。

2.10 抽样分布实验

2.10.1 背景问题

样本是进行统计推断的依据,在应用时,往往需要针对不同的问题构造适当的样本函数,用于进行统计推断。推断时往往需要知道用于推断的这些样本函数的分布,这就是抽样分布的概念,抽样分布是进行统计推断的重要基础。

本实验针对数理统计三大抽样分布及来自正态总体的部分抽样分布问题展开实验探讨。

2.10.2 实验过程

1)卡方分布

设 $X_1,X_2,\cdots,X_n$ 是来自 $N(0,1)$的样本,则称统计量 $\chi^2=X_1^2+X_2^2+\cdots+X_n^2$ 服从自由度为 n 的 χ^2 分布,记为 $\chi^2 \sim \chi^2(n)$。

编制程序代码如下:

```
% 卡方分布概率密度曲线绘制
n = 3:2:12;                          % 卡方分布的自由度取不同值
x=0:0.01:25;                         % 定义绘图范围内自变量取值
y = zeros(length(n),length(x));      % 用矩阵 y 存储卡方密度曲线因变量的值
for k = 1:length(n)
    y(k,:) = chi2pdf(x,n(k));        % 计算各自由度下卡方密度曲线因变量
end
h=plot(x,y,'LineWidth',1.5); grid on;  % 作图
% 下面指令作文字标注
text(2.3,0.2,'$ n=3 $','Color',h(1).Color,'Interpreter','latex');
text(4,0.15,'$ n=5 $','Color',h(2).Color,'Interpreter','latex')
text(5.9,0.123,'$ n=7 $','Color',h(3).Color,'Interpreter','latex')
text(7.9,0.106,'$ n=9 $','Color',h(4).Color,'Interpreter','latex')
text(11.5,0.085,'$ n=11 $','Color',h(5).Color,'Interpreter','latex')
```

```
xlabel('$ x $','Interpreter','latex');
ylabel('$ f(x) $','Interpreter','latex');
title('不同自由度的卡方密度曲线');
```

程序运行结果见图 2-28。

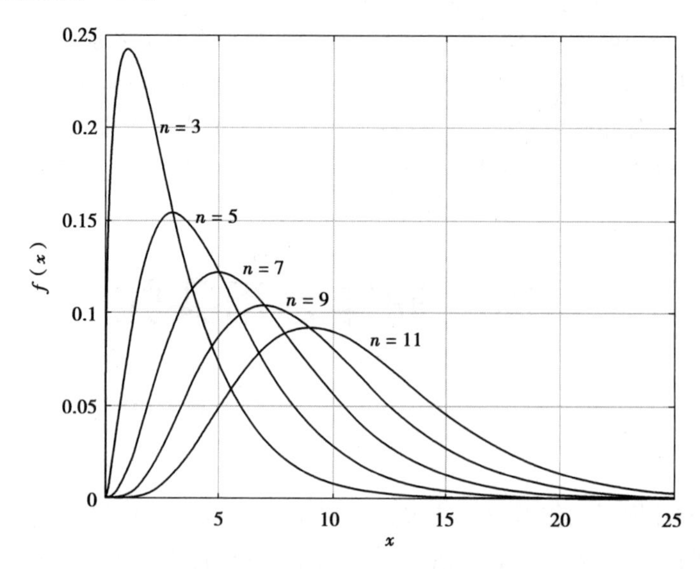

图 2-28　不同自由度时卡方分布概率密度曲线

卡方分布概率密度曲线是单峰不对称曲线，随着自由度 n 增加，峰值下降变平缓，峰位右移。

2) t 分布

设 $X\sim N(0,1)$，$Y\sim\chi^2(n)$，且 X，Y 相互独立，则称随机变量 $t=X/\sqrt{Y/n}$ 服从自由度为 n 的 t 分布，记作 $t\sim t(n)$。

下面编程绘制 t 分布在不同自由度时的概率密度曲线图形。

```
% t 分布概率密度曲线
n = [1,2,5,12];                       % 取不同的自由度
x = -3:0.01:3;                        % 定义画图范围内自变量的取值
y = zeros(length(n),length(x));       % 将存放 t 密度曲线因变量值
ynorm = normpdf(x);                   % 存放正态密度曲线因变量值
for k = 1:length(n)
    y(k,:) = tpdf(x,n(k));            % 计算 t 分布的密度曲线因变量
end
plot(x,y,x,ynorm,'b:','LineWidth',1);grid on;  % 画图
axis([-3,3,0,0.45])                   % 控制显示范围
xlabel('$ x $','Interpreter','latex');
ylabel('$ f(x) $','Interpreter','latex');
% 下面指令是添加标注文本
text(1,0.3,'$ t(1) $','Interpreter','latex');
text(1,0.33,'$ t(2) $','Interpreter','latex');
```

```
text(1,0.36,'$ t(5) $','Interpreter','latex');
text(1,0.39,'$ t(12) $','Interpreter','latex');
text(1,0.42,'$ N(0,1) $','Interpreter','latex');
% 下面指令画标注箭头,坐标是反复调整得到的
annotation('arrow',[0.5179 0.6422],[0.8365 0.8707])
annotation('arrow',[0.5179 0.6422],[0.8181 0.8207])
annotation('arrow',[0.5179 0.6422],[0.797 0.7655])
annotation('arrow',[0.5179 0.6422],[0.7523 0.7129])
annotation('arrow',[0.5179 0.6422],[0.6878 0.6595])
```

程序运行结果见图 2-29。

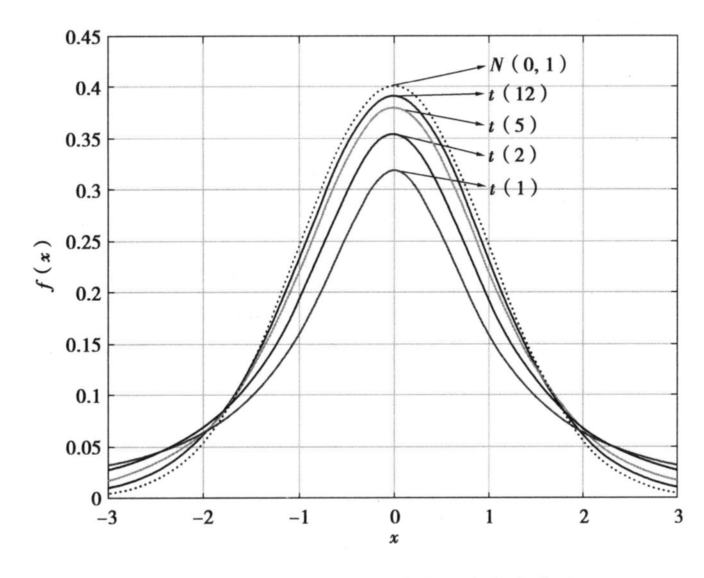

图 2-29 不同自由度的 t 分布概率密度曲线

图 2-29 中虚线为标准正态分布的概率密度曲线,其他曲线为不同自由度的 t 分布的概率密度曲线。从图中可以看出,t 分布的概率密度曲线为单峰对称曲线,对称轴是 $y=0$;t 分布的概率密度曲线的峰高随自由度的增加而增加;自由度较大时的 t 分布概率密度曲线与标准正态分布概率密度曲线接近。

3) F 分布

设 $U\sim\chi^2(n_1)$,$V\sim\chi^2(n_2)$,且 U,V 相互独立,则称随机变量 $F=(U/n_1)/(V/n_2)$ 服从自由度为(n_1,n_2)的 F 分布,记作 $F\sim F(n_1,n_2)$。

F 分布有两个自由度,下面绘图时,控制其中一个不变,让另一个变化。

```
% 程序一:F 分布概率密度曲线(n1=10; n2=3,5,10,15)
n1 = 10;                              % 第一自由度
n2 = [3,5,10,15];                     % 第二自由度
x = 0:0.01:3;                         % 绘图区间内自变量取值
y = zeros(length(n2),length(x));      % 定义矩阵 y 用于存储后面计算的曲线纵坐标
for j=1:length(n2)
    y(j,:) = fpdf(x,n1,n2(j));        % 计算 F 概率密度曲线上各点纵坐标
```

```
end
plot(x,y(1,:),x,y(2,:),'--',x,y(3,:),'-.',x,y(4,:),':','LineWidth',1.5);
grid on;
axis([0,3,0,0.85]);
legend('F(10,3)','F(10,5)','F(10,10)','F(10,15)')
xlabel('$ x $','Interpreter','latex');
ylabel('$ f(x) $','Interpreter','latex');
```

程序执行结果见图 2-30。

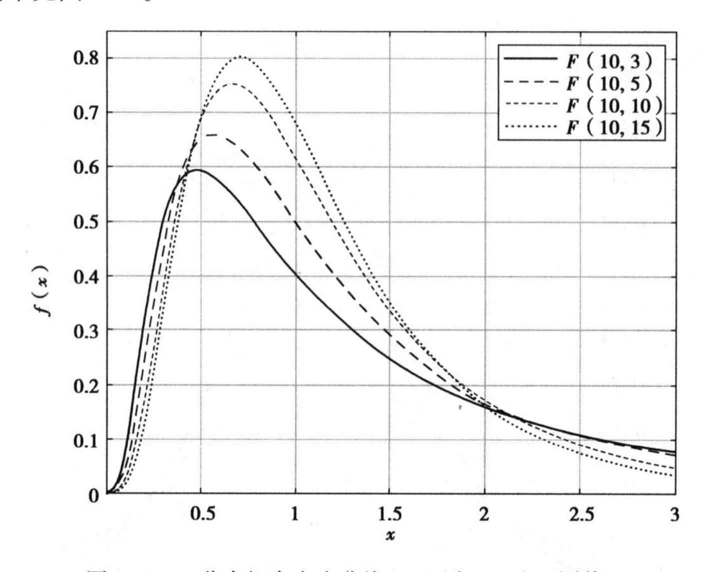

图 2-30　F 分布概率密度曲线(n_1 固定,n_2 取不同值)

```
% 程序二:F 分布概率密度曲线(n1=3,5,10,20; n2=5)
n1 = [3,5,10,20];                    % 第一自由度
n2 = 5;                              % 第二自由度
x = 0:0.01:3;                        % 绘图区间内自变量取值
y = zeros(length(n1),length(x));     % 定义矩阵 y 用于存储后面计算的曲线纵坐标
for i = 1:length(n1)
    y(i,:) = fpdf(x,n1(i),n2);       % 计算 F 概率密度曲线上各点纵坐标
end
plot(x,y(1,:),x,y(2,:),'--',x,y(3,:),'-.',x,y(4,:),':','LineWidth',1.5);
grid on;
axis([0,3,0,0.85]);
legend('F(5,3)','F(5,5)','F(5,10)','F(5,20)')
xlabel('$ x $','Interpreter','latex');
ylabel('$ f(x) $','Interpreter','latex');
```

程序执行结果见图 2-31。

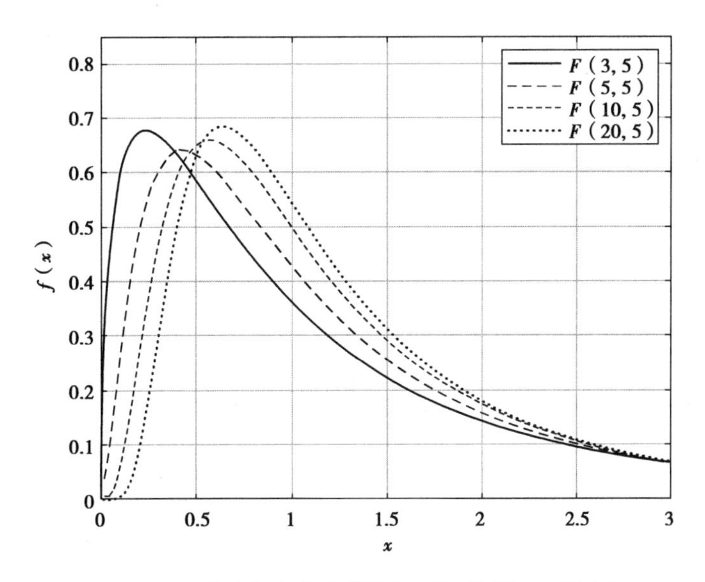

图2-31　F分布概率密度曲线(n_1取不同值,n_2固定)

F分布的概率密度曲线是单峰不对称曲线,曲线的形状、位置和两个自由度参数都有关。

2.10.3　课外研讨问题

①设计实验验证:设$X_1,X_2,\cdots,X_n$是来自正态总体$N(\mu,\sigma^2)$的样本,S^2是样本方差,则$(n-1)S^2/\sigma^2 \sim \chi^2(n-1)$。

提示:可取多组样本,计算得多个样本方差观察值s^2,随着s^2数据的增多,画出其直方图,并在同一坐标系下画出$\chi^2(n-1)$的概率密度曲线,观察s^2的直方图与$\chi^2(n-1)$的概率密度曲线的接近度。

②若总体$X \sim N(\mu,\sigma^2)$,从总体中抽取容量为n的样本$X_1,X_2,\cdots,X_n$,样本均值为$\overline{X} = \frac{1}{n}\sum_{i=1}^{n} X_i$,样本方差为$S^2 = \frac{1}{n-1}\sum_{i=1}^{n}(X_i - \overline{X})^2$,则有:

a. $u = \dfrac{\overline{X} - \mu}{\sigma/\sqrt{n}} \sim N(0,1)$;

b. $t = \dfrac{\overline{X} - \mu}{S/\sqrt{n}} \sim N(0,1)$。

请同学们设计数学实验,验证这两个结论。

2.11　参数估计实验

2.11.1　问题背景

参数估计问题是数理统计的重要内容之一,分为点估计和区间估计。本着学以致用、增强能力的原则,这里,我们将通过实验深化参数估计方法的学习。请同学们围绕以下两个问题展开实验和学习。

①基于 MATLAB 平台的参数估计方法有哪些,怎么用?

②置信区间估计的概念怎么理解?置信度、估计精度、样本容量的关系如何?

2.11.2 实验过程

1)基于 MATLAB 的参数估计方法学习

MATLAB 常用参数估计命令见表 2-6。

表 2-6 MATLAB 常用参数估计命令

函数	功能
[muhat,sigmahat,muci,sigmaci]=normfit(x,alpha)	正态总体均值和标准差的最大似然估计
[mu,muci]=expfit(x,alpha)	指数分布参数的最大似然估计
[a,b,aci,bci]=unift(x,alpha)	均匀分布参数的最大似然估计
[p,pci]=binofit(x,n,alpha)	二项分布参数 p 的最大似然估计
[lamda,lamdaci]=poissfit(x,alpha)	泊松分布参数的最大似然估计

这里以正态分布参数估计问题为例进行研究,正态分布的参数估计和区间估计 MATLAB 函数为 normfit,基本用法如下:

```
[muhat,sigmahat,muci,sigmaci]=normfit(x,alpha)
```

输入参数 x 作样本,1−alpha 作置信度。第二参数可以缺省,此时置信度为 95%。

输出参数 muhat 是均值 mu 的点估计;sigmahat 为标准差 sigma 的点估计;muci 为 mu 的置信区间;sigmaci 为 sigma 的置信区间。

作为实验,我们可以生成正态分布的随机数,然后利用 normfit( )函数进行参数估计。

```
n = 30;                    % 样本容量
alpha = 0.05;              % alpha 为概率,1-alpha 为置信度
X = normrnd(10,4,n,1);     % 模拟抽样实验过程
[muhat,sigmahat,muci,sigmaci] = normfit(X,alpha)  % 进行参数估计
```

某次运行结果见图 2-32。

```
muhat =        10.501
sigmahat =         4.3339
muci = 2×1
         8.8831
          12.12

sigmaci = 2×1
         3.4515
         5.8261
```

图 2-32 参数估计程序运行结果

2)基于 MATLAB 的最大似然估计

最大似然估计是人们在实践中常用的参数点估计方法,然而实际应用时计算过程往往比较烦琐。MATLAB 提供了用于进行最大似然估计的工具箱函数 mle( ),该函数的基本用法如下。

(1)phat = mle(data)

根据输入参数 data(样本观察值)返回正态分布参数的最大似然估计。应用举例:

```
data = normrnd(10,4,100,1);    % 模拟正态分布抽样实验
phat = mle(data)               % 对正态分布参数 mu 和 sigma^2 进行最大似然估计
```

(2) phat = mle(data,'distribution',dist)

根据输入参数data(样本观察值),返回由dist所指分布参数的最大似然估计。其中后两个“名称-值对”类型的输入参数请同学们查阅MATLAB帮助系统进行了解。应用举例:

```
data = exprnd(10,100,1);                          % 模拟指数分布抽样实验
phat = mle(data,'distribution','Exponential')    % 指定指数分布进行最大似然估计
```

至此,我们已经了解了参数估计可以用不同方法进行,为对比学习,我们再举一个二项分布的参数估计的例子,给定了样本数据,请用最大似然估计函数mle( )和二项分布拟合函数binofit( )进行参数估计。

这里先介绍一下binofit( )函数的用法:

```
[phat,pci] = binofit(x,n,alpha)
```

返回以x为样本数据,实验次数为n的二项分布参数p的最大似然估计phat和1-alpha置信区间p_{ci}。

下面编写代码演示针对二项分布的参数估计,请同学们运行程序观察结果。

```
% 二项分布最大似然估计
format short g;
X = [60,55,61,50,45,48,40,36,56,43];   % 样本数据
[phat,pci] = binofit(sum(X),1000)      % 使用fit()函数进行参数估计
[phat1,pci1] = mle(X,'Distribution','Binomial','NTrials',1000,'Alpha',0.05)
                                        % 使用mle()函数进行参数估计
```

3) 对置信区间概念的深度理解

以总体参数的双侧置信区间概念为例。置信区间是根据样本构造的一个区间$(\underline{\theta},\overline{\theta})$,使得

$$P\{\underline{\theta} \leqslant \theta \leqslant \overline{\theta}\} = 1 - \alpha \tag{2-43}$$

为加深对置信区间概念的理解,下面我们以正态总体均值的双侧置信区间为例进行实验。

实验问题1:(置信区间的概念实验)假设$X \sim N(10,4)$,模拟产生X的100组容量为20的重复观测样本数据,对于每一组数据利用MATLAB计算总体均值的0.95置信区间,考察得到的100个置信区间中有多少个区间包含μ的真值10,给出程序代码和运行结果,给出图示。

```
% 区间估计概念实验
times = 100;                                            % 样本组数
n = 20;                                                 % 样本容量
dat= normrnd(10,2,[n,times]);                           % 模拟抽样实验过程
alpha = 0.05;                                           % 1-alpha 为置信度
[mu,sigma,muCI,sigmaCI] =normfit(dat,alpha);            % 进行参数估计
plot([0,times],[10,10],'r','Linewidth',2); hold on;     % 绘制真值参考线
m=0;                                                    % 将用于存放不包含真值的区间数
for k=1:times
    if muCI(2,k)<10 ||muCI(1,k)>10                      % 统计不包含真值的置信区间
```

```
        m=m+1;
        plot([k;k],muCI(:,k),'r','Linewidth',2);      % 绘制置信区间图形
    else
        plot([k;k],muCI(:,k),'b','Linewidth',2);      % 绘制置信区间图形
    end
end
title("不包含\mu 真值的区间数为:"+num2str(m))
xlabel("置信区间序号");  ylabel("置信区间位置");
```

程序运行结果见图 2-33。

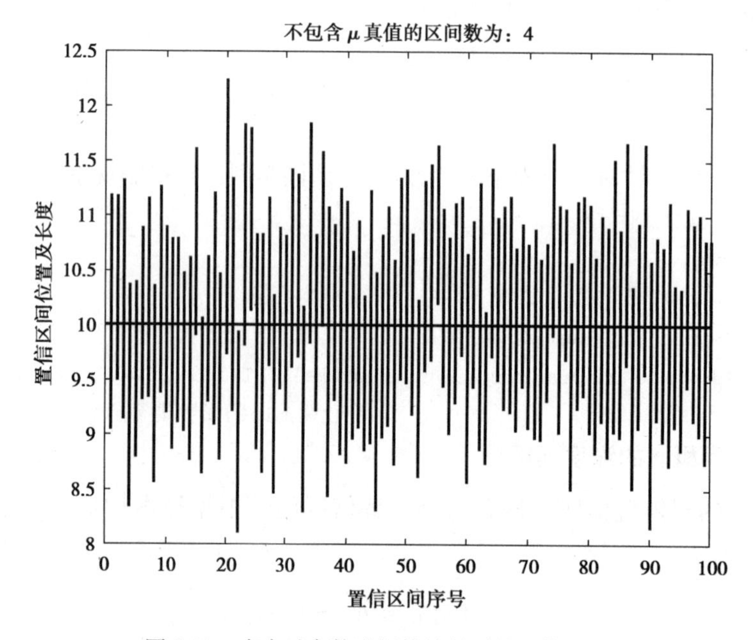

图 2-33　多次对参数进行估计得到的置信区间

本实验选择的置信度为 0.95，多次运行程序我们发现，通常，100 个所求置信区间内，包含参数真值的区间的比例在 95% 左右振荡。

请大家思考，这个比例为什么不是严格等于 95%？

实验问题 2：设 $X \sim N(\mu,\sigma^2)$，假设方差 $\sigma^2=4$，通过实验研讨置信区间的长度与置信度及样本容量之间的关系。

实验方案分析：当方差已知时，正态总体均值的 $1-\alpha$ 双侧置信区间是 $(\overline{X}\pm z_{\alpha/2}\sigma/\sqrt{n})$，区间长度为

$$L=\frac{2\sigma}{\sqrt{n}}z_{\alpha/2} \tag{2-44}$$

利用式(2-44)，绘制 $(1-\alpha)$-L 曲线、n-L 曲线，从而观察总结置信区间的长度与置信度及样本容量之间的关系。

首先探究置信区间长度与置信度之间的关系。

```
% 样本容量一定时置信度-L 曲线
sigma=2;                                  % 总体标准差(已知)
```

```
n=20;                                    % 样本容量
alpha = 0.1:-0.002:0.01;                 % 置信度 1-alpha 值由小到大变化
z_alpha_2 = norminv(1-alpha/2,0,1);      % 标准正态分布的上 alpha/2 分位点
L=2* sigma* z_alpha_2/sqrt(n);           % 计算置信区间长度
plot(1-alpha,L,'Linewidth',2);           % 绘制"置信度-置信区间长度"曲线
grid on;
xlabel('置信度:1-\alpha'); ylabel('置信区间长度 L')
title('样本容 n=20 时(1-\alpha)-L 曲线')
```

程序运行结果见图 2-34(a)。

下面编程探究置信区间长度与样本容量 n 的关系。

```
% 置信度一定时"样本容量-置信区间长度曲线"
sigma=2;                                 % 总体标准差(已知)
alpha = 0.05;                            % 置信度 1-alpha=0.95
n=10:2:100;                              % 样本容量由小到大变化
z_alpha_2 = norminv(1-alpha/2,0,1);      % 标准正态分布上 alpha/2 分位点
L=2* sigma* z_alpha_2./sqrt(n);          % 计算置信区间长度
plot(n,L,'Linewidth',2);                 % 画"样本容量-置信区间长度"曲线
grid on;
xlabel('样本容量 n'); ylabel('置信区间长度 L')
title('1-\alpha=0.95 时 n-L 曲线')
```

程序运行结果见图 2-34(b)。

根据实验结果,得到如下结论:

(1)由图 2-34(a)可以看出,当样本容量 n 一定时,置信区间的平均长度随着置信度增加而增加。当然,这也意味着固定 n 时,区间估计的精度随着置信度增加而降低。

(2)由图 2-34(b)可以看出,当置信度一定时,置信区间的平均长度随着样本容量 n 增加而减少。这表明,对于给定的置信度,欲提高估计精度,则需增加样本容量 n 的值。

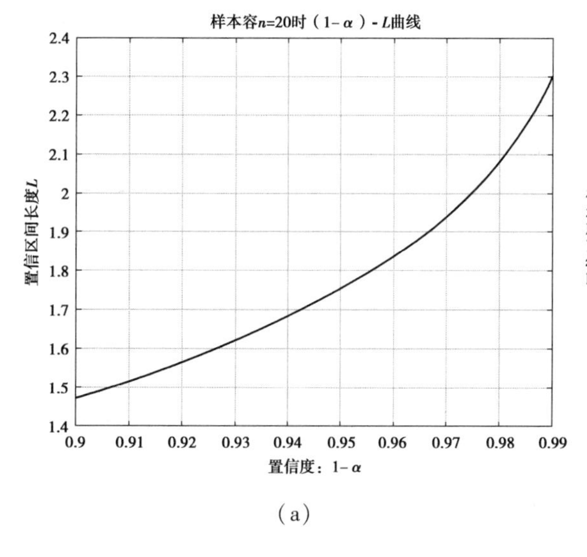

(a)

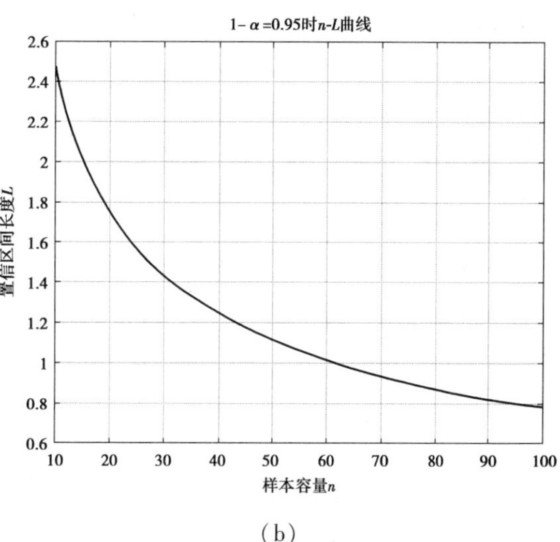

(b)

图 2-34 置信区间平均长度与置信度及随样本容量变化关系

通过上述实验过程我们不难理解,在样本容量一定时,估计的可信度(置信度)与估计精度(区间长度)是一对此消彼长的矛盾,解决这一矛盾的方法是增加样本容量,这当然会增加抽样实验的成本,这就要求人们根据实际的需要作出抉择。

2.11.3 课外研讨问题

①生成正态分布的随机数,参数自定,然后利用 normfit( ) 函数进行参数估计,并研究样本容量不断增大的过程中估计的精度如何变化。

②本节的置信区间概念实验中取置信度为 0.95,然而多次运行程序发现,包含参数真值的置信区间比例不是严格等于 95%,对于这一点如何解释?

③结合本节的实验图 2-34,对于给定的样本,如果限定参数区间估计的置信度为 0.95,请问,欲使参数 μ 的置信区间长度不超过 1,如何选择样本容量? 抛开本节实验的图 2-34,你能不能发现解决此类问题的一般方法:参数区间估计问题中,在置信度给定的情况下,如何选取样本容量,使参数区间估计达到指定精度?

2.12 假设检验中的两类错误概念实验

2.12.1 问题背景

显著性假设检验概念中,"两类错误"及其概率对于初学者来说是难点问题,本节实验中,我们将以正态分布均值假设检验问题为抓手,通过实验研讨这一难点问题,帮助学生深刻理解。

设总体 $X \sim N(\mu,\sigma^2)$,其中 $\sigma^2=1$,μ 未知。在显著水平 α 下,总体均值的双边检验问题:

$$H_0:\mu = \mu_0 = 0;H_1:\mu \neq \mu_0$$

拒绝域为

$$\left\{\overline{X} \geqslant \mu_0 + \frac{\sigma}{\sqrt{n}}z_{\alpha/2}\right\} \cup \left\{\overline{X} \leqslant \mu_0 - \frac{\sigma}{\sqrt{n}}z_{\alpha/2}\right\}$$

①写出犯第一类错误(弃真错)的概率 α 和犯第二类错误(采伪错)的概率 β 的计算公式。

②通过编程计算进一步讨论:当样本容量 n 一定时,在 α 由大变小的过程中 β 的变化情况。

③通过实验讨论当 α 不变时,样本容量 n 增大的过程中 β 的变化情况。

④进一步研究:在上述关于 μ 的双边显著性检验问题中,如何选取样本容量,使检验中犯第二类错误的概率控制在预先给定的范围内。

2.12.2 实验过程

1) 深入认识两类错误的概率

对于方差已知时正态总体均值的双边检验展开讨论。假设为:

$$H_0:\mu=\mu_0=0;H_1:\mu\neq\mu_0$$

拒绝域为

$$\left\{\overline{X}\geqslant\mu_0+\frac{\sigma}{\sqrt{n}}z_{\alpha/2}\right\}\cup\left\{\overline{X}\leqslant\mu_0-\frac{\sigma}{\sqrt{n}}z_{\alpha/2}\right\}$$

犯弃真错的概率为

$$p_{\mu=\mu_0}\left\{\left|\frac{\overline{X}-\mu_0}{\sigma/\sqrt{n}}\right|\geqslant z_{\alpha/2}\right\}=\alpha \tag{2-45}$$

犯取伪错的概率为备择假设 $H_1:\mu=\mu_1\neq\mu_0$ 为真但样本却落入 $H_0:\mu=\mu_0$ 接受域的概率，即

$$p_{\mu=\mu_1}\left\{\left|\frac{\overline{X}-\mu_0}{\sigma/\sqrt{n}}\right|< z_{\alpha/2}\right\}=\beta \tag{2-46}$$

又当 H_1 为真时，$\overline{X}\sim N(\mu_1,\sigma^2/n)$，结合式(2-45)得

$$\beta=P_{\mu=\mu_1}\left\{\mu_0-z_{\alpha/2}\frac{\sigma}{\sqrt{n}}<\overline{X}<\mu_0+z_{\alpha/2}\frac{\sigma}{\sqrt{n}}\right\}$$

$$=P_{\mu=\mu_1}\left\{\frac{\mu_0-\mu_1}{\sigma/\sqrt{n}}-z_{\alpha/2}<\frac{\overline{X}-\mu_1}{\sigma/\sqrt{n}}<\frac{\mu_0-\mu_1}{\sigma/\sqrt{n}}+z_{\alpha/2}\right\}$$

从而，第二类错误的概率可表示为

$$\beta=\Phi\left(\frac{\mu_0-\mu_1}{\sigma/\sqrt{n}}+z_{\alpha/2}\right)-\Phi\left(\frac{\mu_0-\mu_1}{\sigma/\sqrt{n}}-z_{\alpha/2}\right) \tag{2-47}$$

这里 $\Phi(\cdot)$ 表示标准正态分布的分布函数。

正态总体 μ 双边检验中两类错误概率示意图见图 2-35。

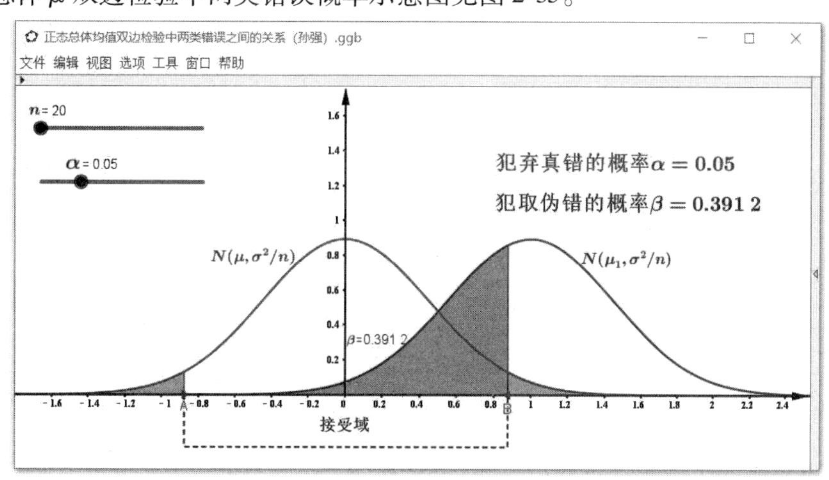

图 2-35　正态总体 μ 双边检验中两类错误概率示意图

2）样本容量 n 一定时两类错误概率的关系

基本研究思路是：对于给定的样本容量 n，令显著性水平 α 取一系列离散值，根据式(2-47)计算出犯第二类错误的概率 β，然后绘图表示。实验步骤如下：

Step 1：设定基本实验参数。设 $X\sim N(\mu_1,\sigma^2)$，其中 $\mu_1=1,\sigma^2=4,H_0:\mu=\mu_0=0;H_1:\mu=$

$\mu_1=1, n=20$;

Step 2:从大到小给定若干个显著性水平 α 的值,由式(2-47)计算第二类错误 β 的值,列表观察 α、β 数据变换的情况。

Step 3:绘制 α-β 关系曲线图。

作为对比,我们可以取几个不同的 n 值进行上述实验,编写程序如下。

```
% 正态总体 mu 双边检验中两类错误的概率之间的关系(样本容量 n=20,40,60,80)
format short g;
mu0 = 0; mu1 = 1; sigma = 2;
alpha =(0.06:-0.005:0.005);
hold on; grid on; box on;
n =20:20:80;
beta = zeros(length(n),length(alpha));
for k = 1:length(n)
    d = (mu0-mu1)/(sigma/sqrt(n(k)));
    z_alpha_2 = norminv(1-alpha/2);
    beta(k,:) = normcdf(d+z_alpha_2)-normcdf(d-z_alpha_2);
end
plot(alpha,beta(1,:),'b-^',alpha,beta(2,:),'m-o','LineWidth',1);
plot(alpha,beta(3,:),'k-x',alpha,beta(4,:),'r-* ','LineWidth',1);
xlabel('\alpha'); ylabel('\beta')
legend('n=20','n=40','n=60','n=80')
```

计算结果整理见表 2-7。

表 2-7　两类错误概率计算结果

(总体 $N(1,4)$ 双边检验 $H_0:\mu=0;H_1:\mu\neq0$)

α	β			
	$n=20$	$n=40$	$n=60$	$n=80$
0.060	0.361	0.100	0.023	0.005
0.055	0.376	0.107	0.025	0.005
0.050	0.391	0.115	0.028	0.006
0.045	0.408	0.124	0.031	0.007
0.040	0.428	0.134	0.034	0.008
0.035	0.449	0.146	0.039	0.009
0.030	0.474	0.161	0.044	0.011
0.025	0.502	0.179	0.051	0.013
0.020	0.536	0.202	0.061	0.016
0.015	0.578	0.233	0.075	0.021
0.010	0.633	0.279	0.097	0.029
0.005	0.716	0.361	0.143	0.048

结果分析：由表2-7及图2-36可以看出，正态总体均值的双边检验中，当样本容量一定时，减小犯第一类错误（弃真错）的概率时，犯第二类错误（取伪错）的概率就会增加；当犯弃真错的概率 α 一定时，增大样本容量 n 可以减小犯第二类错误的概率 β。

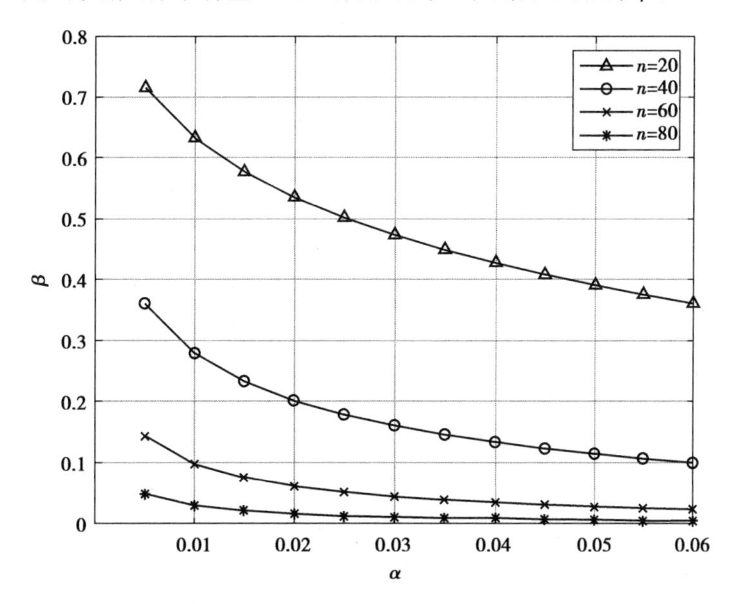

图2-36　n 取不同值时双边检验两类错误概率 α-β 关系图

正是由于上述原因，假设检验中，在样本容量一定时，人们不可能同时把检验犯两类错误的概率都控制得很小，因此 Fisher 提出了在只控制犯第一类错误概率 α 而不顾及犯第二类错误的概率 β 的检验方法，即显著性假设检验法。

3）显著性水平 α 一定时样本容量 n 与第二类错误概率 β 关系

当显著性水平一定时，增大样本容量可以减小犯第二类错误的概率，对此，我们设计实验验证如下。

Step 1：设定基本实验参数。设 $X \sim N(\mu_1, \sigma^2)$，其中 $\mu_1=1, \sigma^2=4$；$H_0: \mu=\mu_0=0$；$H_1: \mu=\mu_1=1$；取 $\alpha = 0.025, 0.05, 0.1, 0.2$；

Step 2：从小到大给定样本容量 n 的若干个值，由式（2-47）计算第二类错误 β 的值，列表观察 n、β 数据变换的情况。

Step 3：绘制 n-β 关系曲线图。

```
% 正态总体 mu 双边检验中两类错误的概率之间的关系实验(二)
% alpha 一定时,样本容量 n 与 beta 的关系实验
format short g;
mu0 = 0;  mu1 = 1;  sigma = 2;
alpha = [0.025,0.05,0.1,0.2];
hold on; grid on; box on;
n = 20:5:100;
beta = zeros(length(alpha),length(n));
for k = 1:length(alpha)
    d = (mu0-mu1)./(sigma./sqrt(n));
```

```
    z_alpha_2 = norminv(1-alpha(k)/2);
    beta(k,:) = normcdf(d+z_alpha_2)-normcdf(d-z_alpha_2);
end
plot(n,beta(1,:),'b-^',n,beta(2,:),'m-o','LineWidth',1);
plot(n,beta(3,:),'k-x',n,beta(4,:),'r-* ','LineWidth',1);
xlabel('n'); ylabel('\beta')
legend('\alpha=0.025','\alpha=0.05','\alpha=0.1','\alpha=0.2')
```

表 2-8　样本容量 n 与第二类错误概率 β 的关系计算结果

(总体 $N(1,4)$ 双边检验 $H_0:\mu=0;H_1:\mu\neq0$)

n	β			
	$\alpha=0.025$	$\alpha=0.05$	$\alpha=0.1$	$\alpha=0.2$
20	0.502 1	0.391 2	0.277 1	0.169 7
25	0.398 0	0.294 6	0.196 2	0.111 4
30	0.309 5	0.218 1	0.137 0	0.072 5
35	0.236 8	0.159 1	0.094 6	0.046 8
40	0.178 6	0.114 6	0.064 6	0.030 0
45	0.132 9	0.081 6	0.043 7	0.019 1
50	0.097 8	0.057 6	0.029 3	0.012 1
55	0.071 2	0.040 2	0.019 5	0.007 6
60	0.051 4	0.027 9	0.012 9	0.004 8
65	0.036 7	0.019 2	0.008 5	0.003 0
70	0.026 1	0.013 1	0.005 6	0.001 9
75	0.018 4	0.008 9	0.003 6	0.001 1
80	0.012 8	0.006 0	0.002 3	0.000 7
85	0.008 9	0.004 0	0.001 5	0.000 4
90	0.006 2	0.002 7	0.001 0	0.000 3
95	0.004 2	0.001 8	0.000 6	0.000 2
100	0.002 9	0.001 2	0.000 4	0.000 1

结果分析:由表 2-8 及图 2-37 可以看出,正态总体均值的双边检验中,对于给定的显著性水平 α,增加样本容量,可以减小犯第二类错误的概率 β;当样本容量足够大时,β 趋于 0。当样本容量 n 固定,减小犯第一类错误的概率 α 时,犯第二类错误的概率 β 会增大。

通过上述实验我们应当认识到,显著性假设检验的过程中,我们控制犯第一类错误的概率为小概率,使原假设 H_0 受到格外保护而不顾及备择假设 H_1,因而原假设 H_0 和备择假设 H_1 地位是不平等的。假设检验中若还想减小犯第二类错误的概率,则应尽量选取足够大的样本,但这往往会增大统计检验工作(在时间、经济等方面)的成本,因此需在减小第二类错误概

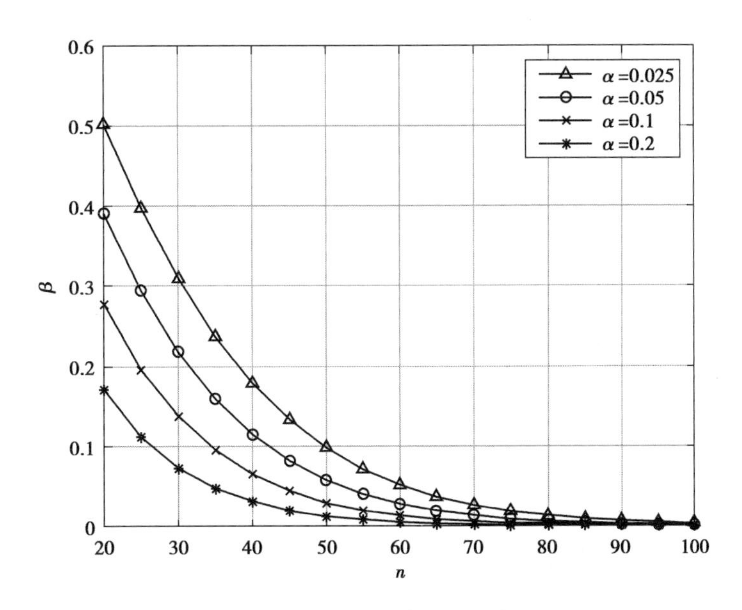

图 2-37 α 取不同定值时 n-β 关系图

率所带来的效益与增大样本容量多花的成本之间作出权衡。

4) 显著性假设检验控制第二类错概率方法

显著性假设检验是人们只控制犯第一类错误的概率而不顾及犯第二类错误的概率的意义下，作出是否拒绝原假设 H_0 的推断结论的。然而，在一些实际问题中，人们除了希望控制犯第一类错误的概率外，还希望控制犯第二类错误的概率。

由前面的实验可知，假设检验犯第二类错误的概率和样本容量 n 有密切关系。那么如何选取适当的样本容量 n，使检验犯第二类错误的概率控制在希望的范围内呢？

这里，我们以正态总体均值的假设检验问题为例进行阐述。

定理：（显著性假设检验中控制 β 的方法）

①对于单边检验而言，当样本容量 n 满足 $\sqrt{n} \geqslant \dfrac{(z_\alpha+z_\beta)\sigma}{\delta}$ 时，可使犯第二类错误的概率不超过给定的 β（其中 δ 为取定的正常数，且满足 $|\mu-\mu_0| \geqslant \delta$）。

②对于双边检验而言，当样本容量 n 满足 $\sqrt{n} \geqslant \dfrac{(z_{\alpha/2}+z_\beta)\sigma}{\delta}$ 时，可使犯第二类错误的概率不超过给定的 β（其中 δ 为取定的正常数，且满足 $|\mu-\mu_0| \geqslant \delta$）。

证明：①以正态总体均值的右边检验 Z 检验法情况为例证明。

设 $X \sim N(\mu,\sigma^2)$，σ^2 已知，μ 未知，设显著水平为 α。

右边检验 $H_0:\mu \leqslant \mu_0$，$H_1:\mu>\mu_0$ 的 Z 检验法中，取检验统计量为 $Z=\dfrac{\overline{X}-\mu_0}{\sigma/\sqrt{n}}$，拒绝域为 $W=\{Z>z_\alpha\}$。

设 H_1 为真时，$\mu-\mu_0 \geqslant \delta>0$。检验犯第二类错误的概率为：

$$P_{\mu\in H_1}\{\text{接受 } H_0\} = P_{\mu>\mu_0}\{Z \leqslant z_\alpha\} = P_{\mu>\mu_0}\left\{\overline{X} \leqslant \mu_0 + \frac{\sigma}{\sqrt{n}}z_\alpha\right\} = P_{\mu\neq\mu_0}\left\{\frac{\overline{X}-\mu}{\sigma/\sqrt{n}} \leqslant \frac{\mu_0-\mu}{\sigma/\sqrt{n}} + z_\alpha\right\}$$

$$= \Phi\left(\frac{\mu_0 - \mu}{\sigma/\sqrt{n}} + z_\alpha\right) \leqslant \Phi\left(\frac{-\delta}{\sigma/\sqrt{n}} + z_\alpha\right) \tag{2-48}$$

为使犯第二类错误的概率不超过 β，只需令

$$\Phi\left(\frac{-\delta}{\sigma/\sqrt{n}} + z_\alpha\right) \leqslant \beta \tag{2-49}$$

所以有

$$\frac{-\delta}{\sigma/\sqrt{n}} + z_\alpha \leqslant -z_\beta \tag{2-50}$$

即有

$$\sqrt{n} \geqslant \frac{(z_\alpha + z_\beta)\sigma}{\delta} \tag{2-51}$$

对于左边检验情形类似可证，这两种结论可以整合为定理中①的形式。

②设 $X \sim N(\mu,\sigma^2)$，σ^2 已知，μ 未知，设显著水平为 α。双边检验 $H_0:\mu=\mu_0, H_1:\mu\neq\mu_0$ 的 Z 检验法中，取检验统计量为 $Z=\dfrac{\overline{X}-\mu_0}{\sigma/\sqrt{n}}$，拒绝域为 $W=\{|Z|>z_\alpha\}$。

设 H_1 为真时 $|\mu-\mu_0|\geqslant\delta>0$。检验犯第二类错误的概率为：

$$P_{\mu\in H_1}\{接受 H_0\} = P_{\mu\neq\mu_0}\{|Z|\leqslant z_{\alpha/2}\} = P_{\mu\neq\mu_0}\left\{\mu_0 - \frac{\sigma}{\sqrt{n}}z_{\alpha/2} \leqslant \overline{X} \leqslant \mu_0 + \frac{\sigma}{\sqrt{n}}z_{\alpha/2}\right\}$$

$$= P_{\mu\neq\mu_0}\left\{\frac{\mu_0-\mu}{\sigma/\sqrt{n}} - z_{\alpha/2} \leqslant \frac{\overline{X}-\mu}{\sigma/\sqrt{n}} \leqslant \frac{\mu_0-\mu}{\sigma/\sqrt{n}} + z_{\alpha/2}\right\}$$

$$= \Phi\left(\frac{\mu_0-\mu}{\sigma/\sqrt{n}} + z_{\alpha/2}\right) - \Phi\left(\frac{\mu_0-\mu}{\sigma/\sqrt{n}} - z_{\alpha/2}\right) = \Phi\left(\frac{\mu_0-\mu}{\sigma/\sqrt{n}} + z_{\alpha/2}\right) + \Phi\left(\frac{\delta}{\sigma/\sqrt{n}} + z_{\alpha/2}\right) - 1 \tag{2-52}$$

当 $\mu-\mu_0\geqslant\delta>0$ 时，式(2-52)中 $\Phi\left(\dfrac{\mu-\mu_0}{\sigma/\sqrt{n}}+z_{\alpha/2}\right)-1\approx0$，则有

$$P_{\mu\in H_1}\{接受\ H_0\} \approx \Phi\left(\frac{\mu_0-\mu}{\sigma/\sqrt{n}}+z_{\alpha/2}\right) = \Phi\left(z_{\alpha/2}-\frac{\mu-\mu_0}{\sigma/\sqrt{n}}+\right) \leqslant \Phi\left(z_{\alpha/2}-\frac{\delta}{\sigma/\sqrt{n}}\right);$$

当 $\mu_0-\mu\geqslant\delta>0$ 时，式(2-52)中 $\Phi\left(\dfrac{\mu_0-\mu}{\sigma/\sqrt{n}}+z_{\alpha/2}\right)-1\approx0$，则有

$$P_{\mu\in H_1}\{接受\ H_0\} \approx \Phi\left(\frac{\mu-\mu_0}{\sigma/\sqrt{n}}+z_{\alpha/2}\right) = \Phi\left(z_{\alpha/2}-\frac{\mu_0-\mu}{\sigma/\sqrt{n}}+\right) \leqslant \Phi\left(z_{\alpha/2}-\frac{\delta}{\sigma/\sqrt{n}}\right)$$

综合上述分析，为控制检验犯第二类错误的概率为 β，只需令

$$\Phi\left(z_{\alpha/2} - \frac{\delta}{\sigma/\sqrt{n}}\right) \leqslant \beta \tag{2-53}$$

所以有

$$z_{\alpha/2} - \frac{\delta}{\sigma/\sqrt{n}} \leqslant -z_\beta \tag{2-54}$$

即有

$$\sqrt{n} \geqslant \frac{(z_{\alpha/2}+z_{\beta})\sigma}{\delta} \tag{2-55}$$

命题②得证。证毕。

上述定理表明,只要能预估出或指定 $|\mu-\mu_0|$ 的下限 δ,便可根据定理的结论计算出适当的样本容量 n,将检验犯第二类错误的概率控制在 β 以下。

2.12.3 课外研讨问题

①对方差未知时正态总体均值的双边检验讨论以下问题:

a. 写出原假设、备择假设,检验统计量与拒绝域;

b. 写出显著性假设检验时犯第一类错误的概率公式;

c. 推导显著性假设检验犯第二类错误的概率公式。

②研讨正态总体方差已知时,关于均值右边检验中两类错误的概率相关问题。

③工业产品质量抽验方案问题:设有一大批产品,产品质量指标 $X \sim N(\mu, \sigma^2)$,以 μ 小者为佳。厂方要求所确定的验收方案对高质量的产品($\mu \leqslant \mu_0 = 120$)能以高概率 $1-\alpha$ 为买方所接受;买方则要求低质量产品($\mu \geqslant \mu_0+\delta$)能以高概率 $1-\beta$ 被拒绝。由买方和厂方协商后决定:$\alpha=\beta=0.05$,$\delta=20$,并采取一次抽样确定该批产品是否为买方所接受。问应该怎样安排抽样及验收方案?

2.13 假设检验实验

2.13.1 问题背景

假设检验是统计推断的另一重要内容,同参数估计一样,在统计学的理论和实际应用中占有重要地位。本次实验我们将基于 MATLAB 平台假设检验方法,探究假设检验的 p 值法,提升知识学习的高阶性。

2.13.2 实验过程

1)学习正态总体参数假设检验的 MATLAB 命令

正态总体参数假设检验 MATLAB 命令见表 2-9。

表 2-9 正态总体参数假设检验 MATLAB 命令

函数	功能
[h,p,ci,zval] = ztest(x,mu0,sigma, Name,Value)	单正态总体均值的 z 检验(方差已知)
[h,p,ci,tval] = ttest(x,mu0, Name,Value)	单正态总体均值 t 检验(方差未知)
[h,p,ci,stats] = ttest2(x,y,'Vartype','equal')	双正态总体均值差 t 检验(方差未知相等)

续表

函数	功能
[h,p,ci,stats] = vartest(x,v,Name,Value)	单正态总体方差的卡方检验
[h,p,ci,stats] = vartest2(x,y,Name,Value)	双正态总体方差比的 F 检验

(1)单正态总体方差已知时关于总体均值的 Z 检验

$X\sim N(\mu,\sigma^2)$,方差 σ^2 已知时,均值 μ 的检验,检验统计量:$Z=(\overline{X}-\mu_0)\sqrt{n}/\sigma$,$n$ 为样本容量,α 为显著性水平。

双边检验:$H_0:\mu=\mu_0$;$H_1:\mu\neq\mu_0$,拒绝域:$|z|\geqslant z_{\alpha/2}$;

右边检验:$H_0:\mu\leqslant\mu_0$;$H_1:\mu>\mu_0$,拒绝域:$z\geqslant z_\alpha$;

左边检验:$H_0:\mu\geqslant\mu_0$;$H_1:\mu<\mu_0$,拒绝域:$z\leqslant -z_\alpha$。

MATLAB 的单正态总体均值 z 检验函数用法简介如下:

```
[h,p,ci,zval]= ztest(x,m,sigma,Name,Value)
```

输入参数 x 为样本向量;m 为 H_0 中的标量值 μ_0;sigma 是总体标准差(已知);后面的 Name,Value 为"名称-值"类型的参数对,用于指定显著性水平,或者指定备择假设的类型,具体见下面所举例子或者查阅帮助系统。

返回值 h 取值为 0 或 1,取 0 时表示接受原假设 H_0,取 1 时表示拒绝原假设 H_0;

返回值 p 为假设检验的 p 值,它是由样本计算出的能拒绝原假设的最小显著性水平。通常,p 值越小,表示拒绝原假设的理由越充分,当 $p<\alpha$ 时,在显著性水平 α 下应拒绝原假设。

返回值 c_i 为总体均值 μ 的 $1-\alpha$ 置信区间;

返回值 zval 为检验统计量 Z 的观察值。

应用举例如下,请同学们运行并学会解读运行结果。

```
rng default;
X = normrnd(10,2,100,1);      % 模拟来自 N(10,4)的样本
aph = 0.05;                   % 以下检验所用的显著性水平
% 方差已知时双边检验:H0:mu=10.2;H1:mu≠10.2;
[h1,p1,ci1,zval1] = ztest(X,10.2,2,'Alpha',aph)
% 方差已知双边检验:H0:mu=9.2;H1:mu ~ =9.2;
[h2,p2,ci2,zval2] = ztest(X,9.2,2,'Alpha',aph)
% 方差已知的右边检验:H0:mu<=9.2;H1:mu>9.2;
[h3,p3,ci3,zval3] = ztest(X,9.2,2,'Alpha',aph,'Tail','right')
% 方差已知的左边检验:H0:mu>=9.2;H1:mu<9.2;
[h4,p4,ci4,zval4] = ztest(X,9.2,2,'Alpha',aph,'Tail','left')
```

(2)单正态总体方差未知时关于总体均值的 Z 检验

$X\sim N(\mu,\sigma^2)$,方差 σ^2 未知时,均值 μ 的检验,检验统计量:$t=(\overline{X}-\mu_0)\sqrt{n}/S$,$n$ 为样本容量,α 为显著性水平。

双边检验:$H_0:\mu=\mu_0$;$H_1:\mu\neq\mu_0$,拒绝域:$|t|\geqslant t_{\alpha/2}(n-1)$;

右边检验:$H_0:\mu\leqslant\mu_0$;$H_1:\mu>\mu_0$,拒绝域:$t\geqslant t_\alpha(n-1)$;

左边检验：$H_0:\mu\geqslant\mu_0$；$H_1:\mu<\mu_0$，拒绝域：$t\leqslant -t_\alpha(n-1)$。

MATLAB 的单正态总体均值 t 检验函数用法简介如下：

```
[h,p,ci,tval]= ttest(x,m,Name,Value)
```

输入参数：x 为样本向量；m 为 H_0 中的标量值 μ_0；后面的 Name、Value 为“名称-值”类型的参数对，用于指定显著性水平，或者指定备择假设的类型。

输出参数：$h=0$ 表示接受原假设 H_0，$h=1$ 表示拒绝原假设 H_0；p 为假设检验的 p 值；c_i 为总体均值 μ 的 $1-\alpha$ 置信区间；tval 为检验统计量 t 的观察值。

举例如下，请同学们动手实验并解读程序运行结果。

```
rng default;
X = normrnd(10,2,100,1);                % 模拟来自 N(10,4)的样本
aph = 0.05;                             % 以下检验所用的显著性水平
% 方差未知时双边检验:H0:mu=10.2;H1:mu≠10.2;
[h1,p1,ci1,tval1] = ttest(X,10.2,'Alpha',aph)
% 方差未知双边检验:H0:mu=9.2;H1:mu ~ =9.2;
[h2,p2,ci2,tval2] = ttest(X,9.2,'Alpha',aph)
% 方差未知的右边检验:H0:mu<=9.2; H1:mu>9.2;
[h3,p3,ci3,tval3] = ttest(X,9.2,'Alpha',aph,'Tail','right')
% 方差未知的左边检验:H0:mu>=9.2; H1:mu<9.2;
[h4,p4,ci4,tval4] = ttest(X,9.2,'Alpha',aph,'Tail','left')
```

(3)双正态总体均值齐性的 t 检验(方差相等但未知)

$X\sim N(\mu_1,\sigma_1^2)$，$Y\sim N(\mu_2,\sigma_2^2)$ 方差 $\sigma_1^2=\sigma_2^2=\sigma^2$ 但未知时，均值差的检验，检验统计量：$t=\dfrac{\overline{X}-\overline{Y}}{S_w\sqrt{1/n_1+1/n_2}}$，其中 $S_w^2=\dfrac{(n_1-1)S_1^2+(n_2-1)S_2^2}{n_1+n_2-2}$，$S_w=\sqrt{S_w^2}$，$n_1$，$n_2$ 为样本容量，α 为显著性水平。

双边检验：$H_0:\mu_1-\mu_2=0$；$H_1:\mu_1-\mu_2\neq 0$，拒绝域：$|t|\geqslant t_{\alpha/2}(n_1+n_2-2)$；

右边检验：$H_0:\mu_1-\mu_2\leqslant 0$；$H_1:\mu_1-\mu_2>0$，拒绝域：$t\geqslant t_\alpha(n_1+n_2-2)$；

左边检验：$H_0:\mu_1-\mu_2\geqslant 0$；$H_1:\mu_1-\mu_2<0$，拒绝域：$t\leqslant -t_\alpha(n_1+n_2-2)$。

MATLAB 的双正态总体均值差 t 检验函数用法简介如下：

```
[h,p,ci,stats]= ttest2(x,y,Name,Value)
```

输入参数：$\boldsymbol{x}$，$\boldsymbol{y}$ 分别是来自两个正态总体的样本向量；Name、Value 为“名称-取值”参数对，用以控制显著性水平、备择检验类型等。

输出参数：$h=0$ 则接受 H_0；$h=1$ 则拒绝 H_0；p 为此检验问题的 p 值；c_i 为总体均值差的 $1-\alpha$ 置信区间；stats 为包含检验统计信息的结构体。

举例如下：

```
rng default;
X = normrnd(20,2,100,1);  % 模拟 N(20,4)的样本
Y = normrnd(10,2,100,1);  % 模拟 N(10,4)的样本
% 检验 H0:mu1-mu2=0;H1:mu1-mu2≠0;显著性水平默认为 0.05
[h1,p1,ci1,stats1] = ttest2(X,Y,'Vartype','equal')
% 检验 H0:mu1-mu2<=0;H1:mu1-mu2>0;显著性水平默认为 0.05
[h2,p2,ci2,stats2] = ttest2(X,Y,'Vartype','equal','Tail','right')
```

(4)单正态总体方差的χ^2检验

$X\sim N(\mu,\sigma^2)$,方差σ^2的检验,检验统计量:$\chi^2=(n-1)S^2/\sigma_0$,n为样本容量,α为显著性水平。

双边检验:$H_0:\sigma^2=\sigma_0^2$;$H_1:\sigma^2\neq\sigma_0^2$,拒绝域:$\chi^2\geqslant\chi^2_{\alpha/2}(n-1)$或$\chi^2\leqslant\chi^2_{1-\alpha/2}(n-1)$

右边检验:$H_0:\sigma^2\leqslant\sigma_0^2$;$H_1:\sigma^2>\sigma_0^2$,拒绝域:$\chi^2\geqslant\chi^2_{\alpha}(n-1)$;

左边检验:$H_0:\sigma^2\geqslant\sigma_0^2$;$H_1:\sigma^2<\sigma_0^2$,拒绝域:$\chi^2\leqslant\chi^2_{1-\alpha}(n-1)$。

MATLAB 的单正态总体方差χ^2检验函数用法简介如下:

```
[h,p,ci,stats] = vartest(x,v,Name,Value)
```

输入参数:x为正态总体的样本向量;v为假设中的已知标量σ_0^2;Name、Value 为"名称-值"型参数对,用来控制显著性水平、备择假设的类型等。

输出参数:$h=0$表示接受原假设,$h=1$表示拒绝原假设;p为假设检验的p值;c_i为总体方差的$1-\alpha$置信区间;stats 为包含检验统计信息的结构体。

应用举例如下,请同学们动手实验:

```
rng default;
X = normrnd(100,3,100,1);    % 模拟从正态分布中抽样
% 检验:H0:sig^2=10;H1:sig^2≠10;显著性水平 0.05
[h1,p1,ci1,stats1] = vartest(X,10,'Tail','both')
% 检验:H0:sig^2>=16;H1:sig^2<16;显著性水平 0.05
[h2,p2,ci2,stats2] = vartest(X,16,'Tail','left')
```

(5)双正态总体方差比的F检验

$X\sim N(\mu_1,\sigma_1^2)$,$Y\sim N(\mu_2,\sigma_2^2)$,方差比的检验,检验统计量:$F=S_1^2/S_2^2$,$n_1$,$n_2$为样本容量,$\alpha$为显著性水平。

双边检验:$H_0:\sigma_1^2=\sigma_2^2$;$H_1:\sigma_1^2\neq\sigma_2^2$,

拒绝域:$F\leqslant F_{1-\alpha/2}(n_1-1,n_2-1)$或$F\geqslant F_{\alpha/2}(n_1-1,n_2-1)$;

右边检验:$H_0:\sigma_1^2\leqslant\sigma_2^2$;$H_1:\sigma_1^2>\sigma_2^2$,拒绝域:$F\geqslant F_{\alpha}(n_1-1,n_2-1)$;

左边检验:$H_0:\sigma_1^2\geqslant\sigma_2^2$;$H_1:\sigma_1^2<\sigma_2^2$,拒绝域:$F\leqslant F_{1-\alpha}(n_1-1,n_2-1)$。

MATLAB 中关于双正态总体方差比的F检验函数用法简介如下:

```
[h,p,ci,stats] = vartest2(x,y,Name,Value)
```

输入参数:x,y均为样本向量;Name、Value 为"名称-值"型参数对,用来控制显著性水平、备择假设的类型等。

输出参数:$h=0$表示接受原假设,$h=1$表示拒绝原假设;p为假设检验的p值;c_i为双总体方差比的$1-\alpha$置信区间;stats 为包含检验统计信息的结构体。

应用举例如下:

```
rng default;
X = normrnd(20,3,100,1);  % 模拟 N(20,9)的样本
Y = normrnd(10,2,100,1);  % 模拟 N(10,4)的样本
% 检验 H0:sig1²=sig2²;H1:sig1²≠sig2²;显著性水平默认为 0.05
[h1,p1,ci1,stats1] = vartest2(X,Y,'Tail','both')
% 检验 H0:sig1²<=sig2²;H1:sig1²>sig2²;显著性水平默认为 0.05
```

```
[h2,p2,ci2,stats2] = vartest2(X,Y,'Tail','right')
```

2)假设检验的 p 值法实验

研究下面的问题:设总体 $X\sim N(\mu,\sigma^2)$,$\sigma^2=100$,现有样本 $x_1,x_2,\cdots,x_{52}$,研究在显著性水平 α 由大到小变化的过程中,关于均值 μ 的右边检验问题的检验结论什么时候会由拒绝 H_0 变成接受 H_0。

显然,本问题应采用 z 检验法,选取检验统计量 $Z=(\overline{X}-\mu_0)\sqrt{n}/\sigma$,对于给定的显著性水平 α,$H_0:\mu\leqslant\mu_0$,$H_1:\mu>\mu_0$ 检验问题的拒绝域为 $Z\geqslant z_\alpha$。

设在给定的样本下,检验统计量的观察值记为 z_0,将 $N(\mu,\sigma^2)$ 概率密度曲线下方位于 z_0 右侧的面积记为 p。

下面,我们通过编程探究在显著性由大到小变化的过程中,检验结论的变化情况。

```
% 假设检验的 p 值法探究实验
format short G
rng('default')                          % 控制样本值的再现性
mu = 60;sigma = 10;n = 52;              % 总体真实参数和样本容量
xdat = normrnd(mu,sigma,[1,n]);         % 模拟抽样过程
xba = mean(xdat);                       % 计算样本均值
mu0 = 60;                               % mu0 为假设中的常数
alpha = (0.05:-0.001:0.03)';            % 令 alpha 由大到小变化
z = (xba-mu0)/(sigma/sqrt(n));          % 检验统计量观察值
zalpha = norminv(1-alpha);              % 计算上 α 分位点值
IsRefuse = z>=zalpha;                   % 判断样本是否落入拒绝域
Pvalue = 1-normcdf(z);                  % 计算 p 值
% 下面组织数据并输出
p = Pvalue* ones(length(alpha),1);      % 将 p 值存成 1 列
z0 = z* ones(length(alpha),1);          % 将统计量观察值存成 1 列
result = [alpha,z0,zalpha,IsRefuse]     % 将相关数据存储为矩阵
```

程序运行结果所得 result 矩阵的数据见表 2-10。

表 2-10 p 值法探究实验计算结果

p	α	z_0	z_α	检验结论
0.031 415	0.050 0	1.860 4	1.644 9	1
0.031 415	0.049 0	1.860 4	1.654 6	1
0.031 415	0.048 0	1.860 4	1.664 6	1
0.031 415	0.047 0	1.860 4	1.674 7	1
0.031 415	0.046 0	1.860 4	1.684 9	1
0.031 415	0.045 0	1.860 4	1.695 4	1
0.031 415	0.044 0	1.860 4	1.706 0	1
0.031 415	0.043 0	1.860 4	1.716 9	1

续表

p	α	z_0	z_α	检验结论
0.031 415	0.042 0	1.860 4	1.727 9	1
0.031 415	0.041 0	1.860 4	1.739 2	1
0.031 415	0.040 0	1.860 4	1.750 7	1
0.031 415	0.039 0	1.860 4	1.762 4	1
0.031 415	0.038 0	1.860 4	1.774 4	1
0.031 415	0.037 0	1.860 4	1.786 6	1
0.031 415	0.036 0	1.860 4	1.799 1	1
0.031 415	0.035 0	1.860 4	1.811 9	1
0.031 415	0.034 0	1.860 4	1.825 0	1
0.031 415	0.033 0	1.860 4	1.838 4	1
0.031 415	0.032 0	1.860 4	1.852 2	1
0.031 415	0.031 0	1.860 4	1.866 3	0
0.031 415	0.030 0	1.860 4	1.880 8	0

表 2-10 中第一列为 $N(\mu,\sigma^2)$ 概率密度曲线下方位于 z_0 右侧的面积 p；第二列为显著性水平由大到小的变化情况；第三列是给定样本下的检验统计量的观察值 z_0；第四列是标准正态分布表的上分 α 位点值；第五列是检验结论，1 表示拒绝 H_0，0 表示接受 H_0。

由上述实验过程和表 2-10 可以看出，所谓 p 值，对于 μ 的右边检验问题而言，就是正态分布 $N(\mu,\sigma^2)$ 概率密度曲线下方位于统计量观察值 z_0 右侧的尾部面积（图 2-38）。当显著性水平 α 大于等于 p 值时，检验结论为拒绝 H_0；当 α 小于 p 值时，检验结论为接受 H_0。也就是说，p 值是由样本决定的拒绝原假设 H_0 的最小显著性水平。

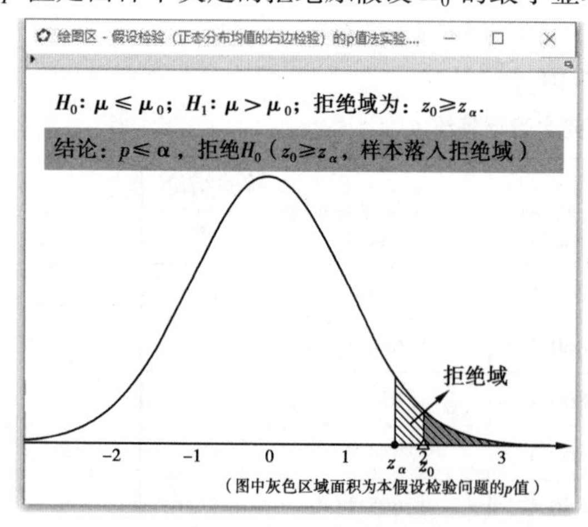

图 2-38　μ 的右边检验问题的 p 值

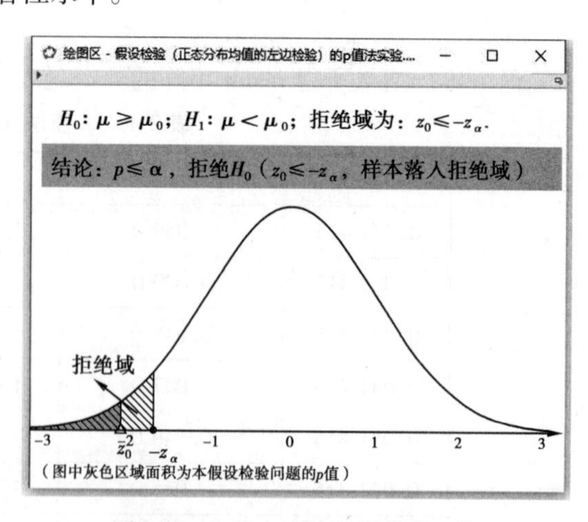

图 2-39　μ 的左边检验问题的 p 值

这里顺便指出：对于 μ 的左边检验而言，p 值是 $N(\mu,\sigma^2)$ 概率密度曲线下方位于统计量观察值 z_0 左侧的尾部面积(图 2-39)；对于双边检验而言，p 值是 $N(\mu,\sigma^2)$ 概率密度曲线下方位于统计量观察值 $-z_0$ 左侧与 z_0 右侧的尾部面积总和(图 2-40)。

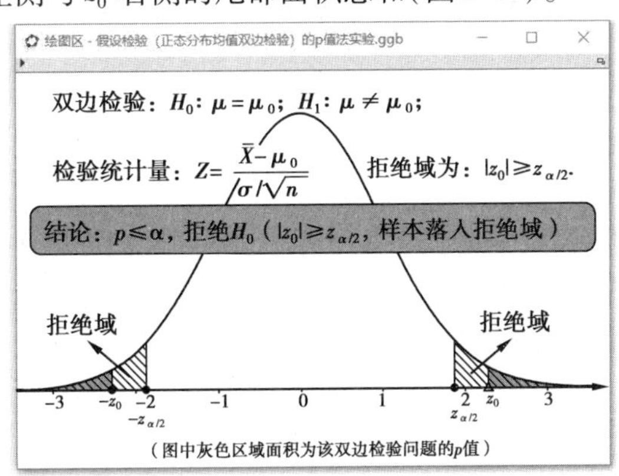

图 2-40 μ 的双边检验问题的 p 值

按 p 值的定义，在假设检验中，对于任意指定的显著性水平 α，若 $p\leq\alpha$，则在显著性水平 α 下拒绝 H_0；若 $p>\alpha$，则在显著性水平 α 下接受 H_0。这种以 p 值作为检验依据的方法称为假设检验的 p 值法。

实际上，p 值表示拒绝原假设 H_0 的理由的强度，p 值越小，拒绝 H_0 的理由越强、越充分。一般地，若 $0.01<p<0.05$，则称拒绝 H_0 的依据是强的，或者称检验是显著的；若 $p\leq0.01$，则称拒绝 H_0 的依据很强，或者称检验是高度显著的。

假设检验的 p 值法是一种与显著性假设检验的临界值法不同的检验方法。对于给定的样本，临界值法只针对给定的显著性水平 α 作出检验，而 p 值法则给出了拒绝 H_0 的最小显著性水平，因此 p 值法比临界值法给出了有关拒绝域的更多的信息，现在常用的统计分析与科学计算软件中经常涉及假设检验的 p 值。

2.13.3 课外研讨问题

①请选择概率论与数理统计教材中的假设检验习题或例题，用 MATLAB 假设检验方法进行检验，并研究显著性水平由大到小变化到什么程度。检验结论由拒绝 H_0 变成接受 H_0 了，这个拒绝 H_0 的最小显著性水平值和假设检验返回值参数 p 有关系吗?

②双正态总体均值差的检验，当两个正态总体方差已知时，如何进行检验？请写出检验统计量和 3 种假设检验问题对应的拒绝域，并进行上机实验。

③双正态均值差的检验中，MATLAB 函数 ttest2( ) 只能检验均值差是否等于、大于或小于 0 类型的假设，那么，若想检验均值差是否等于、大于或小于某个非 0 数 δ 则该怎么办?

④某机械厂工程师建议厂长采用新工艺加工齿轮以节省开销。他用新工艺做了 9 个星期的实验。在保证齿轮质量和数量的同时，每台机器平均每周开支由原来的 100 元降到了 75 元。假定每台机器采用新、老工艺的每周运转开支都服从正态分布 $N(u,25^2)$。在 $\alpha=0.01$ 的水平下，检验新工艺能否节省开支。

2.14 正态性检验、PP 图、QQ 图实验

2.14.1 问题背景

正态分布是最常用的分布,当研究一连续型总体时,人们往往先考虑它是否服从正态分布,用来判断总体是否服从正态分布的假设检验方法,称为正态性检验。本次实验我们一同探究几种正态性检验的常用简单方法。

2.14.2 实验过程

1)用于检验正态性的两个数字特征

(1)峰度(kurtosis)

峰度又称峰态系数,是表征随机变量的概率密度曲线在平均值处峰值高低的数字特征。其数学定义为:

$$K = E\left[\left(\frac{X-\mu}{\sigma}\right)^4\right] \tag{2-56}$$

峰度衡量随机变量概率密度的峰态,即概率密度曲线形态陡缓程度,或者说是概率密度曲线峰部的尖度,峰度值越大,概率密度曲线形状越尖锐,尾部越厚重。如图 2-41 所示,黑线服从正态分布,峰度值等于 3。灰色线服从锐峰(leptokurtic)、厚尾(thick-tailed)分布的峰度值大于 3(称为过度的峰度值)。

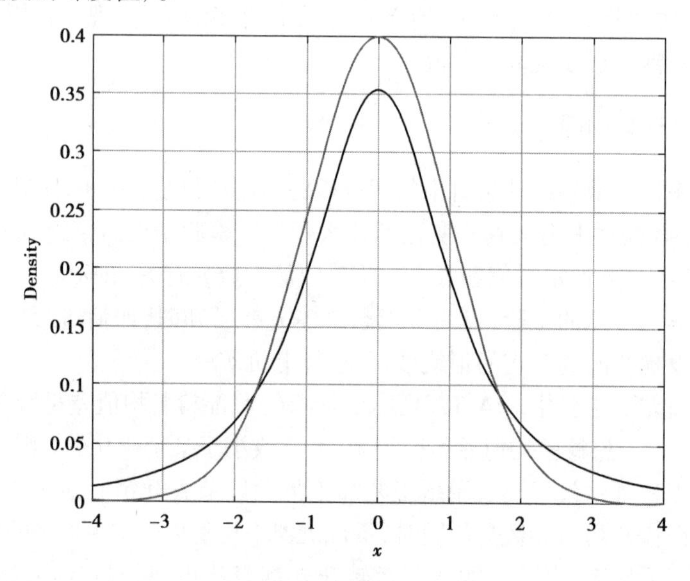

图 2-41 峰度概念释义图

数理统计中,样本数据 $x_1, x_2, \cdots, x_n$ 的峰度定义如下:

$$k=\frac{\frac{1}{n}\sum_{i=1}^{n}(x_i-\bar{x})^4}{\left(\frac{1}{n}\sum_{i=1}^{n}(x_i-\bar{x})^2\right)^2} \tag{2-57}$$

由于正态分布的峰度值为 3，一般而言，以正态分布为参照，若 $k<3$，则称分布具有不足的峰度（平峰），若 $k>3$，则称分布具有过度的峰度（锐峰）。若知道分布有可能在峰度上偏离正态分布时，可用峰度来检验分布的正态性。

（2）偏度（skewness）

偏度亦称偏态，其数学定义为

$$S=E\left[\left(\frac{X-\mu}{\sigma}\right)^3\right] \tag{2-58}$$

偏态度量总体 X 概率密度曲线的对称性。

①若 $S=0$，说明 X 的概率密度曲线具有完美的对称性。正态分布、t 分布的偏态值是 0。

②若 $S<0$，称为左偏态（负偏态），此时概率密度曲线左侧的尾部更长，分布的主体集中在右侧，如图 2-42（a）所示；$\chi^2(4)$ 分布就是正偏态的。

③若 $S>0$，称为右偏态（正偏态），此时概率密度曲线右侧的尾部更长，分布的主体集中在左侧，如图 2-42（b）所示。

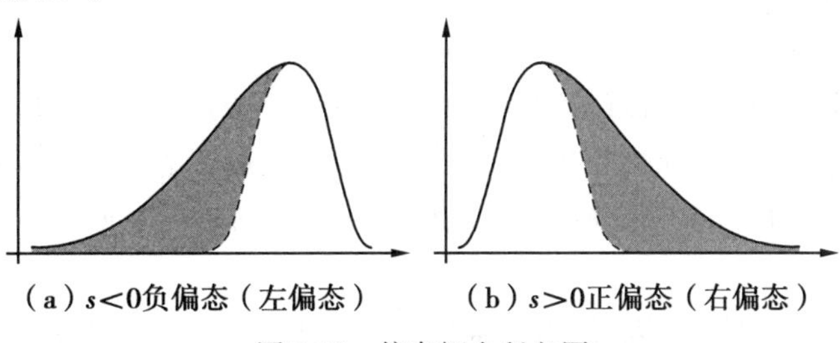

图 2-42　偏态概念释义图

数理统计中，样本数据 $x_1,x_2,\cdots,x_n$ 的偏态定义如下：

$$S=\frac{\frac{1}{n}\sum_{i=1}^{n}(x_i-\bar{x})^3}{\left[\frac{1}{n}\sum_{i=1}^{n}(x_i-\bar{x})^2\right]^{3/2}} \tag{2-59}$$

在 MATLAB 中，可利用 kurtosis（）、skewness（）两个函数分别计算样本的峰度与偏度。这里，取 5 组正态分布随机数，每组 100 个，计算峰度、偏度。实验代码如下：

```
format short g
X=normrnd(0,1,100,5);  % 取正态分布的随机数模拟抽样实验
K=kurtosis(X)          % 计算样本的峰度
S=skewness(X)          % 计算样本的偏度
```

在上面这个小实验里，更改正态分布的期望准差的值，运行结果是不变的。正态总体样本的峰度值在 3 附近，偏度值在 0 附近。同学们还可以动手将上面这段程序改为其他分布进行抽样，然后计算有关统计量，观察有关统计量的计算结果（仍然不变）。

峰度、偏度统计量常常作为判断样本是否来自正态分布的依据之一，这里通过实验体验

一下。方法是取卡方分布、t 分布、F 分布的随机数作为样本,计算样本的峰度与偏度。

```
% 观测卡方分布、t 分布、F 分布的峰度与偏度
format short g
% 下面观察卡方分布的峰度偏度值
X1 =chi2rnd(4,100,5);
k1 =kurtosis(X1)
s1 =skewness(X1)
% 下面观察 t 分布的峰度偏度值
X2 =trnd(4,100,5);
k2 =kurtosis(X2)
s2 =skewness(X2)
% 下面观察 F 分布的峰度偏度值
X3 =frnd(4,8,100,5);
k3 =kurtosis(X3)
s3 =skewness(X3)
```

观察计算结果可知,卡方分布、F 分布的偏度值离 0 较远,t 分布的偏度值在 0 附近;上述 3 种分布的峰度值离 3 较远。

(3)正态性检验函数 jbtest( )用法简介

```
h = jbtest(x,alpha)
```

对"单个总体服从正态分布(未指定均值和方差)"的假设进行显著水平为 alpha 的 Jarque-Bera 检验,此检验基于 x 的偏度与峰度。对于真实的正态分布,样本偏度应接近于 0,样本峰度应接近于 3。Jarque-Bera 检验通过 JB 统计量来判定样本偏度和峰度是否与它们的期望值显著不同。

若输出参数 $h=0$,则接受"H_0:认为 x 来自正态总体",若 $h=1$,则接受备择假设"H_1:认为 x 不是来自正态总体";p 为检验的 p 值。

举例如下:

```
x1 =normrnd(5,1,200,1);  % 模拟来自正态分布的样本
h1 =jbtest(x1)           % 对样本 x1 进行正态性检验
x2 =chi2rnd(10,200,1);   % 模拟来自卡方分布的样本
h2 =jbtest(x2)           % 对样本 x2 进行正态性检验
```

2)正态概率图

正态概率图是一种简单、直观的正态性检验方法。

正态性检验的提法如下:设总体 X 的分布函数为 $F(x)$,$x_1,x_2,\cdots,x_n$ 是来自 X 的样本观察值,问题:$x_1,x_2,\cdots,x_n$ 是否来自正态总体?

正态概率图的数学原理介绍如下。

若样本来自正态总体 $N(\mu,\sigma^2)$,则有

$$F(x)=\Phi\left(\frac{x-\mu}{\sigma}\right) \tag{2-60}$$

这里,函数 $\Phi(\cdot)$是标准正态分布的分布函数。

将样本观察值由小到大排序为

$$x_{(1)} \leqslant x_{(2)} \leqslant \cdots \leqslant x_{(n)} \tag{2-61}$$

此时

$$F(x_{(i)}) = \Phi\left(\frac{x_{(i)} - \mu}{\sigma}\right) \tag{2-62}$$

所以

$$\Phi^{-1}(F(x_{(i)})) = \frac{x_{(i)} - \mu}{\sigma} \tag{2-63}$$

其中 $\Phi^{-1}(\cdot)$ 为 $\Phi(\cdot)$ 的反函数。由式(2-63)得

$$x_{(i)} \approx \sigma\Phi^{-1}(F(x_{(i)})) + \mu \tag{2-64}$$

因为 $F(x_{(i)}) = P\{X \leqslant x_{(i)}\}$ 是概率值,这个概率值可以用样本数据 x 不超过的频率 $f_n\{x_k \leqslant x_{(i)}\} = i/n$ 来估计($i=1,2,\cdots,n$),即有

$$x_{(i)} \approx \sigma\Phi^{-1}\left(\frac{i}{n}\right) + \mu \tag{2-65}$$

由于在式(2-64)右边,当 $i=n$ 时 $\Phi^{-1}(i/n)$ 为无穷大,无法进行进一步计算,为此,国家标准《数据的统计处理和解释 正态性检验》(GB/T 4882—2001)对其进行了微小修正,修正为 $\Phi^{-1}[(i-0.375)/(n+0.25)]$;MATLAB 系统里则修正为 $\Phi^{-1}[(i-0.5)/n]$。下面的实验我们采用后者。于是有

$$x_{(i)} \approx \sigma\Phi^{-1}\left(\frac{i-0.5}{n}\right) + \mu \tag{2-66}$$

由式(2-65)可以得到如下结论:

若样本来自正态总体,则 $x_{(i)}$ 与 $\Phi^{-1}[(i-0.5)/n]$,$i=1,2,\cdots,n$ 大致呈线性关系,这也就意味着我们在坐标系中作出所有的点$(x_{(i)},\Phi^{-1}[(i-0.5)/n)]$,$i=1,2,\cdots,n$ 大致呈一条直线(这条直线的斜率为 σ,截距为 μ)。线性关系越明显,表明样本背后的总体越接近于正态分布;若这些点的分布明显不是直线,则表明样本背后的总体与正态分布的差异越大。在实际应用中,为了方便起见,并不将纵坐标轴的刻度标注为函数值 $\Phi^{-1}[(i-0.5)/n]$本身,而是标注为$(i-0.5)/n$。这种散点图就是正态概率图。

正态概率图的功能是以直观图形的形式进行数据的正态性检验。其本质上是经过变换后的正态分布的分布函数图,正常情况下,正态分布函数是一条 S 形曲线,而在正态概率图上描绘的则是一条直线。过去人们常用正态概率纸来实现这一功能。现在可以利用 MATLAB 工具箱提供的 normplot()函数实现正态概率纸的功能,其基本用法是:

```
h = normplot(X)
```

该函数匹配样本数据分位数与正态分布的分位数。它将点列

$$\left(x_{(i)},\Phi^{-1}\left(\frac{i-0.5}{n}\right)\right), i = 1,2,\cdots,n$$

画在坐标系中,并将与坐标轴上的刻度标注为$(i-0.5)/n$,这导致 y 轴刻度不是线性的。

normplot 函数同时还会画出一条直线参考线用于评估图形的线性度,这条直线通过样本第一和第三四分位点。若样本数据来自正态总体,则正态概率图中的散点大部分会围绕着参考线呈直线分布,只有两端少量点离参考线较远。若正态概率图中分布的形状不是直线,则不能认为样本来自正态总体。

功能是绘制关于样本数据 X 的正态概率图。举例：

```
rng default;                      % 使随机数可再现
x = normrnd(10,1,120,1);          % 模拟从 N(10,1)总体中抽取容量为 120 的样本
normplot(x);                      % 绘制样本数据的正态概率图
boxon
```

绘图结果见图 2-43。该函数使每一个样本观察值对应于图中的一个“+”表示的点，图中还给出了一条参考线（点划线），若图中的“+”都集中在这条参考线附近，说明样本是来自正态总体的，偏离参考线的“+”越多，说明数据越不服从正态分布。

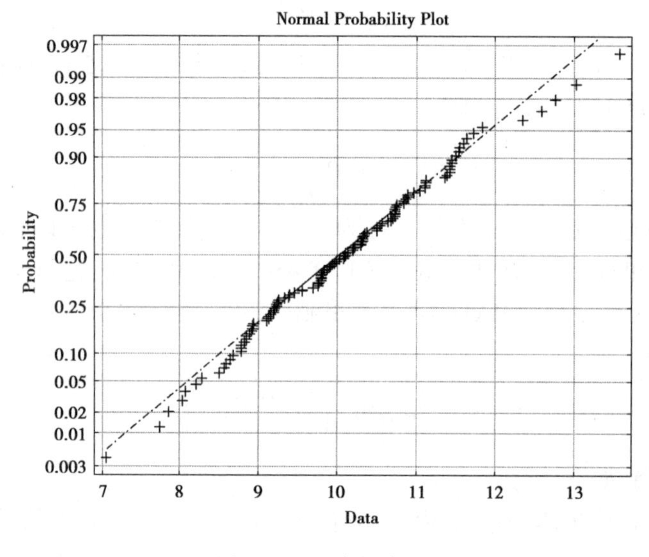

图 2-43　正态概率图

3）PP 图和 QQ 图

PP 图（percent percent plot）也称百分位数图。QQ 图（quantile quantile plot）也称分位数图。这两种图可以用来检验样本是否来自指定的分布（包括正态分布），当然，也可以用于比对两个样本是否来自同一个总体。

PP 图用于比较各样本点处的经验分布函数值（即样本点处的左侧累积频率）与所指定的理论分布在样本点处的分布函数值的匹配性。若样本来自所指定的总体，则两者近似相等，因此，以各样本点对应的经验分布函数值、指定分布的理论分布函数值为坐标的点列，在坐标系中画出的散点图大致呈直线关系。

在实际应用中，PP 图横坐标标注的是样本数据点的自然量纲尺度，刻度是均匀的；纵坐标标注的是理论分布在各数据点处对应的左侧累积概率值，刻度通常是非均匀的。在 PP 图中用“+”“o”等符号对应一个样本点，若样本是来自所指定分布，则样本点画出的“+”或“o”散点应该均匀且紧凑地围绕在一条直参考线周围，否则，不能认为样本来自所指定分布。

前面讲的正态概率图实质上是 PP 图的一种特例。

QQ 图本质上和 PP 图一样，不同的是 QQ 图是用样本数据的分位点与指定分布的分位点做比对。QQ 图的横坐标是理论分布的分位点数值，纵坐标是样本数据的分位点数值。若样本数据来自所对比的理论分布，则在坐标系中也表现为样本点对应的散点图大致呈直

线关系。

QQ 图也可用来检验样本观测数据是否服从指定的分布,其形式也为以"+"标记的散点图,每个点对应一个样本值。如果样本是来自指定分布的,则概率相同时,样本分位数与所指定分布的分位数相差不大,因此样本值对应的散点都应该分布在斜率为 1 的一条参考直线附近。反过来,如果图中偏离参考线的点越多,说明样本背后的总体越不服从指定分布。当然,QQ 图还可以用来比对两个样本是否来自同一个总体。此时,"+"点的横纵坐标分别是两个样本的同 α 分位点。若散点呈直线排列,则可认为两个样本来自同一个总体。

在 MATLAB 中绘制 PP 图的函数是 probplot( ),基本用法简介如下:

①probplot(Data):

绘制样本数据 Data 相对正态分布的 PP 图,不指定分布时,默认与正态分布做对比。所绘图形中包括数据散点图和一条用于评判的参考线(直线)。

②probplot(dist, Data):

绘制样本数据 Data 相对于由参数 dist 所指定分布的 PP 图,包含参考线。这里,参数 dist 是字符串形式,例如:'normal'、'exponential'、'weibull'、'rayleigh'等。

MATLAB 中绘制 QQ 图的函数是 qqplot( ),其基本用法简介如下:

①qqplot(x):

绘制样本数据 X 的分位点相对于正态分布(默认)的理论分位点关系图。如果 X 的分布是正态分布,则散点呈一条直线。

②qqplot(X,pd):

绘制样本 X 的分位点相对于由参数 pd 对象所指定分布理论分位点关系图,若散点呈现为直线,则样本来自所指定的理论分布。以威布尔分布为例,参数 pd 一般由函数这样指定:

```
pd = makedist('Weibull');
```

③qqplot(X,Y):

绘制样本 X 与样本 Y 的分位点关系图,如果两个样本来自同一个总体,则 QQ 图中的散点呈现为直线。

关于 PP 图和 QQ 图,这里举例:用 PP 图和 QQ 图比较 t 分布与正态分布。

```
rng('default');                       % 使随机数可再现
x1 = normrnd(0,1,[500,1]);            % 标准正态分布的样本
x2 = trnd(3,[500,1]);                 % 参数为 3 的 t 分布样本
pp=probplot('normal',[x1 x2]);        % 指定分布为正态分布作 PP 图
boxon; grid on;
legend('Normal Sample','T Sample','Location','best')
qq=qqplot(x2);                        % 作 QQ 图
box on; grid on;
```

程序运行结果见图 2-44 和图 2-45。

图 2-44 中"+"为正态分布的样本对应的散点,"○"为 t 分布样本对应的散点。从图中可以看出,正态分布的样本总体上分布在参考线附近,t 分布的样本偏离参考线的样本点太多,这说明 $t(3)$ 分布的样本不宜用正态分布近似描述。

图 2-45 中,偏离参考线的散点太多,故不能认为样本是来自正态分布的。

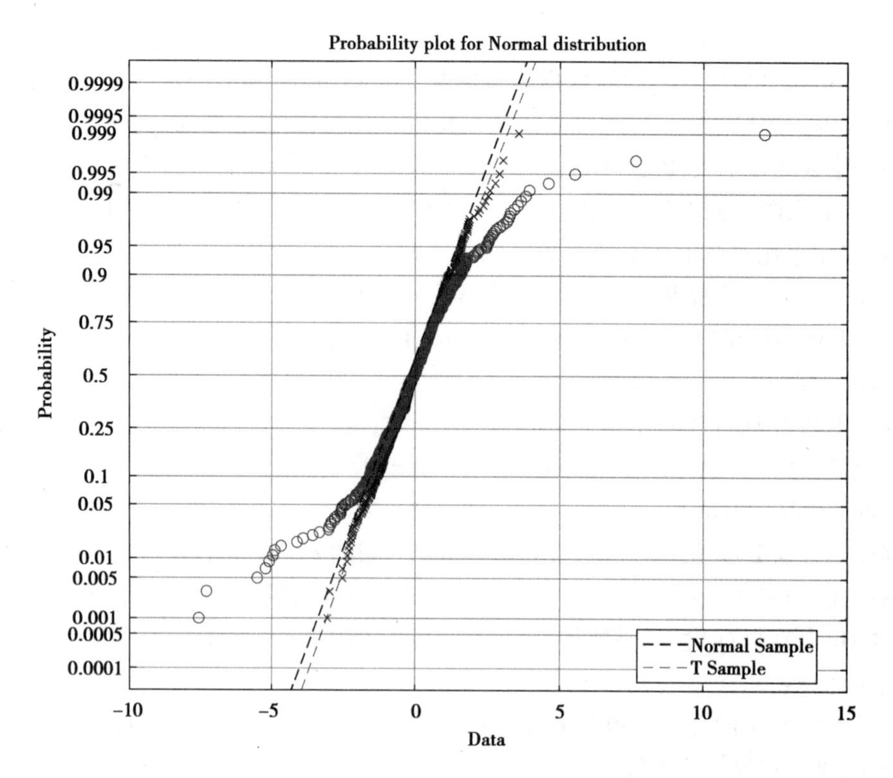

图 2-44　对比 t 分布与正态分布的 PP 图

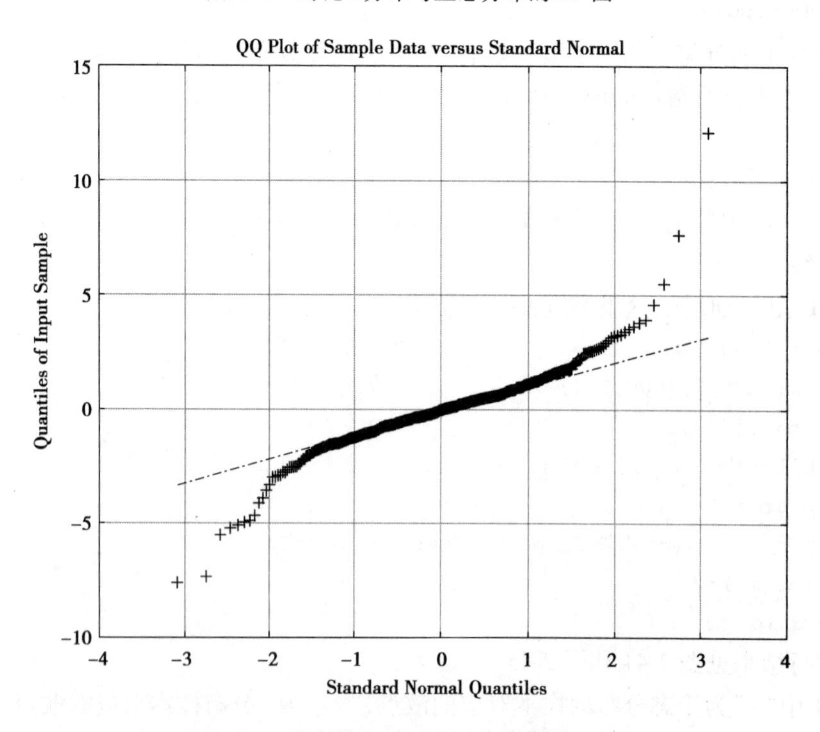

图 2-45　t 分布样本相对于正态分布的 QQ 图

2.14.3 课外研讨问题

①产生均匀分布 $U(1,10)$ 的随机数200个、正态分布 $N(10,4)$ 的随机数200个,分别对这两组数据绘制正态概率图(用 normplot( ) 函数),根据绘图结果,总结如何判断样本是否来自正态总体。

②PP 图、QQ 图的应用。

a. 产生两组正态分布 $N(10,4)$ 随机数,每组100个,绘制这两组数据的 PP 图、QQ 图;

b. 产生正态分布 $N(10,4)$ 随机数100个,$\chi^2(10)$ 分布随机数100个,绘制这两组数据的 PP 图、QQ 图;

c. 根据前两个问题所绘制的 PP 图、QQ 图,总结如何判断两组样本数据是否来自同一总体。

2.15 单因素方差分析实验

2.15.1 问题背景

方差分析是英国统计学家罗纳德·艾尔默·费希尔(Ronald Aylmer Fisher)于20世纪20年代提出来的一种统计方法,有着非常广泛的应用。它主要研究生产条件或实验条件等因素的改变对产品质量、产量等关注指标有无影响。在诸多影响因素中,哪些因素是主要的,哪些因素是次要的,以及主要因素处于何种状态时才能使关注指标达到一个较高的水平。

方差分析的计算过程较为烦琐,借助科学计算软件进行方差分析是非常高效的,本次实验将带领大家一起学习研讨基于 MATLAB 平台的方差分析方法。

2.15.2 实验过程

1)单因素方差分析

(1)单因素方差分析的概念

方差分析的基本假定:①所有样本均来自正态总体;②这些正态总体具有相同的方差;③所有观测相互独立,即进行独立抽样。

单因素方差分析样本观察值见表2-11。

表2-11 单因素方差分析样本数据表

因素水平	A_1	A_2	……	A_s
样本观察值	X_{11}	X_{12}	……	X_{1s}
	X_{21}	X_{22}	……	X_{2s}
	……	……	……	……
	$X_{n_1 1}$	$X_{n_2 2}$	……	$X_{n_s s}$

当各因素水平对应的样本容量均相等时,称为均衡实验;若不同因素水平对应的样本容量不一样,则称为非均衡实验。

单因素方差分析的任务之一是检测每个因素水平对应的正态总体 $N(\mu_i,\sigma^2)$ $(i=1,2,\cdots,s)$ 的均值是否相等,即检验假设

$H_0:\mu_1=\mu_2=\cdots=\mu_s$; $H_1:\mu_1,\mu_2,\cdots,\mu_s$ 不全相等。

另一个任务是作出未知参数 $\mu_1,\mu_2,\cdots,\mu_s,\sigma^2$ 的估计。

方差分析原理过程这里不赘述,形式上可按方差分析表来组织运算结果,见表 2-12。

表 2-12 单因素方差分析表

方差来源	平方和	自由度	均方	F 比
因素 A	Q_A	$s-1$	$S_A^2=\dfrac{Q_A}{s-1}$	$F=\dfrac{S_A^2}{S_E^2}$
误差	Q_E	$n-s$	$S_E^2=\dfrac{Q_E}{n-s}$	
总和	Q_T	$n-1$		

单因素方差分析的拒绝域是

$$F=\frac{Q_A/(s-1)}{Q_E/(n-s)}=\frac{S_A^2}{S_E^2}\geqslant F_\alpha(s-1,n-s)$$

(2)MATLAB 中的一元方差分析方法

MATLAB 中,函数 anova1( )的功能是进行一元方差分析。其基本调用格式是

```
[p,table,stats] = anova1(x,group,displayopt)
```

功能:检验 x 的各列对应的总体是否具有相同的均值(即均值齐性),还生成两个图形,即标准的单因素方差分析表和对于 x 的各列数据的箱线图。

输入参数 x 为矩阵时,其列数表示因素的水平数,x 的行数表示样本容量,这就要求各个因素水平下重复实验的次数相同(即进行均衡实验);对于非均衡实验数据,x 可以构造成所有数据向量,但需要和 group 参数配合起来使用。

输入参数 group 可以是字符数组或者字符串单元数组,用以指定 x 中每(列)组数据的名称,这些指定的名称将在箱线图中作为标签使用,如果不想指定 group 参数,则可用空数组“[ ]”。如果样本数据是非均衡实验数据,则可将 x 设为由所有实验数据构成的一个向量,此时需要对应地构建一个与 x 同长度的 group 分类数组来表明各个数据所属分组(分类),若 group 中含有空字符串、空的单元或 NaN,则 x 中相应的数据会被忽略。

输入参数 displayopt 的取值为'on|off',默认为'on',用于设定是否显示方差分析表和箱线图。

输出参数 p 是检验的 p 值,对于给定的显著性水平 α,若 $p\leqslant\alpha$,则拒绝原假设,即认为矩阵 $\boldsymbol{x}$ 各列对应的总体均值不完全相同,否则接受原假设,认为 $\boldsymbol{x}$ 各列对应的总体均值都相等。

输出参数 table 是单元数组形式的方差分析表,包括行标签和列标签。

输出参数 stats 用于进行后续的多重比较,anova1( )函数用来检验各总体是否具有相同的

均值,当拒绝了原假设,认为各总体的均值不相等时,通常还需要进行两两比较的检验,以确定哪些总体的均值的差异是显著的,这就是所谓的多重比较。

用于进行多重比较的 MATLAB 函数是 multcompare( ) 函数,它以 anova1( ) 函数的输出参数 stats 作为输入参数,其基本用法如下:

```
[c,m] = multcompare(stats)
```

功能:根据结构体变量 stats 中的信息进行多重比较。返回矩阵 c 是一个多行 6 列矩阵,它的每一行对应一次两两比较的检验,每行的 6 个数据含义举例说明如下:

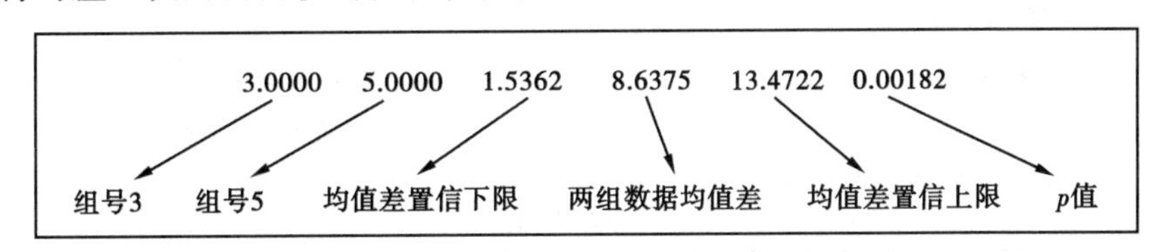

图 2-46 multcompare( ) 函数返回矩阵 c 的行数据释义

图 2-46 中的 8.6375 表示第 3 组数据均值减第 5 组数据均值所得的差;均值差的 95% 置信区间为[1.5362,13.4722],这个区间不包含 0,且 p 值为 0.00182,说明在显著性水平 0.05 下,这两组数据的均值的差异是显著的。

multcompare( ) 函数还生成一个交互式图形,可以通过鼠标单击的方式进行两两比较检验。该交互式图形上用一个符号(圆圈)标出了每一组的组均值,用一条线段标出了每个组的组均值的置信区间。如果某两条线段不相交,即没有重叠部分,则说明这两个组的组均值之间的差异是显著的;如果某两条线段有重叠部分,则说明这两个组的均值之间的差异是不显著的。用户也可以用鼠标在图上任意选一个组(选中后呈蓝色),未选中组与选中组均值差异显著的用红色显示,差异不显著的用灰色显示。

返回值 m 为多行 2 列的矩阵,每行的两个数分别是每组样本数据的总体均值和标准差的估计值。

【算例 1】某水产研究所为了比较 4 种不同配合饲料对鱼的饲喂效果,选取了条件基本相同的鱼 20 尾,随机分成 4 组,投喂不同饲料,1 个月后,各组鱼的增重结果见表 2-13,数据符合方差分析假定。请完成方差分析,判断 4 种饲料对鱼饲喂效果有无显著差异,并进行总体均值、标准差的估计。

表 2-13 4 种饲料对鱼饲喂效果样本数据表

饲料	鱼的增重/g				
A_1	31.9	27.9	31.8	28.4	35.9
A_2	24.8	25.7	26.8	27.9	26.2
A_3	22.1	23.6	27.3	24.9	25.8
A_4	27.0	30.8	29.0	24.5	28.5

求解:这属于均衡实验单因素方差分析问题。在 MATLAB 中输入数据和指令:

```
A=[31.9  27.9  31.8  28.4  35.9
   24.8  25.7  26.8  27.9  26.2
```

```
   22.1  23.6  27.3  24.9  25.8
   27.0  30.8  29.0  24.5  28.5];  % 原始数据输入
[p,table,stats]=anova1(A',{'饲料1','饲料2','饲料3','饲料4'},'on')   % 进行单因素方差分析
figure;                              % 打开新的绘图窗口
[c,m,hist]=multcompare(stats)        % 进行多重比较
```

运行结果见图 2-47、图 2-48。

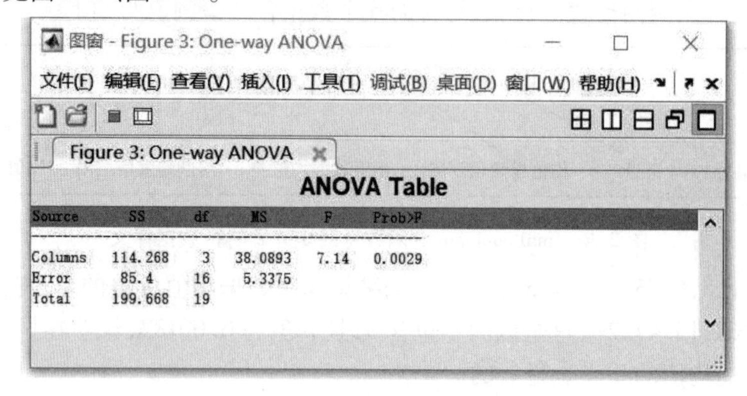

图窗 - Figure 3: One-way ANOVA

ANOVA Table

Source	SS	df	MS	F	Prob>F
Columns	114.268	3	38.0893	7.14	0.0029
Error	85.4	16	5.3375		
Total	199.668	19			

图 2-47　anova1( )函数给出的方差分析表

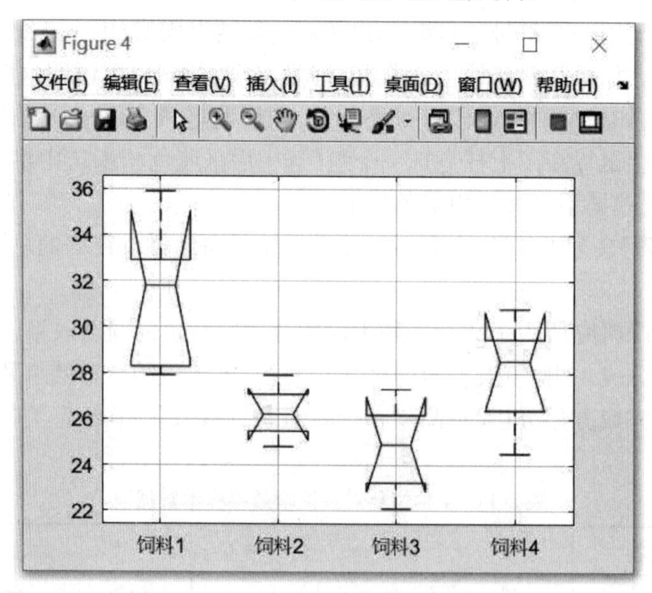

图 2-48　anova1( )函数给出的箱线图

上述方差分析结果中还给出了检验的 p 值,为 0.00294,因为 $p=0.0029<0.01$,故不同饲料对鱼的增重效果极为显著。

那么哪一种饲料效果好呢?这个问题可以从箱线图中给出答案:图 2-48 中,饲料 1 的盒子图中心线相对其他盒子中心线较高,说明效果最突出。如果从原始数据中去掉第一种饲料的试验数据,得到的结果为各种饲料之间对鱼的增重效果不显著,这一点请同学们动手实验。

下面进行多重比较,将 anov1 的返回值 stats 代入 multcompare( )函数得到两两比较矩阵 $\boldsymbol{c}$ 为

```
c =

        1        2      0.71958      4.9       9.0804    0.018989
        1        3       2.2596      6.44      10.62     0.0022378
        1        4     -0.96042      3.22      7.4004    0.16441
        2        3      -2.6404      1.54      5.7204    0.72118
        2        4      -5.8604     -1.68      2.5004    0.66539
        3        4      -7.4004     -3.22     0.96042    0.16441
```

从两两比较矩阵 c 的取值可以解读到如下结论:饲料 1 与饲料 2 差异显著;饲料 1 与饲料 3 差异显著;其他的饲料两两比较都是差异不显著。上述结论从两两比较检验交互图(图 2-49)中也能清晰地观察到。

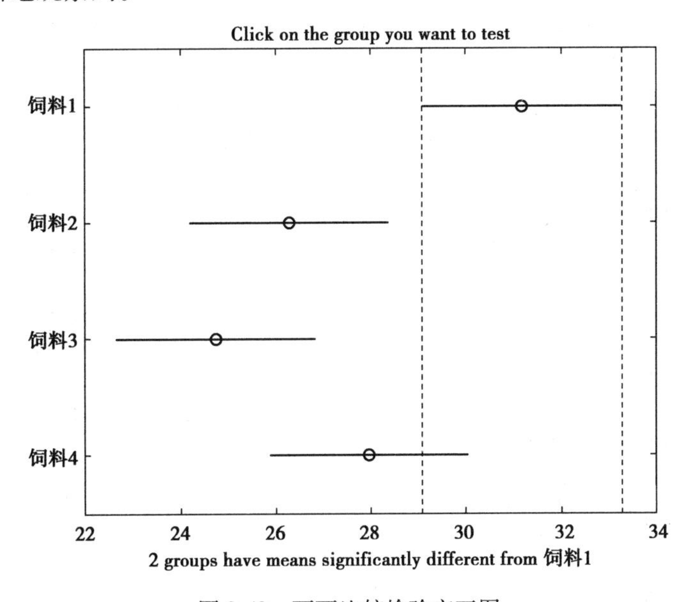

图 2-49 两两比较检验交互图

multcompare( )函数的返回值 m 如下,第一列是各组数据的总体均值的估计值,第二列是各组数据总体标准差的估计值。

```
m=

      31.18      1.0332
      26.28      1.0332
      24.74      1.0332
      27.96      1.0332
```

【算例 2】 为比较同一类型的 3 种不同食谱的营养效果,将 19 只幼鼠随机分为 3 组,各采用 3 种食谱喂养,12 周后测得体重数据如下:

甲:164 190 203 205 206 214 228 257

乙:185 197 201 231

丙:187 212 215 220 248 265 281

3种食谱营养效果是否有显著差异?

求解过程:这属于非均衡实验单因素方差分析,输入数据和指令:

```
A=[164 190 203 205 206 214 228 257 185 197 201 231 187 212 215 220 248 265 281];
group=[ones(1,8),2* ones(1,4),3* ones(1,7)];  % 数据分组标签向量
p=anova1(A, group)   % 进行单因素方差分析
```

程序运行给出 p 值为0.1863,较大,故认为3种食谱营养效果没有显著差异。算例2方差分析见图2-50,算例2箱线图见图2-51。

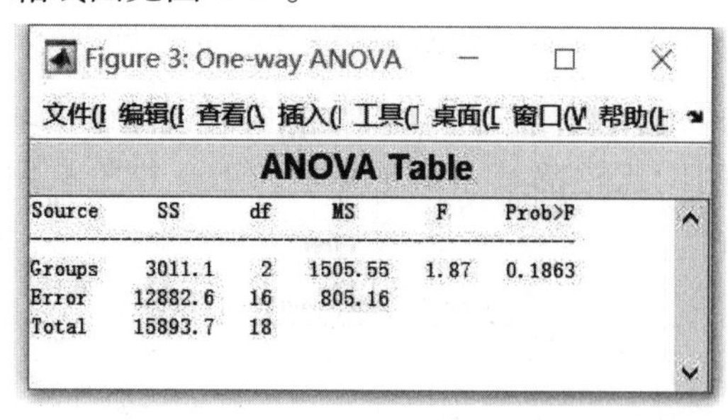
Figure 3: One-way ANOVA

文件 编辑 查看 插入 工具 桌面 窗口 帮助

ANOVA Table

Source	SS	df	MS	F	Prob>F
Groups	3011.1	2	1505.55	1.87	0.1863
Error	12882.6	16	805.16		
Total	15893.7	18			

图2-50　算例2方差分析表

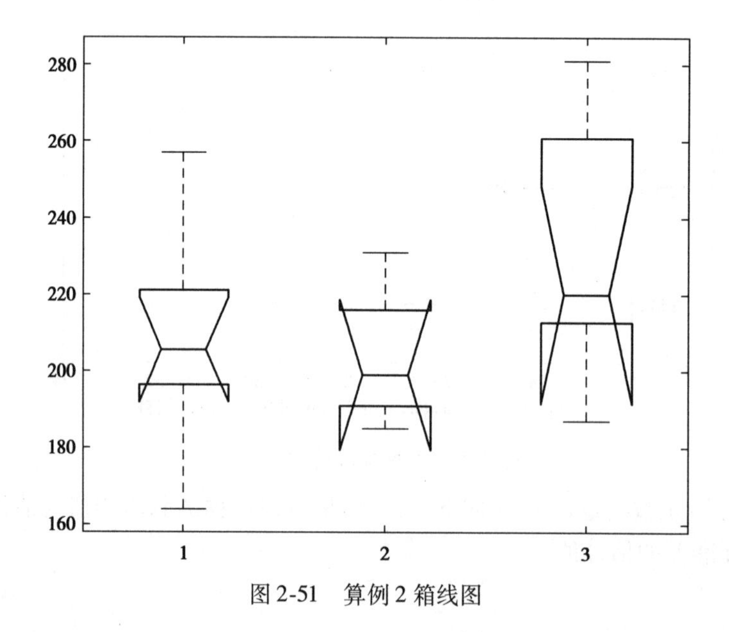

图2-51　算例2箱线图

2.15.3　课外研讨问题

①方差分析中假定了各个正态总体是方差都相等的(即具有方差齐性),实际问题中,我们通常需要通过样本数据检验后才决定是否接受这个假设,MATLAB中,可以调用函数vartestn()来检验多个总体方差齐性。这里,请同学们设计实验,学习一下多总体方差齐性的检验方法。例如,用正态分布随机数生成函数,生成多个不同方差或者相同方差的随机数作为样本,然后用来检验总体的方差齐性。

②有4个品牌的同规格的1.5 V 3号干电池,现从每个品牌中各取一个样本,测得其寿命数据如下:

品牌	电池寿命/h
A	24.7, 24.3, 21.6, 19.3, 20.3
B	30.8, 19.0, 18.8, 29.7
C	17.9, 30.4, 34.9, 34.1, 15.9
D	23.1, 33.0, 23.0, 26.4, 18.1, 25.1

问:4 个品牌干电池有无显著差异($\alpha=0.05$)? 若有,请进一步进行两两比对分析。

2.16 双因素方差分析

2.16.1 问题背景

双因素方差分析考虑的是两个因素对实验指标的影响显著性,这也是方差分析问题中常见的类型。本次实验将带领大家学习基于 MATLAB 工具箱函数的双因素方差分析方法。

2.16.2 实验过程

1)双因素方差分析问题简要回顾

(1)非重复实验双因素方差分析数据表、方差分析表及拒绝域

如果确认两个因素不存在交互作用或者交互作用很微弱,则可以不考虑交互作用,此时,对因素 A、B 的每一种组合设计一次实验,得到非重复实验方差分析数据表(表 2-14)。

表 2-14 非重复实验双因素方差分析样本数据表

因素水平	B_1	B_2	…	B_s
A_1	X_{11}	X_{12}	…	X_{1s}
A_2	X_{21}	X_{22}	…	X_{2s}
⋮	⋮	⋮	⋮	⋮
A_r	X_{r1}	X_{r2}	…	X_{rs}

双因素方差分析的任务是因素 A 的各种水平对关注指标的效应值是否全为 0,以及因素 B 的各种水平对指标的效应值是否全为 0,从而判断 A、B 因素各自是否对指标有显著影响。

非重复实验双因素方差分析的计算过程见表 2-15。

表 2-15 非重复实验双因素方差分析表

方差来源	离差平方和	自由度	均方离差	F 比
因子 A	$Q_A = s\sum_{i=1}^{r}(\overline{X}_{i\cdot} - \overline{X})^2$	$r-1$	$S_A^2 = \frac{Q_A}{r-1}$	$F_A = \frac{S_A^2}{S_E^2}$

续表

方差来源	离差平方和	自由度	均方离差	F 比
因子 B	$Q_B = r\sum_{j=1}^{s}(\bar{X}_{\cdot j} - \bar{X})^2$	$s-1$	$S_B^2 = \dfrac{Q_B}{s-1}$	$F_B = \dfrac{S_B^2}{S_E^2}$
误差 E	$Q_E = \sum_{i=1}^{r}\sum_{j=1}^{s}(X_{ij} - \bar{X}_{i\cdot} - \bar{X}_{\cdot j} + \bar{X})^2$	$(r-1)(s-1)$	$S_E^2 = \dfrac{Q_E}{(r-1)(s-1)}$	
总和 T	$Q_T = \sum_{i=1}^{r}\sum_{j=1}^{s}(X_{ij} - \bar{X})^2$	$rs-1$		

取显著性水平为 α，$H_{01}:\alpha_1=\alpha_2=\cdots=\alpha_r=0$ 的拒绝域为 $F_A \geqslant F_\alpha(r-1,(r-1)(s-1))$；$H_{02}$：$\beta_1=\beta_2=\cdots=\beta_r=0$ 的拒绝域为 $F_B \geqslant F_\alpha(s-1,(r-1)(s-1))$。

(2)考虑交互作用的双因素方差分析

双因素方差分析中一般的情况是因素 A 与 B 之间有交互作用，即两个因素对实验结果的效应不是简单的叠加。

对于有交互作用的双因素方差分析，要检验的假设有 3 个：

$$H_{01}:\alpha_1=\alpha_2=\cdots=\alpha_r=0;$$

$$H_{02}:\beta_1=\beta_2=\cdots=\beta_s=0;$$

$$H_{03}:\gamma_{ij}=0, i=1,2,\cdots,r; j=1,2,\cdots,s$$

如果 H_{01} 成立，则表明因子 A 对实验结果无显著影响；否则，因子 A 对实验结果有显著影响。如果 H_{02} 成立，则表明因子 B 对实验结果无显著影响；否则，因子 B 对实验结果有显著影响。若 H_{03} 成立，则表明因子 A、B 无显著的交互作用，否则，因子 A、B 有显著的交互作用。

表 2-16　考虑交互作用双因素方差分析均衡实验数据表

因子	B_1	B_2	…	B_s
A_1	$X_{111}, X_{112}, \cdots, X_{11t}$	$X_{121}, X_{122}, \cdots, X_{12t}$	…	$X_{1s1}, X_{1s2}, \cdots, X_{1st}$
A_2	$X_{211}, X_{212}, \cdots, X_{21t}$	$X_{221}, X_{222}, \cdots, X_{22t}$	…	$X_{2s1}, X_{2s2}, \cdots, X_{2st}$
⋮	⋮	⋮	⋮	⋮
A_r	$X_{r11}, X_{r12}, \cdots, X_{r1t}$	$X_{r21}, X_{r22}, \cdots, X_{r2t}$	…	$X_{rs1}, X_{rs2}, \cdots, X_{rst}$

重复实验双因素方差分析的计算过程见表 2-17。

表 2-17　考虑交互作用的重复实验双因素方差分析表

方差来源	离差平方和	自由度	均方离差	F 比
因子 A	$Q_A = st\sum_{i=1}^{r}(\bar{X}_{i\cdot\cdot} - \bar{X})^2$	$r-1$	$S_A^2 = \dfrac{Q_A}{r-1}$	$F_A = \dfrac{S_A^2}{S_E^2}$
因子 B	$Q_B = rt\sum_{j=1}^{s}(\bar{X}_{\cdot j\cdot} - \bar{X})^2$	$s-1$	$S_B^2 = \dfrac{Q_B}{s-1}$	$F_B = \dfrac{S_B^2}{S_E^2}$

续表

方差来源	离差平方和	自由度	均方离差	F 比
$A\times B$	$Q_{A\times B}=t\sum_{i=1}^{r}\sum_{j=1}^{s}(\overline{X}_{ij\cdot}-\overline{X}_{i\cdot\cdot}-\overline{X}_{\cdot j\cdot}+\overline{X})^2$	$(r-1)(s-1)$	$S_{A\times B}^2=\dfrac{Q_{A\times B}}{(r-1)(s-1)}$	$F_{A\times B}=\dfrac{S_{A\times B}^2}{S_E^2}$
误差 E	$Q_E=\sum_{i=1}^{r}\sum_{j=1}^{s}\sum_{k=1}^{t}(X_{ijk}-\overline{X}_{ij\cdot})^2$	$rs(t-1)$	$S_E^2=\dfrac{Q_E}{rs(t-1)}$	
总和 T	$Q_T=\sum_{i=1}^{r}\sum_{j=1}^{s}\sum_{k=1}^{t}(X_{ijk}-\overline{X})^2$	$rst-1$		

(3)MATLAB 中的双因素方差分析方法

MATLAB 统计工具箱中提供了 anova2( )函数,用来作双因素方差分析,其用法简单介绍如下:

```
[p,table,stats] = anova2(X,reps,displayopt)
```

根据均衡实验样本矩阵 **X** 进行双因素方差分析,包括非重复实验的方差分析和重复实验的方差分析。注意,这里"均衡"的意思是因素水平的各种组合下实验重数都相等。

输入参数 reps 表示因素 A 和因素 B 的每一个水平组合下重复实验的次数,当 reps=1,表示作非重复实验双因素方差分析;当 reps=k($k\geqslant 2,k\in\mathbf{Z}$)时,表示对每种水平组合下做 k 重实验的双因素方差分析。

输入参数 **X** 为样本数据矩阵,对于非重复实验,**X** 的每一列对应因素 A 的一个水平,每行对应因素 B 的一个水平,**X** 还应满足方差分析的基本假定。对于均衡重复实验,**X** 的构造举例如下:

例如因素 A 取 2 个水平,因素 B 取 3 个水平,A 和 B 的每一个水平组合下做 2 次实验(reps=2),则 **X** 是如下形式的矩阵

$$
\begin{array}{c}
\quad\; A=1 \quad A=2 \\
\mathbf{X}=\begin{bmatrix} x_{111} & x_{121} \\ x_{112} & x_{122} \\ x_{211} & x_{221} \\ x_{212} & x_{222} \\ x_{311} & x_{321} \\ x_{312} & x_{322} \end{bmatrix}
\begin{matrix} \left.\begin{matrix}\\ \\ \end{matrix}\right\} B=1 \\ \left.\begin{matrix}\\ \\ \end{matrix}\right\} B=2 \\ \left.\begin{matrix}\\ \\ \end{matrix}\right\} B=3 \end{matrix}
\end{array}
$$

输入参数 displayopt 为'on'时(默认),显示方差分析表;为'off'时,则不显示。

输出参数 p 的含义是:若 reps=1,则 p 是一个包含 2 个元素的行向量,分别是与假设 H_{0A}、H_{0B} 对应的检验 p 值;若 reps>1,则 p 是包含 3 个元素的行向量,分别是与假设 H_{0A}、H_{0B}、H_{0AB} 对应的检验 p 值。当检验 p 值小于或者等于给定的显著性水平时,应拒绝原假设。

输出参数 table 是单元数组形式的方差分析表。

输出参数 stats 为结构体变量,用于进行后继的多重比较。当因素 A 或因素 B 对实验指

标的影响显著时,在后续的分析中,可以调用 multcompare( )函数,把 stats 作为输入参数,进行多重比较。

【算例 1】根据表 2-18 中数据分析下面的问题(取显著性水平为 0.01)。

表 2-18 抽样测量 4 个地区种植的 3 种同树龄松树的直径(单位:cm)

树种	地区 1	地区 2	地区 3	地区 4
A	23 25 26 13 21	25 20 21 16 18	21 24 24 29 19	14 11 19 20 24
B	28 22 25 19 26	30 26 26 20 28	17 27 19 23 13	17 21 18 26 23
C	18 10 12 22 13	15 21 22 14 12	16 19 25 25 22	18 12 23 22 19

试问:

①是否有某种树特别适合在某地区种植?

②如果①为否定,那么各树种有无差别? 哪种树最好?

③哪个地区最适合松树生长?

分析与求解:实验关注的指标是松树的直径,影响这一指标的因素有 2 个:松树品种和地区,也可能存在这两种因素的交互作用,即有可能出现某地区最适合(不适合)某种松树的生长。地区因素有 4 个水平,树种因素有 3 个水平,在每一种因素组合下都抽取了 5 个样本。因此,本问题首先进行均衡实验下双因素方差分析问题,然后再利用单因素方差分析回答其他问题。

```
A = [23 25 26 13 21 25 20 21 16 18 21 24 24 29 19 14 11 19 20 24];
B = [28 22 25 19 26 30 26 26 20 28 17 27 19 23 13 17 21 18 26 23];
C = [18 10 12 22 13 15 21 22 14 12 16 19 25 25 22 18 12 23 22 19];
X = ['A','B','C'];
reps = 5;
[p,table,stats] = anova2(X,reps,'on')
```

运行解算后得到如图 2-52 所示的方差分析表。

ANOVA Table

Source	SS	df	MS	F	Prob>F
Columns	222.1	2	111.05	5.9	0.0051
Rows	48.05	3	16.017	0.85	0.4728
Interaction	275.5	6	45.917	2.44	0.0386
Error	903.2	48	18.817		
Total	1448.85	59			

图 2-52 松树直径影响因素方差分析表

在表 2-52 中,Columns 数据表示树种因素,其 p 值为 0.005 1;Rows 数据表示地区因素,p 值为 0.472 8;Interaction 数据表示交互作用,p 值为 0.038 6。据此可知,树种因素的影响差异显著,地区因素和交互作用的影响不显著。也就是说,没有某种树特别适合在某地区种植。

接着对树种进一步作单因子方差分析,并进行多重比较。

```
[p1,t1,s1] = anova1(X,{'A','B','C'},'on')
figure;      % 另开绘图窗口避免下一条语句的图像覆盖前面的图
```

```
c = multcompare(s1)
```

得到单因素方差分析表(图2-53),以及树种样本数据箱线图(图2-54)。

ANOVA Table

Source	SS	df	MS	F	Prob>F
Columns	222.1	2	111.05	5.16	0.0087
Error	1226.75	57	21.522		
Total	1448.85	59			

图2-53 松树品种单因素方差分析表

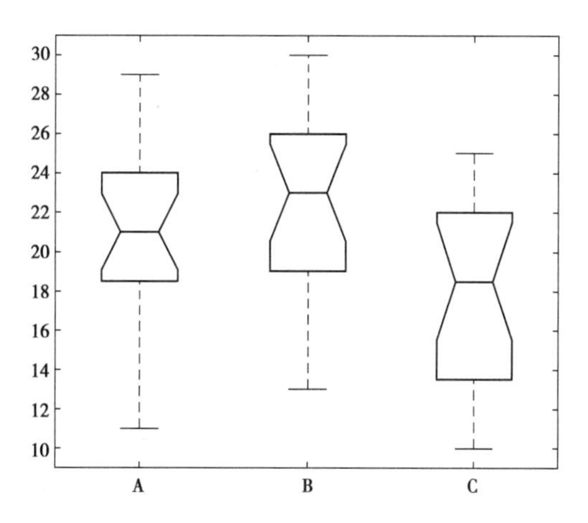

图2-54 松树品种因素数据箱线图

从方差分析表看出,方差分析的 p 值为0.008 7,表明树种差异是显著的。从箱线图可以看出,树种B最好、树种C最差。多重比较分析的结论见表2-19。

表2-19 多重比较分析的结论

组号1	组号2	均值差置信下限	均值差点估计	均值差置信上限	p 值
1	2	-5.580 3	-2.05	1.480 301	0.349 043
1	3	-0.880 3	2.65	6.180 301	0.176 653
2	3	1.169 699	4.7	8.230 301	0.006 198

其中组号1、2、3分别对应A、B、C 3个树种。p 值表明树种A、B之间、A、C之间无显著差异,树种B、C之间差异显著。

下面分析有没有哪个地区特别适合种松树。

```
A = [23 25 26 13 21 25 20 21 16 18 21 24 24 29 19 14 11 19 20 24];
B = [28 22 25 19 26 30 26 26 20 28 17 27 19 23 13 17 21 18 26 23];
C = [18 10 12 22 13 15 21 22 14 12 16 19 25 25 22 18 12 23 22 19];
X = [A',B',C'];
D1=reshape(X(1:5,:),15,1);          % 整理地区1的数据成为1列
D2=reshape(X(6:10,:),15,1);         % 整理地区2的数据成为1列
```

```
D3=reshape(X(11:15,:),15,1);      % 整理地区 3 的数据成为 1 列
D4=reshape(X(16:20,:),15,1);      % 整理地区 4 的数据成为 1 列
Y = [D1,D2,D3,D4];
[p,table,stats] = anova1(Y,{'地区 1','地区 2','地区 3','地区 4'},'on')
```

程序运行结果见图 2-55、图 2-56。

ANOVA Table

Source	SS	df	MS	F	Prob>F
Columns	48.05	3	16.0167	0.64	0.5923
Error	1400.8	56	25.0143		
Total	1448.85	59			

图 2-55　地区因素方差分析表

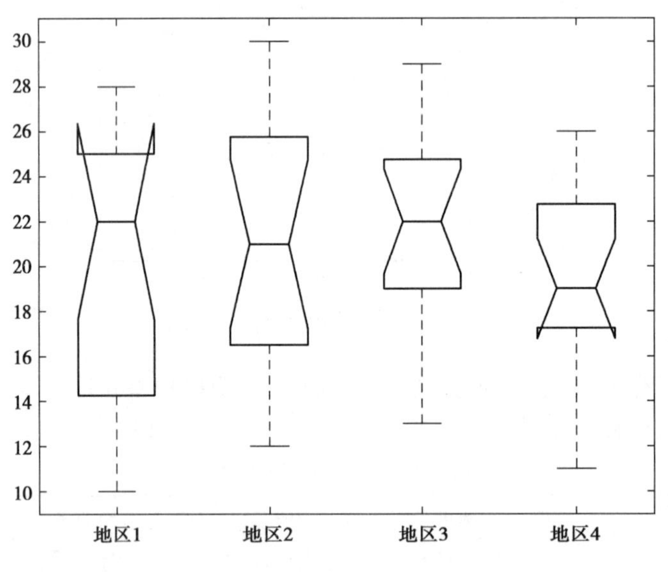

图 2-56　地区因素样本箱线图

从关于地区因素的单因素方差分析表可以看出，检验的 p 值为 0.592 3，表明地区因素的差异不显著，也就是说，没有哪个地区特别适合种松树。

2.16.3　课外研讨问题

①某公司对某产品设计了 4 种类型的产品包装（用 A、B、C、D 表示），又设计了 3 种销售方案，在某地区用 3 种销售方案，对 4 种包装的该产品试销一个月，业绩如下表所示。现在想知道：不同包装、不同销售方案对销售业绩的影响是否有显著差异。

不同销售方案对不同包装的产品的销售业绩表

包装类型	不同销售方案		
	甲	乙	丙
A	103	106	135

续表

包装类型	不同销售方案		
	甲	乙	丙
B	82	102	118
C	71	100	106
D	52	66	85

②下面记录了3位操作工分别在4台不同型号机器上操作3天的日产量:

机器	操作工		
	B_1	B_2	B_3
M_1	15 15 17	19 19 16	16 18 21
M_2	17 17 17	15 15 15	19 22 22
M_3	15 17 16	18 17 16	18 18 18
M_4	18 20 22	15 16 17	17 17 17

试问:

①操作工之间的差异是否显著?

②机器之间的差异是否显著?

③它们的交互作用是否显著?

2.17 回归分析实验

2.17.1 问题背景

回归分析(regression analysis)是一种确定两种或两种以上不完全确定的变量间数学关系的统计分析方法,在这种关系式中最简单的是线性回归,运用十分广泛。本次实验,我们将基于 MATLAB 平台研讨线性回归、二次回归的基本概念和方法。

2.17.2 实验过程

1)线性回归的数学概念和任务

线性回归的数学模型

(1)一元线性回归的概念

设 x 是可控变量(或称预报变量),Y 是依赖于 x 的随机变量,它们有如下关系

$$Y = \alpha + \beta x + \varepsilon \tag{2-67}$$

其中 α、β 是常数，$\varepsilon \sim N(0,\sigma^2)$。

$$y = \alpha + \beta x \tag{2-68}$$

称为 Y 对 x 的一元回归直线方程(回归函数)，其中 β 称为回归系数。

(2)多元线性回归

在实际问题中，影响结果 Y 的因素往往不止一个。一般地，设有 $x_1, x_2, \cdots, x_p$ 共 p 个因素，假定它们和因变量 Y(正态分布的随机变量)有如下线性关系

$$Y = \beta_0 + \beta_1 x_1 + \cdots + \beta_p x_p + \varepsilon \tag{2-69}$$

其中 Y 为可观测的随机变量，$\beta_0, \beta_1, \cdots, \beta_p$ 是未知参数，ε 是不可观测的随机误差，满足

$$\varepsilon \sim N(0,\sigma^2),\sigma^2 \text{ 未知} \tag{2-70}$$

一般地，我们称由式(2-69)和式(2-70)确定的模型为**多元线性回归模型**。式(2-69)中未知参数 $\beta_0, \beta_1, \cdots, \beta_p$ 称为**回归系数**。预报变量(回归变量) $x_i(i=1,2,\cdots,p)$ 常称为回归因子或预报因子，简称因子。

设有 n 组独立的观测值

$$(x_{i1},\cdots,x_{ip},Y_i),i=1,2,\cdots,n$$

根据式(2-69)有

$$Y_i = \beta_0 + \beta_1 x_{i1} + \cdots + \beta_p x_{ip} + \varepsilon_i, i = 1,2,\cdots,n \tag{2-71}$$

其中 $\varepsilon_i \sim N(0,\sigma^2)$，并假定 $\varepsilon_0, \varepsilon_1, \cdots, \varepsilon_n$ 是相互独立的。式(2-70)通常称为线性模型。

记

$$\boldsymbol{Y}=\begin{pmatrix} Y_1 \\ Y_2 \\ \vdots \\ Y_n \end{pmatrix},\boldsymbol{X}=\begin{pmatrix} 1 & x_{11} & \cdots & x_{1p} \\ 1 & x_{21} & \cdots & x_{2p} \\ \vdots & \vdots & & \vdots \\ 1 & x_{n1} & \cdots & x_{np} \end{pmatrix},\boldsymbol{\beta}=\begin{pmatrix} \beta_0 \\ \beta_1 \\ \vdots \\ \beta_p \end{pmatrix},\boldsymbol{\varepsilon}=\begin{pmatrix} \varepsilon_1 \\ \varepsilon_2 \\ \vdots \\ \varepsilon_n \end{pmatrix}$$

则式(2-71)可以写成

$$\boldsymbol{Y} = \boldsymbol{X\beta} + \boldsymbol{\varepsilon}, \boldsymbol{\varepsilon} \sim \boldsymbol{N}(0,\sigma^2 I) \tag{2-72}$$

其中 $\boldsymbol{Y}$ 是已知的观测向量，$\boldsymbol{X}$ 也是已知的，称为**设计矩阵**或称**结构矩阵**，在回归分析中一般假定 $\boldsymbol{X}$ 列满秩，即 $\mathrm{rank}(X)=p+1$，$\boldsymbol{\beta}$ 是未知参数向量。$\boldsymbol{\varepsilon}$ 是误差向量。

样本模型[式(2-71)]或其矩阵形式[式(2-72)]是考虑问题的出发点，这就是通常所说的线性回归模型。

线性回归分析的任务是：①根据所获得的实验数据去估计回归函数；②讨论有关参数的点估计和区间估计；③对回归模型的显著性进行检验；④根据估计的结果对随机变量 Y 的取值进行点估计和区间估计；⑤根据回归曲线和置信区间曲线进行变量控制。

2)基于 MATLAB 的线性回归方法介绍

线性回归的参数估计与回归显著性检验可由 regress( )函数完成。其基本用法如下：

```
[b,bint,r,rint,stats] = regress(y,X,alpha)
```

功能：该函数以 1-alpha 为置信度，求 X 处 y 的最小二乘拟合值，该函数求解线性模型

$$y=X\beta+\varepsilon,\varepsilon\sim N(0,\sigma^2 I)$$

这里,y 为 $n\times1$ 的向量(n 为样本容量),X 为 $n\times(p+1)$ 的矩阵[p 为预报变量(自变量)的个数],X 矩阵第一列为全 1 值,β 为$(p+1)\times1$ 的参数向量,ε 为 $n\times1$ 的正态分布向量。

在$(p+1)\times1$ 的向量 b 中存放对 β 向量的估计;在$(p+1)\times2$ 的矩阵 bint 中返回 β 的 1-alpha 置信区间;在 $n\times1$ 向量 r 中存放残差(因变量观测值减去估计值:$y_i-\hat{y}_i$)。

rint 是残差的置信区间,可用于诊断异常值,如果第 i 组数据残差的置信区间不包含 0,则可以认为第 i 组观测值为异常值。

返回值 stats 是 1×4 的向量,其中的前 3 个元素依次是判别系数 R^2、F 统计量的观测值、检验的 p 值,据此可以作出线性回归模型的显著性检验;最后一个元素是误差方差 σ^2 的估计值 $\hat{\sigma}^2$。

利用 rcoplot( )函数可以绘制残差图。

```
rcoplot(r,rint)
```

在回归分析的残差处绘制一个残差的 0.95 置信区间的误差条形图,图中的残差按个案号排序,r、rint 是 regress( )函数的输出参数。

【算例 1】一元线性回归问题。利用 regress( )函数求表 2-20 数据的一元线性回归方程。表 2-20 所示为产量与积温的一元线性回归分析数据。

表 2-20 产量与积温的一元线性回归分析数据

x(积温)/℃	1 617	1 532	1 762	1 405	1 578	1 611	1 650	1 497	1 532	1 689
y(产量)/kg	435	366	504	290	382	426	460	300	392	473

编写代码如下:

```
x=[1617  1532  1762  1405  1578  1611  1650  1497  1532  1689];
y=[435  366  504  290  382  426  460  300  392  473];
plot(x,y,'ro');                          % 绘制散点图
hold on;grid on;
X = [ones(size(x,2),1),x'];              % 输入参数第一列全是 1,第二列由 x 的数据组成
[b,bint,r,rint,stats] = regress(y',X)    % 计算 X 处 y 的线性回归
z = polyval([b(2),b(1)],x);              % 计算回归直线因变量值
plot(x,z)                                % 绘制回归直线
legend('散点','回归直线');
xlabel('积温(x)');ylabel('产量(y)');
figure;
rcoplot(r,rint)                          % 作残差图
```

绘图结果见图 2-57、图 2-58。

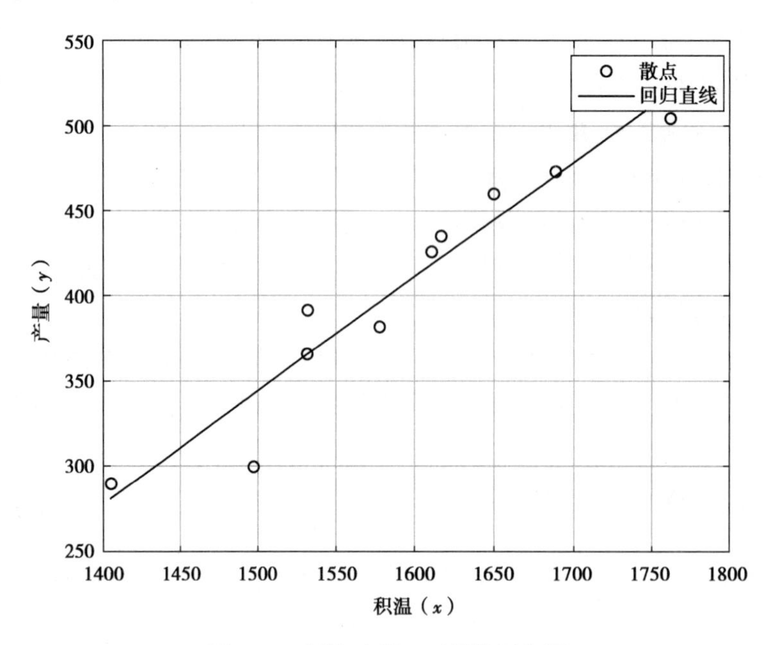

图 2-57　积温-产量一元线性回归图

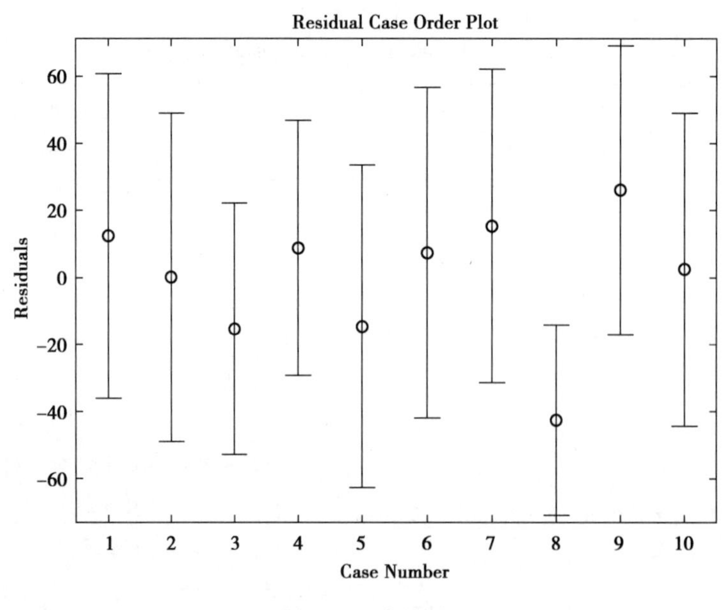

图 2-58　残差图

运行程序计算得到

```
b =
        -655.9335
        0.6670
```

说明回归直线方程为 $y=-655.9335+0.667x$。

```
stats =
        0.9233  96.2893  0.0000  433.5209
```

计算结果表明，判别系数 $R^2=0.923\ 3$，接近于1，说明线性关系强；F 统计量的观测值为96.289 3；检验的 p 值为0.000 0，非常小，说明该回归问题用自变量的线性函数解释因变量是非常显著的，应接受线性模型；误差方差 σ^2 的估计值为433.520 9。

regress( )函数的返回值 r 中存放的数据点相对回归直线的残差，rint 中存放的是残差的置信区间；利用 rcoplot 可以将残差向量 r 和残差置信区间矩阵 rint 绘制成残差图（图2-58）。残差图表明，第8组数据是异常点。

【算例2】多元线性回归问题。

研究同一地区土壤所含植物可给态磷的18组数据如表2-21所示。其中，x_1 为土壤所含无机磷浓度；x_2 为土壤内溶于 K_2CO_3 溶液并受溴化物水解的有机磷浓度；x_3 为土壤内溶于 K_2CO_3 溶液但不受溴化物水解的有机磷浓度；Y 为20 ℃土壤内玉米中的可给态磷。

表2-21 土壤子样有机磷浓度抽样检测数据表

土壤子样	x_1	x_2	x_3	Y
1	0.4	53	158	64
2	0.4	23	163	60
3	3.1	19	37	71
4	0.6	34	157	61
5	4.7	24	59	54
6	1.7	65	123	77
7	9.4	44	46	81
8	10.1	31	117	93
9	11.6	29	173	93
10	12.6	58	112	51
11	10.9	37	111	76
12	23.1	46	114	96
13	23.1	50	134	77
14	21.6	44	73	93
15	23.1	56	168	95
16	1.9	36	143	54
17	26.8	58	202	168
18	29.9	51	124	99

已知 Y 对 x_1,x_2,x_3 存在线性回归关系，求出经验回归方程，并检验线性回归是否显著（$\alpha=5\%$）。

编写代码进行回归分析：

```
format short;
dat = [0.4  53  158   64
       0.4  23  163   60
       3.1  19   37   71
       0.6  34  157   61
       4.7  24   59   54
       1.7  65  123   77
       9.4  44   46   81
      10.1  31  117   93
      11.6  29  173   93
      12.6  58  112   51
      10.9  37  111   76
      23.1  46  114   96
      23.1  50  134   77
      21.6  44   73   93
      23.1  56  168   95
       1.9  36  143   54
      26.8  58  202  168
      29.9  51  124   99];
y = dat(:,4);
X = [ones(size(dat,1),1),dat(:,[1,2,3])];
[b,bint,r,rint,stats] = regress(y,X)  % 计算 X 处 y 的线性回归
```

运行程序得到线性回归方程的系数为:

```
b =
    43.6522
      1.7848
    -0.0834
      0.1611
```

即经验回归方程为:$Y=43.652\,2+1.784\,8x_1+0.083\,4x_2+0.161\,1x_3$。

```
stats =
      0.549 3    5.688 5    0.009 2   398.821 4
```

表明判别系数 $R^2=0.549\,3$;F 统计量的观测值为 5.688 5;检验的 p 值为 0.009 2,非常小,说明该线性回归是显著的,应接受线性模型;误差方差 σ^2 的估计值为 398.821 4。

3) 多项式回归

研究一个因变量与一个或多个自变量间多项式的回归方法,称为多项式回归。自变量只有一个时,称为一元多项式回归;自变量有多个时,称为多元多项式回归。由微积分知识可知,任何一个连续可导函数都可以分段用多项式来逼近它。因此在实际问题中,无论因变量与其他自变量关系如何复杂,我们总可以用多项式回归来进行分析。多项式回归可以处理相当一类非线性问题,它在回归分析中占有重要的地位。

(1) 一元多项式回归的 MATLAB 方法

一元多项式回归的数学模型为

$$Y = b_0 + b_1x + b_2x^2 + \cdots + b_nx^n + \varepsilon, \varepsilon \sim N(0,\sigma^2) \tag{2-73}$$

MATLAB 中,进行多项式回归的函数是 polyfit( ),其用法简介如下:

```
[p,S,mu]=polyfit(x,y,n)
```

返回值 p 是次数为 n 的多项式 $p(x)$ 的系数,是 y 中数据对该次数多项式的最佳拟合(在最小二乘方式中)。p 中的系数按降幂排列,p 的长度为 $n+1$,对应的多项式形式为

$$p(x) = p_1x^n + p_2x^{n-1} + \cdots + p_nx + p_{n+1} \tag{2-74}$$

返回值 S 是一个结构体,其可用作 polyval( )函数的输入来获取误差估计值。

返回值 mu 是一个二元素向量,包含中心化值和缩放值。mu(1)是 mean(x),mu(2)是 std(x)。使用这些值时,polyfit( )将 x 的中心置于零值处并缩放为单位标准差,这种中心化和缩放变换可同时改善多项式和拟合算法的数值属性。

(2)多项式回归的预测与置信区间

基于多项式回归模型的点预测,实质上是用回归函数(多项式)对因变量进行点估计,本质上就是求回归多项式在预测点处的函数值。因此,可以用多项式求值函数 polyval( )来实现,其用法如下

```
Y=polyval(p,x0)
```

返回在 x_0 处的多项式 p 的值。

```
[y,delta] = polyval(p,x,S)
```

使用 polyfit( )生成的可选输出结构体 S 来生成误差估计值 delta。delta 是使用 $p(x)$ 预测 x 处的未来观测值时的误差标准差估计值。

```
[y,delta] = polyval(p,x,S,mu)
```

使用 $\hat{x}=(x-\mu_1)/\mu_2$ 取代 x。在此方程中,μ_1=mean(x)且 μ_2=std(x)。中心化和缩放参数 mu= $[\mu_1,\mu_2]$是由 polyfit( )计算的可选输出。

求预测置信区间的方法是:

```
[Y,Delta]=polyconf(p,x0,S,alpha)
```

功能是:求多项式值的置信区间。其中,输入 p,S 是多项式拟合命令[p,S]=polyfit(x,y,n)的输出,x_0 是要预测的自变量的值。输出 Y 是 polyfit( )所得的回归多项式在 x 处的预测值。如果输入数据的误差相互独立,且方差为常数,则 Y±Delta 至少包含 95% 的预测值,即(Y-Delta, Y+Delta)为因变量 y 的 0.95 预测置信区间;alpha 缺省时为 0.05。

【算例】给动物口服某种药物 1 000 mg,每隔 1 h 测定血药浓度(mg/mL),得到表 2-22 的数据(血药浓度为 5 头提供实验的动物的平均值)。

表 2-22 血药浓度与服药时间测定结果表

服药时间 x/h	1	2	3	4	5	6	7	8	9
血药浓度 y/(mg · mL^{-1})	21.89	47.13	61.86	70.78	72.81	66.36	50.34	25.31	3.17

通过实验回答以下问题:

①试建立血药浓度(因变量 y)对服药时间(自变量 x)的回归方程;

②绘制散点图和回归曲线图;

③求血药浓度 y 在 $x=2.5,3.5,4.5$ 处的点预测值及其标准差，并求预测区间半径(置信度取 0.95)。

【分析】由表 2-22 中的数据可以看出：血药浓度最大值出现在服药后 5 h，在 5 h 之前血药浓度随时间的增加而增加，在 5 h 之后随着时间的增加而减少。因此我们可以选用一元二次多项式来描述血药浓度与服药时间的关系。

【求解】利用 polyfit( )函数求一元二次多项式回归模型

```
format short;
x = [1 2 3 4 5 6 7 8 9];
y = [21.89 47.13 61.86 70.78 72.81 66.36 50.34 25.31 3.17];
plot(x,y,'ro');grid on;hold on;     % 绘制原始数据散点图
xlabel('服药时间 x(h)');
ylabel('血药浓度 y(mg/mL)');
[p,S] = polyfit(x,y,2)              % 求二次回归多项式
refcurve(p)                         % 添加回归曲线
x0 = [2.5,3.5,4.5];                 % 这是预测点
[y0,dlt] = polyval(p,x0,S)          % 计算预测值及其标准差
[Y,Delta] = polyconf(p,x0,S)        % 计算预测值及预测区间的半径
```

运行程序，得到回归多项式 $p=[-3.7624\quad 34.8269\quad -8.3655]$，即

$$y=-3.7624x^2+34.8269x-8.3655$$

绘制数据散点图和二次回归多项式曲线见图 2-59。求 $x=2.5,3.5,4.5$ 时的点估计、标准差及预测区间半径，计算结果截图见图 2-60。

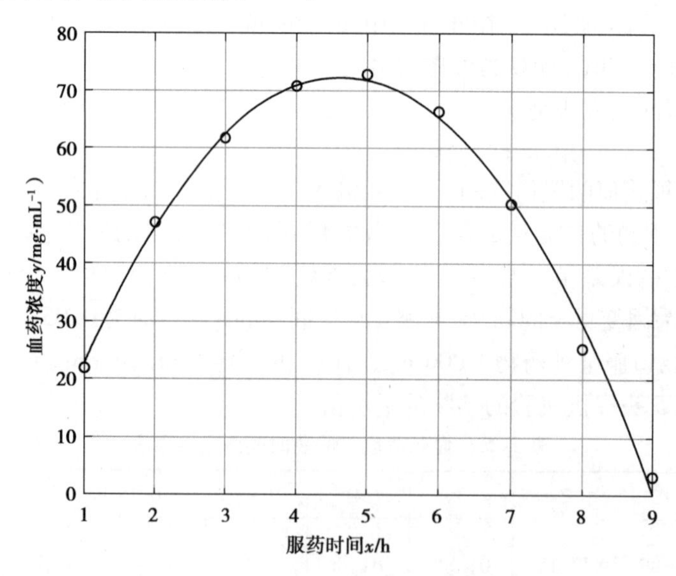

图 2-59　数据散点图及二次回归曲线

```
y = 1 × 3
        55.1871        67.4399        72.1679

dlt = 1 × 3
         2.4701         2.4661         2.5035

Y = 1 × 3
        55.1871        67.4399        72.1679

Delta = 1 × 3
         6.0440         6.0343         6.1258
```

图 2-60　y 的点估计置信区间半径计算结果截图

2.17.3　课外研讨问题

①某种合金强度与碳含量有关,研究人员在生产实验中收集了该合金的强度 y 与含碳量 x 的数据如下表所示。试建立 y 与 x 之间的回归函数关系,检验模型的可信度,检验数据中是否有异常点,并预测碳含量为 0.19 和 0.22 时的合金强度值。

x	0.10	0.11	0.12	0.13	0.14	0.15	0.16	0.17	0.18	0.20	0.21	0.23
y	42.0	41.5	45.0	45.5	45.0	47.2	49.0	55.0	50.3	55.0	55.5	60.5

②某销售公司将其连续 18 个月的库存占用资金情况、广告投入的费用、员工薪酬以及销售额等方面的数据作了汇总,如下表所示。该公司的管理人员试图根据这些数据找到销售额与其他 3 个变量之间的关系,以便进行销售额预测并为未来的工作决策提供参考依据。

占用资金、广告投入、员工薪酬、销售额表　　单位:万元

月份	库存资金额(x_1)	广告投入(x_2)	员工薪酬(x_3)	销售额 y
第 1 个月	75.2	30.6	21.1	1 090.4
第 2 个月	77.6	31.3	21.4	1 133
第 3 个月	80.7	33.9	22.9	1 242.1
第 4 个月	76.0	29.6	21.4	1 003.2
第 5 个月	79.5	32.5	21.5	1 283.2
第 6 个月	81.8	27.9	21.7	1 012.2
第 7 个月	98.3	24.8	21.5	1 098.8
第 8 个月	67.7	23.6	21.0	826.3
第 9 个月	74.0	33.9	22.4	1 003.3
第 10 个月	151.0	27.7	24.7	1 554.6
第 11 个月	90.8	45.5	23.2	1 199
第 12 个月	102.3	42.6	24.3	1 483.1
第 13 个月	115.6	40.0	23.1	1 407.1

续表

月份	库存资金额(x_1)	广告投入(x_2)	员工薪酬(x_3)	销售额 y
第 14 个月	125.0	45.8	29.1	1 551.3
第 15 个月	137.8	51.7	24.6	1 601.2
第 16 个月	175.6	67.2	27.5	2 311.7
第 17 个月	155.2	65.0	26.5	2 126.7
第 18 个月	174.3	65.4	26.8	2 256.5

a. 试建立销售额的回归模型;

b. 如果未来某月库存资金额为 150 万元,广告投入预算为 45 万元,员工薪酬总额为 27 万元,试根据建立的回归模型预测该月的销售额。

③一种合金在某种添加剂的不同浓度下,各做 3 次实验,得数据如下:

浓度 x	10.0	15.0	20.0	25.0	30.0
抗压强度 y	25.2	29.8	31.2	31.7	29.4
	27.3	31.1	32.6	30.1	30.8
	28.7	27.8	29.7	32.3	32.8

请画出散点图,研究 y 关于 x 的二次回归。

第3章 应用案例分析

3.1 实际推断原理应用

3.1.1 问题背景

实际推断原理是人们根据长期生活经验总结得出的一条关于统计推断的公理。其内容是:概率很小的事件在一次实验中实际上几乎是不会发生的。其等价命题(逆否命题)是:在一次实验中就发生的事件,其概率不应该很小。

若在某条假设条件下,概率很小的事件在一次实验中发生了,根据实际推断原理,则可推断假设条件不成立。

下面我们通过两个问题理解和应用实际推断原理。研究方法是仿真实验,它是研究一些随机性问题的常用方法。

3.1.2 建模与实验过程

1)实验问题一:万年难遇的"不约而同"问题

某接待站在某一周曾接待过12次来访,已知所有这12次接待都是在周二和周四进行的,问:是否可以推断接待时间是有规定的?

(1)理论分析

假设接待站的接待时间没有规定,而来访者在一周的任一天中去接待站都是等可能的。那么,12次接待都在周二、周四的概率为

$$\frac{2^{12}}{7^{12}}=\frac{3}{10^7}$$

即此概率值为千万分之三。由**实际推断原理**可断定假设不成立,即每周的接待时间是有规

定的。

(2)仿真实验

为什么说“概率很小的事件在一次实验中几乎是不可能发生”？小概率事件发生一次真的很困难吗？为加深关于实际推断原理的理解感受,下面我们用仿真实验的办法来进行研究。上述问题中,假定接待站对来访时间没有限制,那么在此情况下观察到“12 次来访都集中于周二、周四”这个事件需要多长时间？

这里,我们打算仅对小概率事件发生与否进行仿真,结合上述实际问题,在仿真过程中,我们把一次观察视为1周时间。仿真算法的突破点在于如何仿真千万分之三的小概率事件。算法设计如下:

Step 1 产生位于区间[1,10 000 000]的一个均匀分布随机整数保存于变量 Flg 中;

Step 2 时间计数器增加1(周);

Step 3 若 Flg>3(意味着千万分之三的小概率事件没有发生),则返回到第一步 Step 1,否则(即千万分之三的小概率事件发生了)进入 Step 4;

Step 4 将时间换算成年,显示仿真结论。

仿真程序的 MATLAB 代码如下:

```
% 本程序用以模拟千万分之三的小概率事件需要多少年才能发生一次
    week=0;
    while1
        week=week+1;
        % 用函数 randi(N)产生一个 1 ~N 的均匀分布的随机整数
        Flg = randi(10^7);
        if Flg<4
            break;
        end
    end
    Year = round(week* 7/365);% 换算成以年为单位
    str=strcat('每周观察一次,千万分之三的小概率事件经历',num2str(Year),'年终于出现了！');
    disp(str)
```

(3)实验结论

上述仿真程序运行结果是随机值,由运行程序可知,每周观察一次,千万分之三的小概率事件需要数百年、数千年甚至十多万年才能发生一次！由此,我们不难理解实际推断原理的含义——概率论很小的事件在一次实验中几乎是不可能发生的;反过来,在一次实验中就能发生的事件,其概率不应当太小。

2)实验问题二:仅靠运气能通过四级考试吗?

(1)问题阐述

大学英语四级考试是检验大学生英语水平的一种综合考试,具有一定难度。这种考试包括听力、语法结构、阅读理解、写作等,以前的试题形式为除写作外,其余85道题为单项选择题,每道题附有A、B、C、D四个选项。这种考试方法使个别学生产生了碰碰运气的侥幸心理。那么,靠运气能通过英语四级考试吗?

(2)建模分析

答案是否定的。下面我们计算靠运气通过英语四级考试的概率有多大。

假定不考虑写作所占的15分,若按60分及格计算,则85道选择题必须答对51道题以上才行,这可以看成85重伯努利实验。

设随机变量 X 表示答对的题数,则 $X \sim b(85, 0.25)$,其分布律为:

$$P\{X=k\} = C_{85}^{k}(0.25)^{k}(0.75)^{85-k} \quad k=0,1,\cdots,85$$

若要及格,必须 $X \geqslant 51$,其概率为

$$P\{X \geqslant 51\} = \sum_{k=51}^{85} C_{85}^{k}(0.25)^{k}(0.75)^{85-k} \tag{3-1}$$

(3)模型求解

上述讨论过程中,式(3-1)的手工计算是困难的,请同学们进行MATLAB编程实现计算过程。参考程序如下:

```
n=85;
p=0.25;q=0.75;
s=0;
for k=51:85
    s=s+nchoosek(n,k)* p^k* q^(n-k);
end
s
```

如果同学们实践过直接用组合数函数 nchoosek( )计算式(3-1)中的每一项,那么MATLAB会给出多条"结果可能不精确。系数大于0.007199e+15且仅精确至第15位"的警告信息。为了圆满求解模型,还需构造新的算法。

考虑到式(3-1)中每一项本质上都为多个数据积商的形式,因而可以考虑做对数变换,将积商运算转换成和运算来进行,这种方法留作课外研讨问题请同学们动手完成。

当然,在MATLAB环境中,我们也可直接调用二项分布的分布律函数 binopdf( )来计算式(3-1)中二项分布的分布律值。binopdf( )函数的算法是经过对数变换等方法优化的,计算时不会发生警告信息,计算精度能得到保证。做法就是将上面程序段的 for 循环内的语句修改为

```
s = s + binopdf(k,n,p);
```

请同学们动手实验一下,观察最终给出的计算结果。

经正确计算得,式(3-1)的概率值为 $8.734\ 534\ 971\ 182\ 15 \times 10^{-12}$,此概率非常小,故可认为靠运气通过英语四级考试几乎是不可能发生的事件,它相当于在1 000亿个碰运气的考生中,只有0.874个人可以通过考试。然而,我们地球上只有60多亿人口。所以,根据实际推断原理,仅靠运气是不可能通过四级考试的。

本节通过两个问题分析研究了实际推断原理。实际推断原理是人们在生活实践中总结出来的统计推断公理,在统计推断问题中有重要的用途。通过仿真实验,我们可以切身感受到小概率事件在单次实验中不易发生的特性。

3.1.3 课外研讨问题

①通过仿真实验研究下述问题:某项彩票中大奖的概率是十万分之一,每周开奖1次。

某人连续买彩票,每次买一张,需要买多久才能首次中奖?

②某校在安全管理方面有个耳熟能详的口号:对隐患苗头要防微杜渐,安全工作要常抓不懈。请你运用所学概率论知识建立数学模型论证这种做法的合理之处。

③在本节实验问题二中,式(3-1)的计算可以通过对数变换法完成,请大家设计算法并编程实现,同时将计算结果与应用 MATLAB 函数 binopdf( )计算概率值的方法作对比。

3.2 生日碰撞问题

3.2.1 问题背景

在指定的班级中,假定每人的生日等可能地分布在一年 365 天中的任意一天。人们称"至少两人生日相同"的现象为"生日碰撞"。本节实验,我们将围绕下述问题展开。

①设班级人数为 N 人,计算班级中发生生日碰撞的概率,并针对 N 的不同值具体计算该概率。

②通过计算机仿真实验,模拟各个人的生日,统计班级人数不断增多的过程中生日碰撞的发生频率,研究其变化趋势。

③班级内有人与自己生日相同的概率有多大?

3.2.2 建模与实验过程

1)生日碰撞问题

(1)分析建模

生日问题本质上可用古典概型中的"放球模型"来解释。将 n 只球随机地放入 $N(N\geqslant n)$ 个盒子中,根据古典概型知识可知"至少有两个球被装入同一只盒子(设盒子的容量不限)"的概率 p 为

$$p = 1 - \frac{A_N^n}{N^n} \tag{3-2}$$

根据放球模型可知,人数为 n 的班级中发生生日碰撞的概率为

$$p = 1 - \frac{A_{365}^n}{365^n} \tag{3-3}$$

(2)模型求解

下面我们来计算生日碰撞概率。请同学们首先思考一下,你能想到哪些方法来计算式(3-3),根据你的设想,动手实践一下,以不同的 n 值计算,并比较采用不同算法的优劣性。

这里给出一种计算式(3-3)的方法:将其改写为

$$p = 1 - \frac{n!\ C_{365}^n}{365^n} \tag{3-4}$$

根据式(3-4),给出下面这段计算生日碰撞概率的参考程序:

```
n=2:1:100
p = n';
for k = 1:length(n)
  p(k,2) = 1-prod((365-n(k)+1):365)/(365^n(k));
end
plot(p(:,1),p(:,2),'o'); grid on
xlabel('人数'); ylabel('概率');
title('生日碰撞概率与人数关系图')
axis([1,100,0,1.1])
```

运行程序得到的部分数据见表 3-1。

表 3-1 不同人数时生日碰撞概率(部分数据)

班级人数	生日碰撞概率
20	0.411 438 383 580 580
25	0.568 699 703 969 464
30	0.706 316 242 719 269
35	0.814 383 238 874 715
40	0.891 231 809 817 949
45	0.940 975 899 465 775
50	0.970 373 579 577 988
55	0.986 262 288 816 446
60	0.994 122 660 865 348
65	0.997 683 107 312 492
70	0.999 159 575 965 157

程序运行所得的关系图见图 3-1。

计算结果表明,随着人数增多,生日碰撞概率增加,当人数增加至 60 以上时,生日碰撞概率达到 0.994 12,非常接近于 1,可以认为生日碰撞是必然事件。

2)生日悖论问题

由前面的讨论知,在人数为 60 人的班级里,至少有两人生日相同的概率为 0.994 12,这个概率值这么大啊——几乎百分之百!同学们都很吃惊,很多同学马上想到:"是不是意味着几乎可以肯定我们班有人与我生日同天?这个有缘人是谁呢"?下面,我们来探讨一下"有人与我生日同天"的概率。

理论分析:设 C 表示事件"班级里有人与我生日同天",则 $\overline{C}$ 表示"班级里无人与我生日同天",则

$$P(\overline{C}) = \frac{364^{59}}{365^{59}} = \left(\frac{364}{365}\right)^{59} \approx 0.851 \tag{3-5}$$

所以

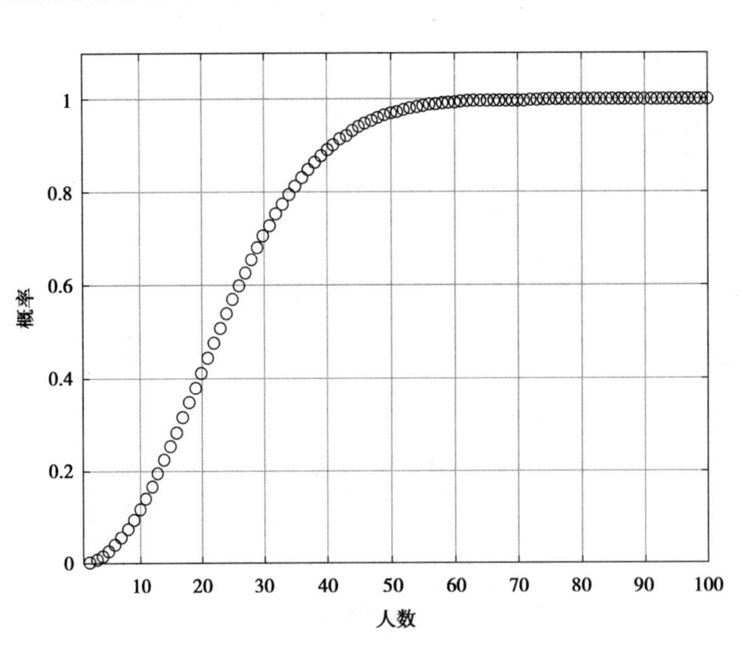

图 3-1 生日碰撞概率与人数关系图

$$P(C)=1-P(\overline{C})\approx 0.149 \tag{3-6}$$

这个结果比 0.994 12 小得多！这就是所谓生日悖论——当我们在谈论生日相同时，经常以自己为参照，所以会大大低估事件“至少两人生日相同”发生的概率。其实，准确地说，这仅算作是出乎意料，不构成真正意义上的悖论。

3)生日攻击问题

(1)生日攻击问题的含义

在密码学中，经常使用 Hash 函数对明文密码进行加密，例如常用的 MD5 加密算法就是这样的。有一种 Hash 函数，其输入可以是任意长度的字符串；输出是固定长度的二进制编码，一般为 64，128 bits 等。Hash 函数的目的是为需认证的数据产生一个“指纹”。当然在转换的过程中，人们自然希望不同的字符经过 Hash 函数处理后，变成不同的编码，也就是生成不同的“指纹”。但是，如果将输入 Hash 函数的各种不同的字符串看作小球，将固定长度为 N 的每种二进制编码看作一个盒子，那么随着字符串数量 n 的增多，不同字符串被赋予相同 MD5 码(电子指纹)的概率就会增加，就像是随着小球数量增多两只以上小球被放入同一只盒子的概率会增加一样，完全有可能出现两个不同的输入字符串被赋予相同 MD5 码的现象，此时称“发生 Hash 碰撞”。如果发生 Hash 碰撞，则意味着 MD5 码容易被伪造，相当于可以用同一把钥匙打开多把不同的锁！这当然是人们不希望看到的。受生日碰撞问题的启发，人们也把 Hash 碰撞称为“生日攻击”。

(2)生日攻击的应对措施

根据上述生日问题的讨论，下面进一步思考：采取什么措施能够减小“生日攻击”的发生概率呢？

从碰撞概率 p 与盒子数量 N、小球数量 n 之间的函数关系入手分析，为此，编程绘制生日碰撞概率与参数 N、n 的关系图。注意到生日碰撞概率模型式(3-2)右边第二项为多个数积商运算，故以下编程中用到对数变换来避免大数乘积溢出内存。编写程序如下：

```
% 首先绘制不同参数的生日攻击概率曲线
N = [200,1000,5000,10000];              % 盒子数
n=2:1:140;                              % 小球数
p=zeros(length(N),length(n));           % 变量p用以记录生日攻击概率值
for i = 1:length(N)
    for k=1:length(n)
        logq = sum(log((N(i)-n(k)+1):N(i))) - n(k)* log(N(i)); % 对数变换
        p(i,k) = 1-exp(logq);           % 计算生日攻击概率
    end
end
h=plot(n,p(1,:),n,p(2,:),'--',n,p(3,:),'-.',n,p(4,:),':','LineWidth',1);
                                        % 绘制不同N的碰撞概率曲线
grid on;hold on;
xlabel('人数 n');ylabel('碰撞概率 p');
title('Hash 碰撞概率与 N、n 的关系图');
% 下面绘制参考线
axis([1,140,0,1.1]);
plot([50,50],[0,1.1],'r-.');            % 在 n=50 处绘制一条竖直参考线
plot([50,50,50,50],p(:,49),'ro');       % 绘制竖直参考线与各条碰撞概率曲线的交点
% 下面的语句完成数据信息在图中的标注
x = ones(1,4)* 78;
y = [1.03,0.95,0.5,0.28];
str = {'N=100','N=1000','N=5000','N=10000'};
text(x,y,str);
x = ones(1,4)* 51;
y = p(:,49)'-0.02;
str = {num2str(p(1,49)),num2str(p(2,49)), num2str(p(3,49)), num2str(p(4,49)),};
text(x,y,str);
```

程序运行结果见图3-2。注意,对照放球模型,N 相当于盒子数,n 相当于小球数。图3-2展示了不同 N、n 与 Hash 碰撞概率之间的关系,所画4条曲线从上到下分别对应 N 值为100,1 000,5 000 和 10 000。从图中可以看出,对于固定的人数 n,盒子数 N 越大,碰撞发生的概率越小(见图中所标注的概率值)。这表明增大 N 的取值,可以有效减小 Hash 碰撞发生的可能性。因此,密码学中,Hash 函数取值空间需要足够大,可显著减小生日攻击概率。

关于"增大 Hash 函数取值空间 N 可减小 Hash 碰撞概率"这一结论,可以从理论上分析如下:

碰撞概率为

$$p(N,n) = 1 - \frac{A_N^n}{N^n} = 1 - \frac{N(N-1)\cdots(N-n+1)}{N^n} \tag{3-7}$$

当 n 固定时,式(3-7)右边第二项的极限为

$$\lim_{N\to\infty} \frac{N(N-1)\cdots(N-n+1)}{N^n} = 1 \tag{3-8}$$

所以

$$\lim_{N\to\infty} p(N,n) = 0 \tag{3-9}$$

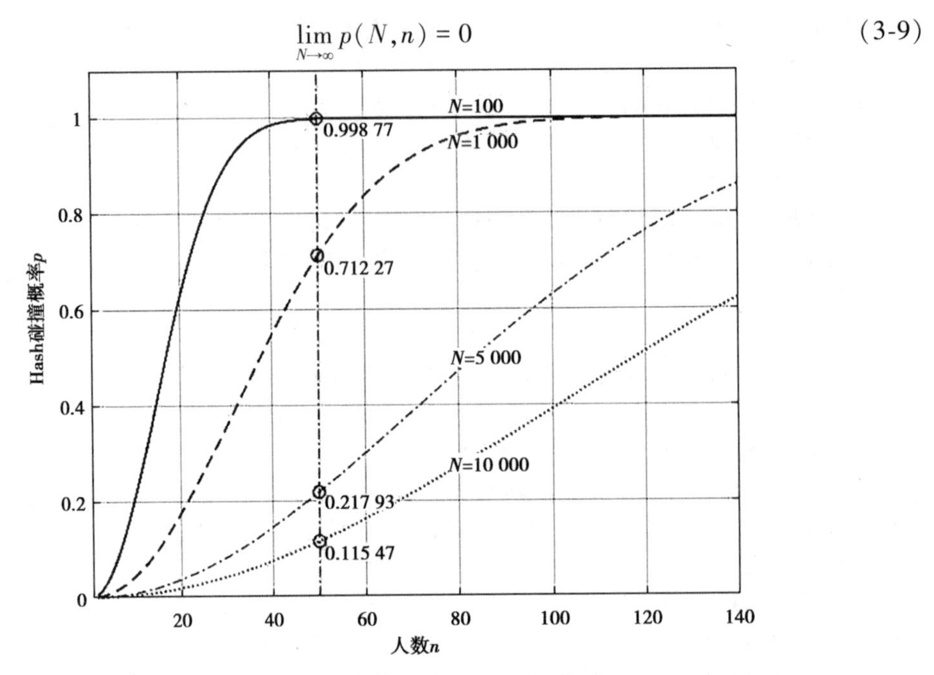

图 3-2　Hash 碰撞概率与参数 N、n 的关系

这表明,对于固定的待加密明文条数 n 而言,在参数 N 无限增加的过程中,Hash 碰撞概率不断减小,最终以 0 为极限。

3.2.3　课外研讨问题

①请比较采用不同方法(比如直接计算、作对数变换后计算等)计算生日碰撞概率[见式(3-3)]的优劣性。

②请通过模拟仿真,统计生日悖论中“与我生日同天”的人的频率(假定班级人数为 60 人)。

③请编程绘制“取定明文条数 n 的情况下,Hash 碰撞概率随 Hash 取值空间长度 N 的变化曲线图”。

3.3　三门问题的奥秘

3.3.1　问题背景

三门问题亦称为蒙提霍尔问题(Monty Hall problem)、蒙特霍问题或蒙提霍尔悖论,出自美国电视游戏节目 Let's Make a Deal,奖品是汽车和山羊。参赛者面前有 3 扇关闭的门,其中一扇门后有一辆汽车,另外两扇门后各藏着一只山羊。参赛者先选一扇门,但未去开启它的时候,知道门后情况的主持人开启了剩下两扇门的一扇,露出山羊,此时,主持人会询问参赛者要不要更换另一扇仍然关闭的门。那么问题来了:换另一扇门能否增加参赛者赢得汽车的概率?

凭直觉,当主持人揭示一扇藏有山羊的门后,摆在参赛者面前的两扇未开启的门后,一扇门后藏山羊,一扇门后藏汽车,貌似无论选哪扇门,获大奖的概率都是1/2,不会改变获大奖的概率,是这样吗?

3.3.2 建模与实验过程

1)数学建模分析

设 V 表示获得大奖(汽车)。

(1)在不换门的情况下,显然获大奖的概率为:$P(V)=1/3$。

(2)在换门的情况下,设 A 表示首次决策时选取了后面藏车的门;B 表示首次决策时选取了藏有羊 1 的门;C 表示首次决策时选取了藏有羊 2 的门;三门问题概率分支图如图 3-3 所示。

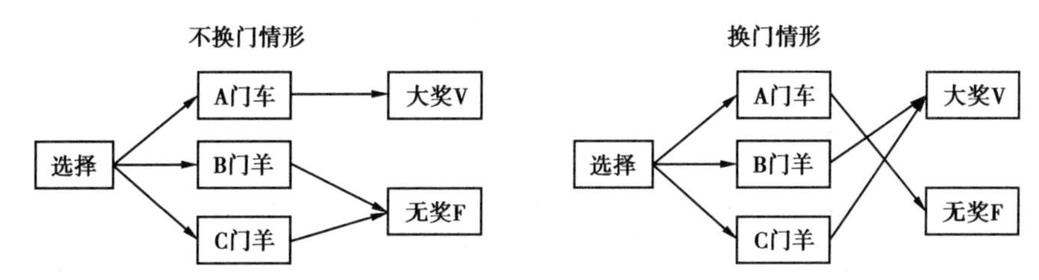

图 3-3　三门问题概率分支图

依题意,参赛者首次决策时选取这三个门的概率为

$$P(A)=P(B)=P(C)=\frac{1}{3} \tag{3-10}$$

当主持人揭示"未被选择的羊"后,参赛者决定"换门",则获大奖的概率为

$$P(V|A)=0, P(V|B)=1, P(V|C)=1 \tag{3-11}$$

于是,根据全概率公式得

$$P(V)=P(V|A)P(A)+P(V|B)P(B)+P(V|C)P(C)=0+\frac{1}{3}+\frac{1}{3}=\frac{2}{3} \tag{3-12}$$

上述讨论表明,不换门时,参赛者获大奖的概率为1/3,换门后获大奖的概率会变为2/3。也可以通俗地理解为,若换门,相当于占有了头次未选择的2/3的获胜概率;再换种说法,相当于另外两扇门后的获胜概率2/3都"浓缩"在一扇门中了。

2)仿真实验

根据游戏规则,仿真算法步骤如下:

①设定模拟实验总次数 N;不换门和换门两种情况下参与者获得汽车大奖的次数的初始值设为 $M_1=0$,$M_2=0$;实验第 1 次的初始值设为 $k=1$;

②模拟奖品的随机放置过程:用 1、2、3 分别表示汽车、羊 1、羊 2,随机排序后存储在 3 维数组 D 中;

③模拟参与者第一次随机选择过程:产生一个在 1、2、3 中均匀随机取值的随机数表示第一次选择的门号,记录该门号值;

④分两种情况统计主持人揭示未选门中的羊后,参与者再进行二次决策,判断是否获得大奖:

a. 不换门:读取参与者第一次所选门后的奖品内容,若为1(汽车),则 M_1 增加1;

b. 换门:读取参与者所选择的新门后的奖品内容,若为1(汽车),则 M_2 增加1(等价于换门情况下,只要首次所选门里是羊,则一定获得大奖);

⑤实验次数增加1;

⑥判断是否超过实验总次数的设定值 N,若是,则进入步骤⑦;若否,则进入步骤②;

⑦显示不换门时中大奖的频率值 M_1/N,换门时中大奖的频率值 M_2/N,程序结束。

仿真程序如下:

```
% 三门问题模拟仿真
clear;clc;
N=(1:100)'* 1000;
P=zeros(length(N),2);
for j=1:length(N)
    M1=0;
    M2=0;
    for k=1:N(j)
        D=randperm(3);
        select1 = randperm(3,1);
        if D(select1)==1     % 不换门,若首选门里是1(是车),则获大奖
            M1=M1+1;
        else                 % 换门时,若首选门里不是1(即不是羊),则一定获大奖!
            M2=M2+1;
        end
    end
    P(j,:)=[M1,M2]/N(j);
end
plot(N,P(:,1),'g.',N,P(:,2),'g.')
legend('不换门','换门');
axis([N(1),N(end),0.3,0.8]);
xlabel('实验次数');
ylabel('获大奖频率')
grid on
```

程序运行结果见图3-4。

从图3-4可以看出,不换门时获大奖的频率在1/3附近振荡,随着实验次数增多稳定于1/3;换门时获大奖的频率稳定在2/3附近。因此,从实验的角度验证了"换门后获大奖的概率变为2/3"的结论。

3.3.3 课外研讨问题

①请你通过仿真实验回答:54张牌,抽中大王算赢,参赛者选中一张后先不要看。

a. 主持人去除53张牌里的52张非大王的牌,问你拿手里的牌换剩余的一张牌,是否能

提高胜率？

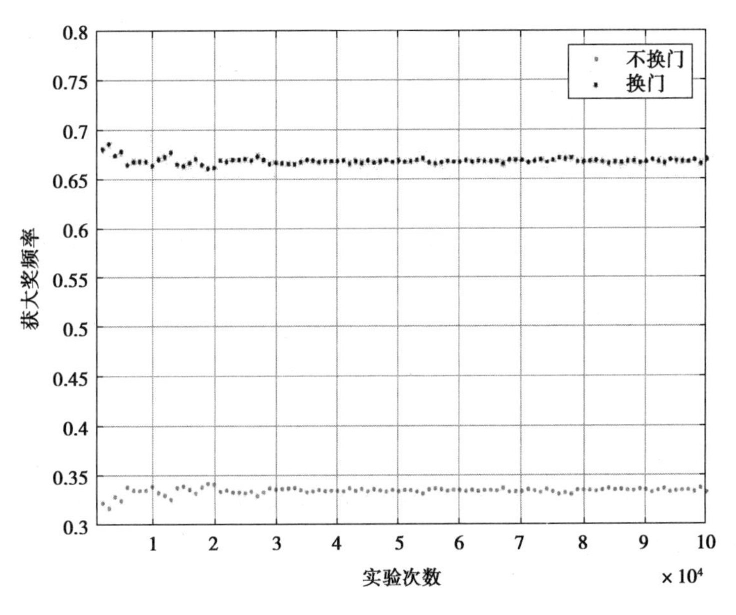

图 3-4　三门问题计算机仿真结果

b. 主持人去除 53 张牌里的 33 张非大王的牌，如果你可以在剩余的牌里重新抽一张，问能否提高胜率？

②设备维修故障定位问题：假设设备由 A、B、C 三个子系统组成。设备发生故障了，可能的原因是某个子系统有零部件失效，这三个子系统发生零部件失效的可能性相同，检修时需要尽快确定发生故障的子系统。修理工正打算从 A 系统开始检查，技术员迅速判读了 B、C 子系统的工作状态记录，判断出 B 系统肯定正常，那么修理工要不要换一下顺序，首先从 C 系统开始检查呢？请阐述你的理由。

3.4　概率指标应用案例三则

3.4.1　问题背景

现实生活中，很多问题可以用概率值作为分析评判的指标，这和以往用确定性指标的思想截然不同。本次实验通过三个以概率指标为建模目标的案例，带领大家共同体验概率指标的巧妙应用。

3.4.2　建模与实验过程

1）案例一：民间谚语“三个臭皮匠，顶个诸葛亮”背后的数学哲理

（1）问题阐述

中国文化博大精深，中国的谚语是几千年来民间集体创造、广为流传、言简意赅且较为定

型的艺术语句，是民众丰富智慧对普遍经验的规律总结，即便是用现代知识去衡量也是不乏科学性的。

请运用概率论相关知识，分析谚语“三个臭皮匠，顶个诸葛亮”背后的数学哲理。

（2）问题分析与模型假设

“臭皮匠”指的是智商（IQ）水平一般、问题解决能力一般的人。诸葛亮则是指智商较高、问题解决能力强的优秀人才。所以，可以从 IQ 值入手，以比例为工具把人解决问题的概率表示出来，并在此基础上探讨 3 个“臭皮匠”共同解决问题的概率、诸葛亮解决问题的概率，从而依概率指标给出评判。

网上查阅数据表明，一般人的 IQ 值为 85 ~ 115，均值为 100，聪明人的 IQ 值为 120 ~ 140。为使论证理由更加充分，在此不妨假定“臭皮匠”们的 IQ 值取下限 85；诸葛亮的 IQ 值取上限 140。

（3）建模与求解

对于一般的困难问题，假设以诸葛亮的 IQ 值能够解决的概率为 0.9，则可认为这类问题 100% 能被解决所需的 IQ 值为

$$\frac{140}{0.9} \approx 155.6 \tag{3-13}$$

那么，对于该类问题单个“臭皮匠”能够解决的概率为

$$p = \frac{85}{155.6} \approx 0.546 \tag{3-14}$$

不妨用 A_i 表示“第 i 个臭皮匠独立解决了该类问题”，$i=1,2,3$；以 B 表示“诸葛亮解决了该类问题”，则有

$$P(A_i) = 0.546, P(\overline{A_i}) = 0.454, i = 1,2,3$$
$$P(B) = 0.9$$

则 3 个臭皮匠解决了该类问题的概率为：

$$\begin{aligned} P(A_1 \cup A_2 \cup A_3) &= 1 - P(\overline{A_1 \cup A_2 \cup A_3}) \\ &= 1 - P(\overline{A_1}\ \overline{A_2}\ \overline{A_3}) \\ &= 1 - P(\overline{A_1})P(\overline{A_2})P(\overline{A_3}) \\ &\approx 0.906 \end{aligned} \tag{3-15}$$

可见

$$P(A_1 \cup A_2 \cup A_3) > P(B) \tag{3-16}$$

这充分表明，尽管 3 个“臭皮匠”单独解决该类问题的概率远不及诸葛亮高，但是他们共同做这件事，哪怕是不协同合作，成功的概率依然大于诸葛亮成功的概率。上述讨论从数学的量化分析角度充分论证了谚语“三个臭皮匠，顶个诸葛亮”的科学道理。

当然，根据我们的生活经验和概率知识可以肯定，若 3 个“臭皮匠”做这件事时进行有效协同合作，那么他们做成这件事的概率将更大。关于这一点，同学们可以接着研讨一下，能不能进一步给出数学论证呢？

2）案例二：抓阄问题

（1）问题阐述1

一项耐力比赛胜出的10人中有1人可以获得一次旅游的机会，组织者决定以抓阄的方式分配这一名额。采取一组10人抓阄，10张阄中只有一张写“有”，每个人都想争取到这次机会，你希望自己是第几个抓阄者呢？有人说要先抓，否则写有“有”的阄被别人抓到，自己就没有机会了；有人说不急于先抓，让先抓的人把空白阄先排除一下，自己后抓，岂不是抓到“有”的概率大一些。到底哪种想法抓到“有”的概率更大呢？

（2）建模分析

为了统一认识，用概率的方法构造一个摸球模型来说明问题。

摸球模型：袋中装有1个红球和9个黄球，除颜色不同外，球的大小、形状、质量都相同。现在10人依次摸球（不放回），求红球被第 k 个人摸到的概率（$k=1,2,\cdots,10$）。

解决问题：设 A_k 表示“第 k 个人摸到红球”，$k=1,2,\cdots,10$。显然，红球被第一个人摸到的概率为

$$P(A_1)=\frac{1}{10}$$

因为 $A_2\subseteq\overline{A_1}$，于是红球被第二个人摸到的概率为

$$P(A_2)=P(\overline{A_1}A_2)=P(\overline{A_1})P(A_2|\overline{A_1})=\frac{9}{10}\times\frac{1}{9}=\frac{1}{10}$$

同样，由 $A_3\subseteq\overline{A_1}\,\overline{A_2}$ 知，红球被第三个人摸到的概率为

$$P(A_3)=P(\overline{A_1}\,\overline{A_2}A_3)=P(\overline{A_1})P(\overline{A_2}|\overline{A_1})P(A_3|\overline{A_1}\,\overline{A_2})=\frac{9}{10}\times\frac{8}{9}\times\frac{1}{8}=\frac{1}{10}$$

如此继续，类似可得

$$P(A_4)=P(A_5)=\cdots\cdots=P(A_{10})=\frac{1}{10}$$

由此可见，其结果与 k 无关，表明10个人无论摸球顺序如何，每个人摸到红球的机会相等。这也说明，10个人抓阄，只要每个人在抓之前不知道他前边那些已经抓完的结果，无论先后，抓到的概率是均等的。

（3）模型推广

在现实生活中单位分房、学生分班、短缺物资分配等，常常用抓阄的办法来解决，其合理性保证当然得归功于“概率”。通过上面的摸球模型，我们总结出分配中的“抓阄”问题，无论先抓后抓，结果是一样的。所以，在抓阄决胜负的场合中，我们大可不必为抓阄顺序而纠结。

3）案例三：一种非常迷惑游客的赌博游戏

（1）问题阐述

在一个游客很多的旅游胜地发现了一类游戏，形式是这样的：摊主拿着一个装有20个同样大小的玻璃球的小袋，玻璃球共有红、黄、蓝、白、黑5种颜色，每种颜色均为4个球。游客从袋中任意摸出10个球，如摸到红球4个、黄球4个、白球2个，则数字排列为442（数字大者排前，小者排后），以摸到各种球组成的数字串定输赢，其规定游戏输赢方案见表3-2，其中“+”表示游客赢，“-”表示游客输。如摸到球色数字排列为442，则游客赢10元。表面上看表

中 12 种情形中只有 2 种情形游客输钱,其余 10 种情形游客赢钱,似乎游客赢钱的可能性大。也正是如此,很能吸引过往的旅客参与。最后结果如何?假设每天有 100 人参与游戏。

表 3-2　游戏输赢方案设置

中奖方案序号	1	2	3	4	5	6	7	8	9	10	11	12
不同球色数字排列	4 4 2	4 3 3	4 4 1 1	4 2 2 2	4 3 1 1 1	3 3 3 1	2 2 2 2 2	4 3 2 1	4 2 2 1 1	3 3 2 2	3 3 2 1 1	3 2 2 2 1
输赢金额/元	+10	+5	+5	+2	+2	+2	+1	+1	+0. 5	+0. 5	−2	−2. 5

(2)建模分析

用 $P(x_i)$ 表示摸到某球色数字排列 x_i 的概率。由古典概率公式可得表 3-3(可能取法总数 $C_{20}^{10}=184\ 756$)。

表 3-3　各种游戏方案概率计算

球色数字排列种类	组合种数	概率 $P(x_i)$	输赢金额/元
$x_1(442)$	$C_5^2C_4^4C_4^4C_3^1C_4^2=180$	0. 001 0	+10
$x_2(433)$	$C_5^1C_4^4C_4^2C_4^3C_4^3=480$	0. 002 6	+5
$x_3(4411)$	$C_5^2C_4^4C_4^4C_3^2C_4^1C_4^1=480$	0. 002 6	+5
$x_4(4222)$	$C_5^1C_4^4C_4^3C_4^2C_4^2C_4^2=4\ 320$	0. 023 4	+2
$x_5(43111)$	$C_5^1C_4^4C_4^1C_4^3C_4^1C_4^1C_4^1=5\ 120$	0. 027 7	+2
$x_6(3331)$	$C_5^3C_4^3C_4^3C_4^3C_2^1C_4^1=5\ 120$	0. 027 7	+2
$x_7(22222)$	$C_4^2C_4^2C_4^2C_4^2C_4^2=7\ 776$	0. 042 1	+1
$x_8(4321)$	$C_5^1C_4^4C_4^1C_4^3C_3^1C_4^2C_2^1C_4^1=11\ 520$	0. 062 4	+1
$x_9(42211)$	$C_5^1C_4^4C_4^2C_4^2C_4^2C_4^1C_4^1=17\ 280$	0. 093 5	+0. 5
$x_{10}(3322)$	$C_5^2C_4^3C_4^3C_3^2C_4^2C_4^2=17\ 280$	0. 093 5	+0. 5
$x_{11}(33211)$	$C_5^2C_4^3C_4^3C_3^1C_4^2C_4^1C_4^1=46\ 080$	0. 249 4	−2
$x_{12}(32221)$	$C_5^1C_4^3C_4^3C_4^2C_4^2C_4^2C_4^1=69\ 120$	0. 374 1	−2. 5

由上述计算结果可得,游客赢钱概率为

$$\sum_{i=1}^{10} p(x_i) = 0.376\ 5 \tag{3-17}$$

游客输钱概率为

$$p(x_{11})+p(x_{12})=0.6235$$

所以,当参与摸球游戏的游客很多时,摊主赢钱几乎是必然的。

设随机变量 X 为游客每参与一次输赢的金额,则其数学期望为

$$E(X)=10\times0.001+5\times2\times0.0026+2\times(0.0234+2\times0.0277)+1\times(0.0421+0.0624)+0.5\times2\times0.0935-2\times0.2494-2.5\times0.3741=-1.04$$

这表明,从整体上看游客每参与一次平均输 1.04 元。如果每天有 100 人参与,则摊主每天平均进账 104 元。

3.4.3 课外研讨问题

①接着研讨“三个臭皮匠,顶个诸葛亮”背后的数学哲理:若 3 个“臭皮匠”做一件事时进行有效协同合作,那么他们做成这件事的概率将比各自独立做时更大。关于这一点,请同学们合理设定假设并进一步给出数学论证。

②孔子云:“三人行,必有我师焉。”请通过所学知识分析其数学原理。

③坊间酒桌文化中有一种双人划拳游戏,两人同时伸出一只手,用伸出手指的根数表示拳值,拳值是 0~5 中的整数,两人拳值和是 0~10 中的整数。出拳的同时两人口中各叫出一个 0~10 之间的整数,若两人拳值和仅与其中一人所叫数字相同,则算该人赢拳,否则属于输赢未定。有人认为划拳过程中叫 5 时赢拳的概率最大,请你分析一下这种观点对吗?最好能给出叫各个数时赢拳的概率(可以通过理论分析法或者仿真实验法来研究这个问题)。

3.5 论“赌徒心理”之谬误

3.5.1 问题背景

有一个赌徒在赌大小,他一直押“大”,可是台上连续出了 10 把“小”,让他输了很多钱。赌徒认为,前面出了那么多把“小”,再出“小”的可能性非常小了,他的运气应该下一把就到,他想把全部身家押“大”,赌一把翻本。这就是赌徒心理。

当然,很多人的直觉也是这样的:连续 11 把出“小”的概率应该是极低的,所以,前 10 把已经全出“小”了,那么第 11 把出“小”的概率就应该很小,出“大”的概率应该变大,赌徒的直觉似乎是有道理的。这种想法对吗?本次实验我们将根据所学知识来分析。

3.5.2 建模与实验过程

1)建模分析

由概率论知识可知,在伯努利实验(独立重复实验)中,实验首次成功时,所经历的实验次数这一随机变量服从几何分布。赌徒赌大小的过程实质上是伯努利实验过程,赌徒首次押中

"大"时,所经历的实验次数这个随机变量就是一个典型的几何分布。

若以 p 表示每次实验时事件成功的概率,以 X 表示实验首次成功时所经历的实验次数,则 X 服从以 p 为参数的几何分布,记作 $X \sim \mathrm{Geo}(p)$,分布律为

$$P\{X = k\} = pq^{k-1}, \quad (k = 1,2,\cdots; \quad q = 1 - p) \tag{3-18}$$

几何分布有一个特别的性质——无记忆性,其含义是对于任意正整数 m,n,有

$$P\{X = m + n \mid X > m\} = P\{X = n\} \tag{3-19}$$

证明如下:由条件概率公式可得

$$P\{X = m + n \mid X > m\} = \frac{P\{X = m + n, X > m\}}{P\{X > m\}} = \frac{P\{X = m + n\}}{P\{X > m\}} \tag{3-20}$$

由式(3-18)得

$$P\{X = m + n\} = pq^{m+n-1} \tag{3-21}$$

又因为

$$P\{X > m\} = \sum_{i=m+1}^{\infty} P\{X = i\} = \sum_{i=m+1}^{\infty} pq^{i-1} = \frac{pq^{m}}{1 - q} = q^{m} \tag{3-22}$$

将式(3-21)、式(3-22)代入式(3-20)右端,得

$$P\{X = m + n \mid X > m\} = pq^{n-1} \tag{3-23}$$

将式(3-23)右侧与式(3-18)对比,可得式(3-19),得证。

式(3-19)刻画了几何分布的无记忆性,它表明,独立重复实验中,在已知实验次数超过 m(m 为正整数)次的条件下,不管已经实验过多少次,实验还需要进行 n 次才能首次成功的概率,和实验从一开始计数到第 n 次时出现首次成功的概率,是相等的。

这样一来,在赌大小的过程中,在"出了 10 把'小'的条件下,下一把出'大'"的概率,和"第一把就出'大'"的概率完全一样,赌博进程本身并不会因前面连续多次出"小"而增大下次出"大"的概率。也可简单地理解为,下一次的实验结果与历史状态无关。

2)实验验证

一般而言,随机变量的"无记忆性"可以阐述如下:设 X 为随机变量,若对于 $\forall s,t \geqslant 0$,有

$$P\{X > s + t \mid X > t\} = P\{X > s\} \tag{3-24}$$

则称随机变量 X 具有无记忆性。

根据条件概率公式,无记忆性质的等价条件是

$$P\{X > s + t\} = P\{X > s\}P\{X > t\} \tag{3-25}$$

如果 X 的分布函数为 $F(x)$,那么无记忆性的等价条件还可表达为

$$1 - F(s + t) = [1 - F(s)][1 - F(t)] \tag{3-26}$$

式(3-26)是判定随机变量是否具备无记忆性的判别式。

构建验证实验前,有一点注意需要说明:在 MATLAB 中,几何分布的分布律定义为

$$y = f(x \mid p) = p(1 - p)^{x}; x = 0,1,2,\cdots \tag{3-27}$$

式(3-27)规定几何分布随机变量的取值从 0 开始取非负整数,这和我们用的教材中的分布律[见式(3-18)]表达形式略有不同(但实质相同)。因此,在调用 MATLAB 中与几何分布有关的函数时需要注意上述不同点,必要时请查阅相关函数的帮助文档并准确把握。

MATLAB 中可调用函数 geopdf( )要计算式(3-27)的分布律,其用法如下

```
y = geopdf(x,p)
```

该函数返回式(3-27)所定义的几何分布律在 x 处的概率值,p 为几何分布的参数。

例如,若需要按式(3-18)计算参数为 0.4 的几何分布在 $k=5$ 处的概率值,调用 MATLAB 函数 geopdf( ),命令语句应该写成:

```
y = geopdf(4,0.4);
```

下面我们调用 MATLAB 中几何分布的分布函数,通过式(3-26)验证几何分布的无记忆性。验证方案是:任意给定实数 s 和 t,调用 MATLAB 函数 geocdf( )分别计算式(3-26)左右两侧的表达式值,看二者是否相等。

```
% 利用式(3-26)验证参数为 p 的几何分布的无记忆性
format short g;
p=0.4;
s=4;  t=5;                                  % s 和 t 的值可任取正数值,也可在 MATLAB 实
                                              时脚本中设为滑杆变量
left=1-geocdf(s+t-1,p)                      % 计算式(3-26)的左边值
right=(1-geocdf(s-1,p))* (1-geocdf(t-1,p))  % 计算式(3-26)的右边值
```

请同学们动手实验这段程序,观察运行结果。

上述实验程序的运行结果表明,对于几何分布而言,式(3-26)成立,从而验证了几何分布的无记忆性。

本节在几何分布模型的基础上,利用几何分布的无记忆性就充分驳倒了赌徒的直觉,即赌徒心理是完全错误的。赌徒应该及时抽身止损,保住最后一点身家,这才是明智之举。赌徒在赌博过程中,首次押中之前输的钱,在经济学中叫“沉没成本”,它是指以往发生的,但与当前决策无关的成本。在当前状态下,对“沉没成本”过分眷恋,继续原来的错误,只会造成更大的亏损。

3.5.3 课外讨论与实验题

①请动手实践一下,如何正确调用 MATLAB 中几何分布的相关函数:

a. 几何分布的分布函数 geocdf( );

b. 几何分布的逆累积概率函数 geoinv( );

c. 几何分布的随机数函数 geornd( )。

②等远方开来的城际大巴车,正常情况下 20 min 一趟,你等了 30 多分钟了还没来一趟,你是否会认为继续等下去,大巴车即将到来的概率会大大增加? 请给出你的建模分析。

③守株待兔可行吗? 张三在树下等兔子撞上木桩等了 3 天了,在第 4 天时,李四觉得这事靠谱,也去了,此时他们俩等到兔子的概率一样吗? 请给出你的建模分析。

3.6 贝叶斯公式应用案例二则

3.6.1 问题背景

贝叶斯方法在科学研究和生活实际中有着比较广泛的用途,本节实验以两个实际问题为抓手,展示贝叶斯公式的典型应用。

3.6.2 建模与实验过程

1)伊索寓言《狼来了》背后的数学哲理

(1)问题阐述

伊索寓言《狼来了》讲的是一个小孩每天到山上放羊,山里经常有狼出没。第一天,他在山上喊"狼来了! 狼来了!"山下的村民闻声去打狼,可人们到了山上发现狼没有来;第二天仍是如此;第三天,狼真的来了,可无论小孩怎么喊,也没有人来救他,因为前两次他说了谎,人们不再相信他了。

试从概率论角度分析此寓言中村民对这个小孩的信任程度是如何下降的。

(2)建模分析

记事件 $A=\{小孩说谎\}$,事件 $B=\{小孩可信\}$。在此,不妨设村民过去对这个小孩的信任程度印象为

$$P(B)=0.8, P(\overline{B})=0.2$$

用贝叶斯公式来求 $P(B|A)$,即小孩第一次说谎后村民对他的信任程度的改变。在此,不妨假设

$$P(A|B)=0.1, P(A|\overline{B})=0.5$$

村民第一次上山打狼,发现狼没来,即小孩说了谎,村民根据这一信息,这个小孩的可信程度改变为(贝叶斯公式)

$$\begin{aligned}P(B|A)&=\frac{P(B)P(A|B)}{P(B)P(A|B)+P(\overline{B})P(A|\overline{B})}\\&=\frac{0.8\times0.1}{0.8\times0.1+0.2\times0.5}\\&=0.444\end{aligned}$$

这表明,村民上了一次当后,对这个小孩的信任程度由原来的 0.8 降为 0.444,也就是说

$$P(B)=0.444, P(\overline{B})=0.556$$

再用贝叶斯公式来求 $P(B|A)$,亦即小孩第二次说谎后村民对他的信任程度的改变

$$P(B|A)=\frac{P(B)P(A|B)}{P(B)P(A|B)+P(\overline{B})P(A|\overline{B})}$$

$$= \frac{0.444 \times 0.1}{0.444 \times 0.1 + 0.556 \times 0.5}$$
$$= 0.138$$

这表明,村民经过两次上当后,对这个小孩的信任程度已经由原来的 0.8 下降到了 0.138。如此低的可信度,村民们听到第三次呼救时怎么会再上山打狼呢?正如俗语常说,“有再一再二,没再三再四”,就是这个道理。

2)基于贝叶斯方法的肝癌诊断方案

(1)问题阐述

某地区肝癌的发病率为0.000 4,先用甲胎蛋白法进行普查。医学研究表明,化验结果不可避免存在错误。已知患肝癌的人化验结果 99% 呈阳性,而未患肝癌的人化验结果 99.9% 呈阴性。现某人的化验结果呈阳性,问他患肝癌的概率是多少?

(2)模型分析

记 B 为事件“被检查者患肝癌”,A 为事件“化验结果为阳性”,由题设可知

$$P(B) = 0.000\,4 \quad P(\overline{B}) = 0.999\,6$$
$$P(A|B) = 0.99 \quad P(A|\overline{B}) = 0.001$$

我们现在的目的是求 $P(B|A)$,由贝叶斯公式得

$$P(B|A) = \frac{P(B)P(A|B)}{P(B)P(A|B) + P(\overline{B})P(A|\overline{B})}$$
$$= \frac{0.000\,4 \times 0.99}{0.000\,4 \times 0.99 + 0.999\,6 \times 0.001}$$
$$\approx 0.284$$

这表明,化验结果呈阳性的人患肝癌的概率不到30%,这个结果可能会使人吃惊,但仔细分析一下就可以理解了。因为肝癌发病率很低,在 10 000 人中约有 4 人患病,而约有 9 996 人健康。对10 000 人用甲胎蛋白法进行检查,按错检的概率可知,9 996 个健康者中有 $9\,996 \times 0.001 = 9.996$ 个人化验结果呈阳性,另外 4 个真患肝癌者的检查报告中有 $4 \times 0.99 = 3.96$ 个人化验结果呈阳性,仅从这 13.956 个化验呈阳性者来看,真正患肝癌的 3.96 人约占 28.4%,这表明仅通过 1 次甲胎蛋白检查是难以确诊的。

那么怎样提高诊断准确率呢?

方案一是进一步降低错检的概率,但在实际中由于技术和操作等种种原因,降低错检概率通常是比较困难的。方案二是先用一些简单易行的辅助方法进行初检,排除大量明显不是肝癌的人后,再用甲胎蛋白法对怀疑对象进行复检,此时怀疑对象群体中,肝癌的发病率已大大提高了。譬如,对首次检验呈阳性的人群再次进行复查,此时

$$P(B) = 0.284, P(\overline{B}) = 0.716, P(A|B) = 0.99, P(A|\overline{B}) = 0.001$$

这时再用贝叶斯公式计算得

$$P(B|A) = \frac{0.284 \times 0.99}{0.284 \times 0.99 + 0.716 \times 0.001} = 0.997$$

这样甲胎蛋白法的诊断准确率就大大提高了。在这个例子中,若将事件 B(“被检查者患肝癌”)看作“原因”,将事件 A(“化验结果呈阳性”)看作“结果”,则贝叶斯公式起到的作用

是,在已知"结果"的条件下,求出了"原因"的概率 $P(B|A)$。

此例是现实生活中很常见的一个例子,用了两次贝叶斯公式,第一次利用贝叶斯公式计算出检测结果呈阳性者患肝癌的概率,以此为基础,继续用贝叶斯公式计算出复检后的诊断准确率,使甲胎蛋白法诊断准确率大大提高。

条件概率的三公式中,乘法公式是求积事件的概率,全概率公式是求一个复杂事件的概率,而贝叶斯是求一个条件概率。在贝叶斯公式中,$P(B_i)$ 为在以往实验观察中得出的事件 B_i 的概率,称为先验概率;而条件概率 $P(B_i|A)$ 则是在已知事件 A 发生条件下关于事件 B_i 的概率,称为后验概率。贝叶斯公式专门用于计算后验概率,也就是通过 A 的发生这个新信息来对 B_i 的概率作出修正。

3.6.3 课外研讨问题

一天深夜,某小镇发生一起出租车肇事逃逸案件,假设该镇只有两家出租车公司,它们分别是红色出租车公司和绿色出租车公司,且分别有出租车 15 辆和 75 辆,目击者称看到的肇事出租车是红色车。经过侦查得知,在案发情景下,目击者看清出租车颜色的概率是 0.8。请通过数学方法,分析哪家出租车公司涉案的可能性更大。

3.7 超几何分布概率计算问题实验

3.7.1 问题背景

在很多概率计算问题中,排列组合数往往是计算中的一个要点,当数值较大时,甚至是一个难点,往往得设法构造特定算法实现计算。下面,以超几何分布概率计算为背景问题展开本次实验。

在 1 500 件产品中有 400 件次品,1 100 件正品,任取 200 件,求:

①恰有 90 件次品的概率 p_1 的近似值;

②至少有两件次品的概率 p_2 的近似值。

请以本问题为抓手,学习基于 MATLAB 函数的古典概型计算方法,研究数据较大时超几何分布概率的可行计算方法。

3.7.2 建模与实验过程

1)分析建模

上面所提是一个古典概型的概率问题,用到超几何分布模型。超几何分布的模型如下:

箱子中共有 N 只乒乓球,其中有 M 只黄球,$N-M$ 只白球。现从中任取 n 只($n \leqslant N$),其中所取到的黄球数记为 X,则 X 服从超几何分布,记作 $X \sim H(k;\ N,\ M,\ n)$,分布律公式为

$$P\{X=k\}=\frac{C_M^k C_{N-M}^{n-k}}{C_N^n} \triangleq H(k;N,M,n) \tag{3-28}$$

这里需要花点时间讨论式(3-28)中 k(取到的 n 只球中所含黄球数量)的允许取值:

①k 的最大可能取值:当所取球数 n 不超过箱子中黄球数 M(即 $n \leqslant M$)时,所取出球中包含黄球数 k 最多为 n 只;当所取球数 n 大于箱子中黄球数 M(即 $n>M$)时,所取出的球中最多包含 M 只黄球。综上所述,黄球数 k 的最大允许取值可表述为 $\min\{n, M\}$。

②k 的最小允许取值:当取到的白球尽可能多时,黄球数就最少,因此,若箱中白球数 $N-M$ 大于所取球数 n[此时 $n-(N-M)$ 为负数],则 n 只球全为白球时黄球最少,即 k 的最小取值为 0;若白球数 $N-M$ 小于所取球数 n[此时 $n-(N-M)$ 为正数],当 $N-M$ 只白球全取到后,还需取 $n-(N-M)$ 只黄球,此时黄球数最少。综上所述,黄球数的最小可能取值应该表达为 $\max\{0, n-(N-M)\}$。

综上所述,超几何分布律公式[式(3-28)]中参数的允许取值情况为 $k=d_0, d_0+1, \cdots, \min\{n, M\}$;$d_0=\max\{0, n-(N-M)\}$,$n$, M, N 均为非负整数,且 $0 \leqslant M \leqslant N, 0 \leqslant n \leqslant N$。

下面利用超几何分布模型[式(3-28)]解答前面提出的问题:

$$p_1 = P\{X=90\} = \frac{C_{400}^{90} C_{1100}^{110}}{C_{1500}^{200}} \tag{3-29}$$

$$p_2 = P\{X=0\} + P\{X=1\} = \frac{C_{400}^{0} C_{1100}^{200} + C_{400}^{1} C_{1100}^{199}}{C_{1500}^{200}} \tag{3-30}$$

本问题的模型建立起来了,请同学们先不要看后面的内容,独立思考,用你能想到的办法(比如直接调用 MATLAB 的组合数函数)试算一下,式(3-29)、式(3-30)的概率值究竟是多少?

2)模型求解

古典概型计算的难点往往在于样本空间和相关事件中的样本点如何计数。通常用乘法原理、加法原理、排列组合公式来实现计数。MATLAB 软件中几个常用的与计数有关的函数简单介绍如下:

①求多个数据的连乘积,方法如下:

```
prod(A)              % 对矩阵 A 的各列求积
prod(A, dim)         % dim=1(默认)按列求元素积,dim=2 按行元素求积
```

②求正整数 n 的阶乘,方法如下:

```
方法一:factorial(n)
方法二:prod(1:n)     % 求数组 1:n 中所有数据的连乘积,即 n!
方法三:gamma(n+1)    % 利用 Γ 函数求阶乘
```

注意,Γ 函数的定义为:$\Gamma(s)=\int_0^{+\infty} x^{s-1} \mathrm{e}^{-x} \mathrm{d}x, (s>0)$,性质:$\Gamma(n+1)=n!$。

③求正整数的双阶乘,方法如下:

```
prod(1:2:2* n-1)     % 求(2n-1)!!
prod(2:2:2* n)       % 求(2n)!!
```

④列举组合并求组合数,方法如下:

```
nchoosek(n, m)       % 从 n 个元素中取 m 个元素的所有组合数。
nchoosek(x, m)       % 列出从向量 x 中取 m 个元素的所有组合。
```

⑤求排列及排列数,方法如下:

```
perms(x)                    % 给出向量 x 的所有排列(permutation)。
prod(n:m)                   % 求排列数 m×(m-1)×(m-2)×…×(n+1)×n,n, m 均为正整数且 n<m。
```

(1)直接基于 MATLAB 函数进行模型解算

MATLAB 中计算组合数的函数为 nchoosek(n, m),请同学用该函数计算上述概率,观察计算结果,分析结果及原因。

参考代码如下:

```
p1 =nchoosek(400,90)* nchoosek(1100,110)/nchoosek(1500,200)
p2 =1-((nchoosek(400,0)* nchoosek(1100,200)
+nchoosek(400,1)* nchoosek(1100,199))/nchoosek(1500,200))
```

计算结果如图 3-5 所示(此处计算环境为 Win10+Matlab2018a):

```
p1=nchoosek(400,90)*nchoosek(1100,110)/nchoosek(1500,200)

警告: 结果可能不精确。系数大于 9.007199e+15 且仅精确至第 15 位
警告: 结果可能不精确。系数大于 9.007199e+15 且仅精确至第 15 位
警告: 结果可能不精确。系数大于 9.007199e+15 且仅精确至第 15 位
p1 =      8.23407492826225e-10

P2=1-((nchoosek(400,0)*nchoosek(1100,200)+nchoosek(400,1)*nchoosek(1100,199))/nchoosek(1500,200))

警告: 结果可能不精确。系数大于 9.007199e+15 且仅精确至第 15 位
警告: 结果可能不精确。系数大于 9.007199e+15 且仅精确至第 15 位
警告: 结果可能不精确。系数大于 9.007199e+15 且仅精确至第 15 位
P2 =      1
```

图 3-5　直接利用 nchoosek 函数计算的结果

从结果可以看出,MATLAB 给出带有精度警告的概率计算结果,因此这种方法的计算结果可信度低。分析原因,是由于数据过大,超出计算机表示范围,从而产生过大的截断误差。

MATLAB 概率统计工具箱中的超几何分布律函数 hygepdf( )也可以直接用来计算概率,该函数不是直接调用 nchoosek( )函数及阶乘运算函数计算的,而是采用对数变换等方法成功避免了大数的乘积溢出问题。这个函数的调用格式如下:

```
p = hygepdf(k, N, M, n)
```

对于本问题而言,其中输入参数的含义是:N 为口袋中的乒乓球总数;M 为其中黄球总数;n 表示取出来的球数;k 表示取出来的球中黄球的数量(即随机变量 X 的取值为 k);返回值 p 表示超几何分布的分布律值,即 $P\{X=k\}$ 的值。

请同学们自行实践 MATLAB 工具箱函数 hygepdf( )的用法。

(2)超几何分布的自建算法

在工程技术的应用环节中,还需要有不依赖 MATLAB 函数的算法进行超几何分布计算。这里带领大家一起研究并实践超几何分布律的自建算法。

由分析超几何分布律的式(3-28),得到如下递推公式,这是后面构造算法的关键步骤。

$$H(k;N,M,n)=H(k-1;N,M,n)\cdot\frac{(M-k+1)(n-k+1)}{k(N-M-n+k)} \tag{3-31}$$

证明:欲证明式(3-31),只需证明

$$\frac{H(k;N,M,n)}{H(k-1;N,M,n)}=\frac{(M-k+1)(n-k+1)}{k(N-M-n+k)}$$

即需证明

$$\frac{C_M^k C_{N-M}^{n-k}}{C_M^{k-1} C_{N-M}^{n-k+1}} = \frac{(M-k+1)(n-k+1)}{k(N-M-n+k)} \tag{3-32}$$

因为

$$C_M^k C_{N-M}^{n-k} = \frac{M(M-1)\cdots(M-k+1)}{k!} \cdot \frac{(N-M)(N-M-1)\cdots[N-M-n+k+1]}{(n-k)!}$$

$$C_M^{k-1} C_{N-M}^{n-k+1} = \frac{M(M-1)\cdots(M-k+2)}{(k-1)!} \cdot \frac{(N-M)(N-M-1)\cdots[N-M-n+k]}{(n-k+1)!}$$

上面两式做商并化简即得式(3-32),因此式(3-31)得证。

由递推公式[式(3-31)]最终可计算得到 $H(k;N,M,n)$,但其关键在于计算初值 $H(d_0;N,M,n)$。超几何分布模型中,$d_0=\max\{0,n-(N-M)\}$,可知 d_0 的取值有两种可能,据此分别讨论如下。

①当 $d_0=0$ 时:

$$H(0;N,M,n)=\frac{C_{N-M}^n}{C_N^n}=\frac{(N-M)(N-M-1)\cdots[N-M-n+1]}{N(N-1)\cdots(N-n+1)}$$

左右两边取自然对数得:

$$\ln H = \sum_{k=N-M-n+1}^{N-M} \ln k - \sum_{k=N-n+1}^{N} \ln k \tag{3-33}$$

然后,式(3-33)两端同时取以 e 为底的指数运算便可算得 $H(0;N,M,n)$。

②当 $d_0=n-(N-M)$ 时,$N-M=n-d_0$,则有

$$H(d_0;N,M,n)=\frac{C_M^{d_0} C_{N-M}^{n-d_0}}{C_N^n}=\frac{C_M^{d_0} C_{n-d_0}^{n-d_0}}{C_N^n}=\frac{C_M^{d_0}}{C_N^n}$$

$$=\frac{M(M-1)\cdots(M-d_0+1)}{d_0!} \cdot \frac{n!}{N(N-1)\cdots(N-n+1)}$$

左右两侧取对数得:

$$\ln H = \sum_{k=M-d_0+1}^{M} \ln k + \sum_{k=1}^{n} \ln k - \sum_{k=1}^{d_0} \ln k - \sum_{k=N-n+1}^{N} \ln k \tag{3-34}$$

然后,式(3-35)两端同时取以 e 为底的指数运算便可算得 $H(d_0;N,M,n)$。

根据上述分析,可以首先计算式(3-33)或式(3-34),得到递推公式初值 $H(d_0;N,M,n)$,然后通过递推公式[式(3-31)]计算超几何分布的概率 $H(k;N,M,n)$。具体算法步骤如下:

step 1:给定参数 N,M,n,X

step 2:$d_0=\max\{0,n-(N-M)\}$;

step 3:若 $d_0=0$,则由式(3-33)计算 $\ln H$;若 $d_0=n-(N-M)$,则由式(3-34)计算 $\ln H$;

step 4:计算 $H(d_0;N,M,n)$;

step 5:依次令 $k=d_0+1,d_0+2,\cdots,X$,利用式(3-32)递推计算 $H(k;N,M,n)$;

根据上述算法步骤,编写 MATLAB 代码实现:

```
function Hpdf = myhygepdf(N,M,n)
% 函数功能:返回超几何分布的分布律表格;
% 调用格式:Hpdf = myhygepdf(N,M,n)
% 输入参数:N——产品总数;
```

```
%           M——其中含有次品数;
%           n——任取产品数量;
% 返 回 值:第一列为所取含有次品数,第二列为概率。
% 计算初值

d = max(0, n+M-N);
if d == 0
    logHd0 = sum(log((N-M-n+1):(N-M))) - sum(log((N-n+1):N));
    Hd0 = exp(logHd0);
else
    s1 = sum(log((M-d+1):M));
    s2 = sum(log(1:n));
    s3 = sum(log(1:d));
    s4 = sum(log((N-n+1):N));
    logHd0 = s1 + s2 + s3 + s4;
    Hd0 = exp(logHd0);
end
% 存储初值,然后开始递推计算超几何分布律
X = d:min(n,M);
Hpdf = ones(length(X),2);
Hpdf(:,1) = X';
Hpdf(1,2) = Hd0;
for k=2:length(X)
    H = Hpdf(k-1,2);
    % 本递推公式算法计算的概率如下:
    Hpdf(k,2) = H*(M-X(k)+1)*(n-X(k)+1)/(X(k)*(N-M-n+X(k)));
end
```

将上述自定义函数与 MATLAB 工具箱函数 hygepdf( )调用结果做对比,输入下述指令:

```
N=1500; M=400; n=200;
Hygepdf = myhygepdf(N,M,n);
Hygepdf(:,3) = hygepdf(Hygepdf(:,1),N,M,n)
```

执行代码观察得知,运算速度很快。表 3-4 列出了部分计算结果。

表 3-4 递推公式法与 hygepdf 函数计算结果对比(部分数据)

任取 200 件中所含次品数	递推公式计算的概率	MATLAB 工具箱 hygepdf( )函数计算的概率
0	$5.19591609156395\times10^{-30}$	$5.19591609156240\times10^{-30}$
10	$2.94703673236411\times10^{-17}$	$2.94703673236316\times10^{-17}$
20	$3.71110747886094\times10^{-10}$	$3.71110747885991\times10^{-10}$
30	$1.13864027486453\times10^{-5}$	$1.13864027486419\times10^{-5}$
40	0.00472116912350925	0.00472116912350779

续表

任取200件中所含次品数	递推公式计算的概率	MATLAB 工具箱 hygepdf( ) 函数计算的概率
50	0.0589985831068822	0.0589985831068645
60	0.0349597378346822	0.0349597378346718
70	0.00129723103095911	0.00129723103095872
80	$3.58988776976608\times10^{-6}$	$3.58988776976496\times10^{-6}$
90	$8.23407492826472\times10^{-10}$	$8.23407492826225\times10^{-10}$
100	$1.65191065835477\times10^{-14}$	$1.65191065835427\times10^{-14}$
150	$2.23670843342338\times10^{-54}$	$2.23670843342271\times10^{-54}$
200	$5.33115233250514\times10^{-136}$	$5.33115233250369\times10^{-136}$

从实验结果可以看出，本实验所建算法和 MATLAB 工具箱函数 hygepdf( )的计算精度很接近，从而说明我们所构造的算法是可行的。

本实验问题的概率 p_2[式(3-30)]的计算，请同学们根据上述方法自行实验。

算法设计是工程技术领域内一个重要的问题。本实验展示了依据所学数学知识，构造递推公式及运用对数变换法进行化繁为简、化难为易的超几何分布概率算法设计的思想，这些思想方法在科学计算与工程技术计算中经常用到，请同学们用心体会。

3.7.3 课外研讨问题

①请根据本实验所建算法，计算背景问题中第二问：在 1 500 件产品中有 400 件次品，1 100 件正品，任取 200 件，求：

a. 恰有 90 件次品的概率 p_1 的近似值；

b. 至少有两件次品的概率 p_2 的近似值。

②已知超几何分布参数为 $N=1\ 000$，$M=100$ 时，取 $n=50$ 和 $n=120$ 两种情况，请编程给出超几何分布的分布律。分布律公式为：

$$P\{X=k\}=\frac{C_M^k C_{N-M}^{n-k}}{C_N^n}\triangleq H(k;N,M,n)$$

③商场里某厂商宣称购买其某一款产品可以参加免费抽奖活动。他们的操作方式如下：首先将该产品单价由原来的 100 元调整为现在的 130 元；然后规定凡购买该商品每满 130 元时可免费抽奖一次。抽奖方式为：箱中 20 个球，其中 10 红 10 白，任取 10 球。根据所抽出球的颜色比例确定中奖的等级，不同的等级有不同的奖品，具体情况如下表所示。

抽奖等级设置

等级	红白颜色比例	奖品	价值/元
1	10 : 0 或 0 : 10	微波炉 1 台	1 000
2	1 : 9 或 9 : 1	电吹风 1 台	100
3	2 : 8 或 8 : 2	洗发水 1 瓶	30

续表

等级	红白颜色比例	奖品	价值/元
4	3∶7 或 7∶3	香皂 1 块	3
5	4∶6 或 6∶4	洗衣皂 1 块	1.5
6	5∶5	梳子 1 把	1

a. 请计算各等级奖项出现的概率；

b. 活动期间假定有 500 人次参加抽奖，请讨论这次活动本身给厂商带来的平均利润是多少。

3.8 病毒检测混检分组方案的确定

3.8.1 背景问题

2020 年 5 月 14 日 0 时至 6 月 1 日 24 时，某市集中进行某病毒检测 9 899 828 人，没有发现确诊病例，检出无症状感染者 300 名，没有发现无症状感染者传染他人的情况。

据网上消息，某市全民病毒检测时采用的混检方案是以 5～10 人为 1 组进行混检。用 19 天时间完成了近一千万人的检测任务。有文章认为混检分组方案以不超过 30 人为宜。

请你根据所学知识分析一下，混检方案的优势在哪里？分组方案跟哪些因素有关，什么样的分组方案是最佳的？

3.8.2 建模与实验过程

1）问题分析

某市需要对全市共 N 人进行某病毒检测，可以用两种方法进行：

①将每个人的样本分别检验，共需验 N 次。

②按 k 个人一组进行分组，把 $k(k\geqslant 2)$ 个人的样本混合在一起进行检验，若混合样本呈阴性，就说明 k 个人的样本均呈阴性，这样，这 k 个人的样本就只需检验一次。若呈阳性，则再对这 k 个人的样本分别进行检验。这样，k 个人的样本共要检验 $k+1$ 次。

假设每个人检验呈阳性的概率为 p，且这些人的检验反应是相互独立的。试说明当 p 较小时，取适当的 k，按第二种方法可以减少检验次数，并说明 k 取什么值时最适宜。

2）分组方案建模

设 k 个人为一组，若记 $q=1-p$，则 k 个人的混合样本呈阴性的概率为 q^k，而 k 个人的混合样本呈阳性的概率为 $1-q^k$。

若用 X 表示组内每个人的检验次数，则依题意 X 是一个服从两点分布的随机变量，其分布律见表 3-5。

表3-5 组内每个人的检验次数 X 的分布律

X	$\frac{1}{k}$	$1+\frac{1}{k}$
p	q^k	$1-q^k$

X 的数学期望为

$$E(X)=\frac{1}{k}q^k+\left(1+\frac{1}{k}\right)\cdot(1-q^k)=1-q^k+\frac{1}{k} \tag{3-35}$$

从而分组混检法比逐人检验法人均减少检验次数为

$$L=1-E(X)=q^k-\frac{1}{k} \tag{3-36}$$

式(3-36)表明,只要 $E(X)<1$,即只要适当选择 k 使得 $q^k>\frac{1}{k}$,就能减少检验工作量。当 p 固定时,可以选择 k 使得 L 大于0且取到最大值,平均而言,就可以最大限度地提高检验效率(减少检验次数)。

根据式(3-35),全市人数为 N 时总计平均检测次数为

$$M=N\left(1-q^k+\frac{1}{k}\right) \tag{3-37}$$

3)模型求解及结论分析

(1)分组人数影响混检减少工作量情况计算

取不同的 p、k 值,根据式(3-36)编程计算 L 的值。计算 L 值的 MATLAB 程序如下:

```
p=[0.25,0.1,0.05,0.01,0.005,0.001]; q=1-p;
m=40;
dat=zeros(m-1,7);
dat(:,1)=(2:m)';
for r=1:length(p)
    for k=2:m
        f=q(r).^k-1./k;
        dat(k-1,r+1)=f;
    end
end
format short g
plot(dat(:,1),dat(:,2),'Marker','+');
hold on; grid on;
plot(dat(:,1),dat(:,3),'Marker','x');
plot(dat(:,1),dat(:,4),'Marker','^');
plot(dat(:,1),dat(:,5),'Marker','o');
plot(dat(:,1),dat(:,6),'Marker','* ');
plot(dat(:,1),dat(:,7),'Marker','diamond');
legend('p=0.25','p=0.1','p=0.05','p=0.01','p=0.005','p=0.001');
xlabel('每组人数 k');
ylabel('混检减少工作量百分比');
```

程序绘图结果如图 3-6 所示。

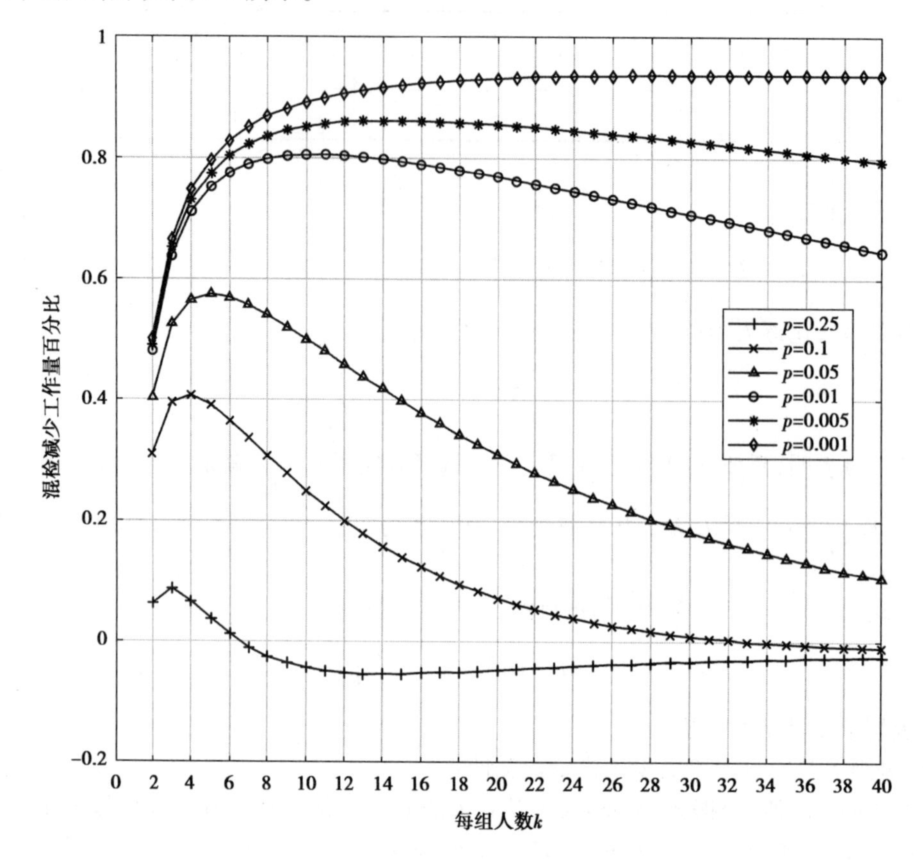

图 3-6　混检方案减少检验次数曲线图

计算所得的部分数据见表 3-6,其中将 L 取到最大值的数据以粗体字列出。

表 3-6　不同 p、k 值对应的 L 部分数值表

k	p					
	0. 250 00	0. 100 00	0. 050 00	0. 010 00	0. 005 00	0. 001 00
2	0. 062 50	0. 310 00	0. 402 50	0. 480 10	0. 490 03	0. 498 00
3	**0. 088 54**	0. 395 67	0. 524 04	0. 636 97	0. 651 74	0. 663 67
4	0. 066 41	**0. 406 10**	0. 564 51	0. 710 60	0. 730 15	0. 746 01
5	0. 037 30	0. 390 49	**0. 573 78**	0. 750 99	0. 775 25	0. 795 01
6	0. 011 31	0. 364 77	0. 568 43	0. 774 81	0. 803 71	0. 827 35
10	−0. 043 69	0. 248 68	0. 498 74	0. 804 38	0. 851 11	0. 890 04
11	−0. 048 67	0. 222 90	0. 477 89	**0. 804 43**	0. 855 45	0. 898 15
12	−0. 051 66	0. 199 10	0. 457 03	0. 803 05	0. 858 29	0. 904 73
13	−0. 053 17	0. 177 26	0. 436 42	0. 800 60	0. 859 99	0. 910 15
14	−0. 053 61	0. 157 34	0. 416 25	0. 797 32	0. 860 80	0. 914 66

续表

k	p					
	0.250 00	0.100 00	0.050 00	0.010 00	0.005 00	0.001 00
15	-0.053 30	0.139 22	0.396 62	0.793 39	**0.860 90**	0.918 44
16	-0.052 48	0.122 80	0.377 63	0.788 96	0.860 43	0.921 62
30	-0.033 15	0.009 06	0.181 31	0.706 37	0.827 05	0.937 10
31	-0.032 12	0.005 89	0.171 65	0.700 05	0.823 82	0.937 20
32	-0.031 15	0.003 09	0.162 46	0.693 73	0.820 55	0.937 24
33	-0.030 23	0.000 60	0.153 72	0.687 43	0.817 24	0.937 22
34	-0.029 36	-0.001 60	0.145 41	0.681 14	0.813 89	0.937 14
35	-0.028 53	-0.003 54	0.137 51	0.674 88	0.810 52	0.937 02

计算结果分析：

①从表3-6可以看出 L 的最大值对应的 k 的取值，例如，当 $p=0.1$、$k=4$ 时 L 的值最大，即以4人为1组进行混检时检验效率最高，相比逐人检测可减少40.6%的检测工作量。

②计算数据还表明：人群中患者越少，最佳分组人数应越大，例如，当 $p=0.001$，即人群中感染率为0.1%时，以32人为1组进行混检效率最高，比逐人检测可减少93.7%的检测工作量。

③计算还表明，当人群中感染人数超过25%时，分组混检方法的意义已经不大了。

(2)不同阳性率下分组人数与总计平均检测次数关系计算分析

根据全市 N 人总计平均检测次数模型[式(3-37)]，分别取不同阳性率 p，通过对 k 取值进行遍历，画出“分组人数-总计平均检测次数”曲线，并且可得到总计检测次数最小的分组值。编程计算如下：

```
format short g;
N = 1e8;                              % 设城市人口总数10 000 000
p=[0.05,0.025,0.01,0.005,0.0025,0.001,0.0005,0.0001];  % 取不同阳性概率
a = 1;b=110;                          % 绘图区间
x=a:1:b;
y=zeros(length(p),length(x));         % y用于存放各种分组时总计平均检验次数
for j = 1:length(p)
    q=1-p(j);                         % 阴性概率
    y(j,:) = N* (1-q.^x+1./x);        % 根据模型[式(3-37)]计算总计平均检测次数
end
plot(x,y,'LineWidth',1);              % 绘制“分组人数-总计平均检测次数”曲线
axis([a,b,0,0.6* N]);                 % 限定显示范围
text(12,y(1,12),'p=0.05');
text(28,y(2,28),'p=0.025');
for k=3:length(p)
```

```
        str=['p=',num2str(p(k))];
        text(75,y(k,75),str);
    end
    [M,I]=min(y,[],2);                        % 寻找每条曲线的最小值点
    hold on;
    stem(I,M,'r--','filled','MarkerSize',4)  % 绘制曲线上的最小值点
    xlabel('组内人数');ylabel('总计平均检测次数')
    title('总计平均检测次数曲线及最小值点');
    result = [p;I']                           % 显示各种阳性率时的最佳分组人数
```

程序运行得到各种阳性率时的最佳分组人数见表3-7、图3-7。

表3-7　不同阳性率时最佳分组人数

人群中阳性率	0.05	0.025	0.01	0.005	0.002 5	0.001	0.000 5	0.000 1
最佳分组人数	5	7	11	15	21	32	45	101

表3-7和图3-7表明,人群中阳性率若较高(如5%、2.5%、1%)时,最佳分组数应该较小,当人群中阳性率很小(如0.01%)时,最佳分组人数较大。

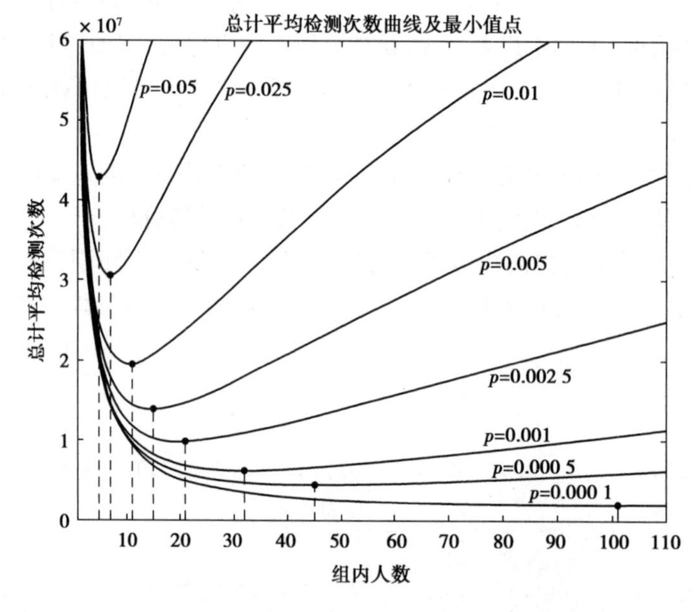

图3-7　分组人数-总计平均检测次数曲线图

3.8.3　课外研讨问题

①两个赌徒相约赌若干局,比赛规则是先胜三局者为赢家,赢家可以获得100法郎的奖励。他们两人获胜的概率相等。但是当其中一个人赢了2局,另一个人赢了1局的时候,由于某种原因终止了赌博。请探讨这100法郎的赌资应该怎样分才合理?当二人胜率不等时又该如何处理呢?

②机器设备正常运行是企业完成任务的保障,但机器的正常运行离不开维护,是否通过

维护来提高收益,是企业经营必须考虑的问题。某运输公司因资金紧张,原计划淘汰的3辆叉车只好再用1年。这3辆叉车每辆每天发生故障的概率为0.4,若每天先检修,则需花费1万元,可使3辆叉车发生故障的概率都降为0.2,还可提高工作效率;若每天叉车不出故障,公司可获利5万元,若1辆车出现故障则可获利2万元,2辆出故障则亏损1万元,3辆叉车都出故障则亏损3万元。那么,公司该如何决策?

3.9 微信红包游戏的数学建模分析

3.9.1 问题背景

中国人过年发红包是常事,图的是喜庆开心,无须计较得失。近年来,随着智能手机的普及,富有时代气息的微信红包新模式流行起来,很多微信群一夜间变成了“红包群”,还产生了一种“拼手气抢红包”的接龙游戏,红包金额带有随机性,这增加了参与抢红包的刺激性和娱乐性。然而,有人却沉迷于此游戏,试图靠这个游戏“发家致富”。这种想法能行吗?

这里,针对常见的游戏情况进行分析。

玩法:群主先发 S 元红包,随机分成 n 份(n 为群里人数),手气最佳者(即抢得红包最大者)继续发红包,也为 S 元,n 份,下一个手气最佳者继续……

该游戏中,个人的收支能平衡吗?

3.9.2 建模与实验过程

1)模型分析及假设

每轮游戏时,发红包的人是随机的,每人收到的红包金额也是随机的,不便直接比较,因此,本问题宜从数学期望的角度来进行分析比较。做如下假设:

①每轮每个人都抢红包,包括发红包的人在内;

②每轮只有一个人是“手气最佳”的;

③假定共有 n 个人参与游戏,实验共进行了 N 次。

2)分析某人发出金额的数学期望

某人第 i 次发出的金额为0元或者 S 元,是一个随机变量,记为 $\boldsymbol{Y}_i$,它服从两点分布:

$$P(Y_i = S) = \frac{1}{n}, P(Y_i = 0) = 1 - \frac{1}{n}, \quad (i = 1,2,\cdots,N) \tag{3-38}$$

其数学期望为

$$E(Y_i) = \frac{S}{n} \tag{3-39}$$

显然,N 次实验中某人发出的总金额 Y 是随机变量,且有

$$Y = \sum_{i=1}^{N} Y_i \tag{3-40}$$

则某人在 N 次实验中发出的总金额的数学期望为

$$E(Y)=E\Big(\sum_{i=1}^{N}Y_i\Big)=\sum_{i=1}^{N}E(Y_i)=\frac{NS}{n} \tag{3-41}$$

3）计算某人收到的红包金额的数学期望

设 X 表示某人在 N 次实验中收到的红包总金额；设随机变量 X_i 表示某人第 i 次抢到的红包金额，则

$$X=\sum_{i=1}^{N}X_i \tag{3-42}$$

将总金额 S 随机分成 n 份红包，则小红包金额有大有小，但平均值为 S/n。另外，注意到每轮游戏中红包个数与人数相等，且每个人抢到各个红包的可能性是相同的，于是某人第 i 次抢到的红包金额 X_i 可以看作服从两点分布，其分布律为：

$$P\Big(X_i=\frac{S}{n}\Big)=1, P(X_i=0)=0, \quad (i=1,2,\cdots,N) \tag{3-43}$$

则

$$E(X_i)=\frac{S}{n} \tag{3-44}$$

于是

$$E(X)=E\Big(\sum_{i=1}^{N}X_i\Big)=\sum_{i=1}^{n}E(X_i)=\frac{NS}{n} \tag{3-45}$$

根据式(3-41)和式(3-45)可知，某人 N 次实验中净收益的数学期望为

$$E(X)-E(Y)=0 \tag{3-46}$$

4）建模仿真分析

假设有 10 人玩红包接龙游戏 365 天，每天在群里发 100 次红包，每次红包金额为 10 元。仿真程序如下：

```
format short g;
n=10;                          % 参与游戏的人数
T=365;                         % 连续玩了 365 天
N=100;                         % 游戏每天进行 N 次
S = 10;                        % 每次红包定额
JSY = zeros(T,n);              % 记录每天每人的净收益
for t=1:T
    fa=zeros(n,1);             % 记录每人发红包的次数
    shou=zeros(n,1);           % 记录每人收红包的金额
    for r=1:N
        d=rand(n,1);
        c=S* d/sum(d);         % 这两行语句实现随机分配红包的金额
        k=find(max(c)==c);     % 查找手气最佳者
        fa(k)=fa(k)+1;         % 手气最佳者发红包的次数累加 1
        shou = shou + c;       % 所抢的红包计入每人的收入
end
```

```
    result = shou - fa* S;        % 计算每天净收益
    JSY(t,:) = result';           % 记录每天净收益
end
disp('各人日均净收益为:')
sum(JSY)/T                        % 计算每人的日均净收益
```

该程序的运行结果是随机的。由程序结果可以看出,长期(比如365天)玩“拼手气红包接龙游戏”,每个人日均收益或正或负,但绝对值基本上都分布在[0,3]内。

想想为此花费那么多时间,真是虚度光阴了!

5)模型结论

春节期间,亲朋好友间为联络感情、活跃气氛,这样玩玩无可厚非,在次数不多的情况下,个人收到的钱和支出的钱可能存在着不可预测的随机差异,但若玩的次数很多,该游戏模式下,每个人的支出和收入是平衡的,别指望能靠此“发财”哦,长久沉迷其中实际上是在做“无用功”。

3.9.3 课外研讨问题

①有人在集市上长期摆摊经营套圈游戏项目。游戏奖品分为五档,规则是10元买一把,每把包含10个圈,套中即可获得对应奖品。奖品进货价以及经过长期实验后统计得到各类奖品的平均命中率如下表所示。

套圈游戏奖品进货价和人们平均命中率数据表

等级	一档	二档	三档	四档	五档
奖品进价/元	1	2	4	6	10
平均命中率	0.15	0.1	0.05	0.02	0.01

假设每天卖出去的把数近似服从$N(60,10^2)$的正态分布。请通过理论分析或仿真实验方法,研讨摊主获得净利润的数学期望是多少?他每天能赚100元以上的概率有多大?

②请你设计一个算法,将总金额S拆分为n个小红包,小红包的金额是随机的,最终使得n个人抢红包时每个人抢得金额的数学期望相等。

3.10 概率统计在风险评价中的应用

3.10.1 问题背景

风险管控、风险决策、风险评估,这些方面的问题在实际中经常遇到。人们通常用涉险概率、损失发生概率、损失额数学期望、损失额的方差、标准差为数学模型予以讨论。本次实验研讨关于风险评估、风险管控的两个案例,希望对同学们带来有益启示。

3.10.2 建模与实验过程

1）案例一：超市极端天气损失风险评估

（1）问题阐述

企业经营中往往面临多种风险，在一定条件下，企业需针对其中的关键风险项实施干预管理，那么，首先需要思考的是企业面临的风险如何评估的问题。这里以某超市经营受极端天气影响的风险问题为例，建立风险评估模型，给出风险管理建议。

假设某超市雨雪天气和高温天气时所受损失的概率分布分别见表3-8、表3-9。试就两种天气状况对超市经营带来的风险进行评估，给出风险管理建议。

表3-8 超市雨雪天气损失值及其分布律

损失金额/万元	1.5	2.8	3.6	3.9	4.1
概率	0.07	0.18	0.35	0.24	0.16

表3-9 超市高温天气损失值及其分布律

损失金额/万元	0.6	0.8	1.1	1.5	2.3
概率	0.15	0.2	0.35	0.25	0.05

（2）建模分析

数学期望一般代表所关注随机变量的平均值，方差或标准差则反映随机变量相对于数学期望而言的离散程度。方差在实际应用中可以表示所关注指标变量的波动性、所包含的信息量、所冒的风险等方面特征的大小。如果已知某一风险事故发生所导致损失的概率分布，就能算出风险的期望值μ、方差σ^2及标准差σ。损失期望值是平均受损额，标准差则显示风险损失的变动幅度，标准差越大则意味着风险越难把握。但单从标准差σ的值来衡量风险的大小是不很科学的，当平均受损额μ较小时，一般的损失变动σ可以认为相对风险较大；当平均受损额μ很大时，一般的损失变动σ可以认为相对风险不大。因此，在实践中，人们想到以标准差和数学期望的比值来量化风险大小，这个比值被称为变异系数，记作

$$c_v = \frac{\sigma}{\mu} \tag{3-47}$$

变异系数c_v没有量纲，可以进行客观比较。本质上，可以认为变异系数和极差、标准差、方差一样，都反映数据离散程度。但变异系数值的大小不仅受变量值离散程度的影响，还受变量值平均水平的影响。

下面，首先计算雨雪天气和高温天气下，超市面临风险的变异系数。这里，将损失视为随机变量X，表3-8及表3-9的数据是不同天气状态下X的分布律，据此分别计算两类天气下损失额的数学期望和标准差，公式如下：

$$\mu = \sum_{i=1}^{5} x_i p_i \tag{3-48}$$

$$\sigma^2 = E(X-\mu)^2 = \sum_{i=1}^{5} (x_i - \mu)^2 p_i \tag{3-49}$$

编程计算:

```
format short
x1=[1.5,2.8,3.6,3.9,4.1];              % 雨雪天的损失值
p1=[0.07,0.18,0.35,0.24,0.16];         % 雨雪天损失发生的概率
mu1=sum(x1.* p1)                       % 计算雨雪天损失数学期望
s1=sum((x1-mu1).^2.* p1)               % 计算雨雪天损失的方差
sgm1=sqrt(s1)                          % 计算雨雪天损失的标准差
cv1=sgm1/mu1                           % 计算雨雪天变异系数
x2=[0.6,0.8,1.1,1.5,2.3];              % 高温天的损失值
p2=[0.15,0.2,0.35,0.25,0.05];          % 高温天损失发生的概率
mu2=sum(x2.* p2)                       % 计算雨雪天损失数学期望
s2=sum((x2-mu2).^2.* p2)               % 计算雨雪天损失的方差
sgm2=sqrt(s2)                          % 计算雨雪天损失的标准差
cv2=sgm2/mu2                           % 计算雨雪天变异系数
```

计算结果见表 3-10。

表 3-10 超市极端天气损失风险变异系数计算结论

计算内容	μ	σ^2	σ	c_v
雨雪天	3.461 0	0.466 2	0.682 8	0.197 3
高温天	1.125 0	0.166 9	0.408 5	0.363 1

雨雪天气超市损失风险的变异系数为 0.197 3,高温天气变异系数为 0.363 1。

(3)模型结论

上述计算结果表明,高温天气变异系数高于雨雪天气的,说明该超市因高温天气的损失风险大于雨雪天气的损失风险。因此从控制风险波动性方面来说,给出如下建议:若超市用于风险管控的资金一定,则应该多拿出一部分经费用于管控高温天气损失风险波动。

当然,若有抽样数据,可以估计风险损失上限,从控制风险损失均值上限的角度出发予以控制是更有利于超市效益的。

2)案例二:多台机器故障维修工人配备方案问题

(1)问题阐述

某工厂每天有 300 台机器投入生产,各台机器工作相互独立,每一时刻,这些机器发生故障的概率均为 0.01,且一台机器的故障可由一个人处理完成。现在有两种方案可供选择:

方案一:将机器分为 10 组,每组 30 台,配备维修工 10 人,每人固定地负责一组机器;

方案二:全厂配备 9 个维修工人,共同维护 300 台机器。

问题 1:请建立数学模型,讨论两种方案的优劣。

问题 2:要使全厂机器发生的故障能得到及时维修的概率不低于 0.995,请问按方案二至少需要配备维修工人多少人?

(2)问题 1 建模分析

①讨论方案一。

以 X 表示第 1 人维护的 30 台机器中同一时刻发生故障的台数，显然 $X\sim b(30,0.01)$；以 $A_i(i=1,2,\cdots,10)$ 表示第 i 人维护的 30 台机器中发生故障不能及时维修的台数。由此可知，300 台机器中发生故障不能及时维修的概率 p_1 为

$$p_1=P(\bigcup_{i=1}^{10}A_i)\geqslant P(A_1)=P\{X\geqslant 2\} \tag{3-50}$$

又根据二项分布律有：

$$P\{X\geqslant 2\}=1-P\{X\leqslant 1\}=1-\sum_{k=0}^{1}C_{30}^{k}(0.01)^k(0.99)^{30-k} \tag{3-51}$$

```
% 直接由分布律来计算 P{X≥2},记为 q1 变量
q1 = 1-binopdf(0,30,0.01)-binopdf(1,30,0.01)
或者用分布函数来计算
q1 = 1-binocdf(1,30,0.01)
```

计算得：

$$p_1=P(\bigcup_{i=1}^{10}A_i)\geqslant 0.0361 \tag{3-52}$$

当然，概率 p_1 的准确值是能计算出来的，略麻烦一点，但在这个问题里没必要算出它。

②讨论方案二。

当全厂配备 9 个维修工时，以 Y 表示 300 台机器中同一时刻发生故障的台数，则 $Y\sim b(300,0.01)$。那么 300 台机器中发生故障不能及时维修的概率 p_2 为

$$p_2=P\{Y\geqslant 10\}=1-\sum_{k=0}^{9}C_{300}^{k}(0.01)^k(0.99)^{300-k} \tag{3-53}$$

```
% 利用二项分布的分布函数来计算
  p2 = 1-binocdf(9,300,0.01)
```

计算结果是：

$$p_2=0.0010231 \tag{3-54}$$

对比结论：

对比式(3-52)和式(3-54)可知，由 9 名工人共同维护 300 台机器时，机器发生故障不能及时维修的概率明显小于方案一，所以，方案二的管理效果优于方案一。

通过上述建模及求解还发现，方案二尽管维修工人数变少了，人均任务变大了(平均每人维护 33.3 台)，但工作效率不仅没有降低，反而提高了。

(3)问题 2 建模分析

为了使全厂机器发生故障能得到及时维修的概率不低于 0.995，也就是机器故障不能得到及时维修的概率不高于 0.005，设方案二需配备维修工 M 人。仍记 300 台机器中故障台数为 Y，$Y\sim b(300,0.01)$，则故障不能及时维修的概率 p 为

$$p=P\{Y>M\}=1-F(M) \tag{3-55}$$

这里，$F(\cdot)$ 为二项分布 $b(300,0.01)$ 的分布函数。令

$$p=P\{Y>M\}=1-F(M)<0.005 \tag{3-56}$$

算法构造如下：根据式(3-54)可知，配备 9 个维修工时故障不能及时维修的概率 0.001 023 1 已经低于 0.005，所以，问题 2 要求的最少工人数一定不超过 9，为此，从 9 开始递减，搜索满足式(3-56)的 M。

编程计算如下：

```
% 本段程序搜索方案二所需配备的最少维修工人数
M=9;                              % 维修工人数的初值为 9
for k = M:-1:1                    % 循环中搜索符合要求的更少工人数量
    p2 = 1-binocdf(k,300,0.01);   % 计算故障不能及时维修的概率
    M = k;                        % 记录当前搜索到的 M 值
    if p2>0.005                   % 一旦故障不能得到及时维修的概率大于 0.05,则终止搜索
          break
    end
end
M
```

运行程序得 $M=7$，所以，按方案二，要使机器故障能被及时维修的概率不低于 0.995，需配备的维修工人数最少为 7 人。

3.10.3 课外研讨问题

某人有一笔资金，可投入 3 个项目：房产 X、地产 Y 和商业 Z。其收益和市场状况有关，若把市场分为好、中、差 3 个等级，其发生概率分别为 0.2，0.7，0.1。根据市场调研情况可知，不同等级状态下各种投资的年收益（单位：万元）如下表所示。试确定最优投资项目（要求权衡收益与风险）。

投资项目	市场等级及概率		
	好	中	差
	$p_1=0.2$	$p_2=0.7$	$p_3=0.1$
房产 X	11	3	-3
地产 Y	6	4	-1
商业 Z	10	2	-2

3.11 蒙特卡洛方法的应用

3.11.1 问题背景

蒙特卡洛（Monte Carlo，MC）方法，也称为随机模拟方法，是一种基于“随机数”的计算方法。该方法的基本思想很早以前就被人们所发现和利用，18 世纪下半叶法国学者布丰（Comte de Buffon）设计出他的投针问题，依靠它可以用概率方法得到圆周率 π 的近似值，后人称之为 Buffon 实验，这是 Monte Carlo 方法的最早尝试。历史上曾有几位学者相继做过这样的实验，不过，他们当时的实验实施困难，费时费力，精度不高。现在，随着计算机技术的飞速

发展，人们不需要具体实施这些实验，而只需要在计算机上进行大量、快速的模拟实验就可以完成。

Monte Carlo 这一名称源于美国在第二次世界大战时进行原子弹研制的“曼哈顿计划”。该计划的主持人之一——数学家冯·诺伊曼用驰名世界的赌城摩纳哥的蒙特卡洛(Monte Carlo)为其命名，为它增添了一层神秘色彩。Monte Carlo 方法是现代计算技术的杰出成果之一，它在工程领域的作用是不可比拟的。

本节我们将以布丰投针实验、定积分的计算问题为抓手，学习和研讨 Monte Carlo 方法。

3.11.2 建模与实验过程

1) 布丰投针实验

(1) 实验简述

1777 年，布丰在家中请来访的客人参加投针游戏(针长等于线距的一半)，他事先没有给客人讲与 π 有关的事。客人们虽然不知道主人的用意，但都参加了游戏。他们共投针 2 212 次，其中 704 次相交。布丰说，2 212/704 = 3.142，这就是 π 值。

(2) 布丰投针建模分析

①针、线相交概率模型。布丰投针模型示意图见图 3-8。布丰在 1777 年出版的著作中提出：“在平面上画有一组间距为 $2a$ 的平行线，将一根长度为 $2l(2l\leqslant a)$ 的针任意掷在这个平面上，求此针与平行线中任一条相交的概率。”布丰本人证明了这个概率是

$$p=\frac{2l}{\pi a} \tag{3-57}$$

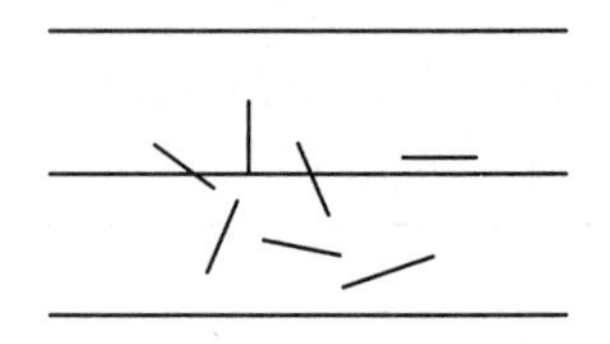

图 3-8 布丰投针模型示意图

式(3-57)是本实验的关键，下面我们来研究它。

设针投到地面上的位置可以用一组随机变量$(\theta,\ x)$来描述，x 为针的中点 P 到最近平行线的距离，θ 为针与平行线的夹角，见图 3-9。针与平行线相交的数学模型示意图见图 3-10。

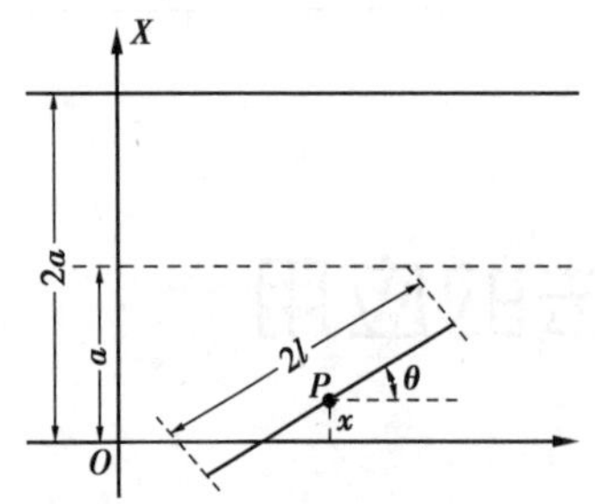

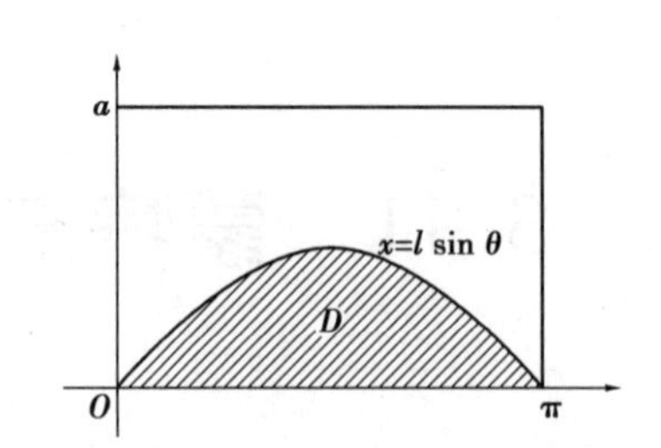

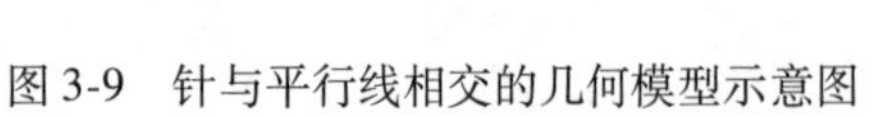
图 3-9 针与平行线相交的几何模型示意图　　图 3-10 针与平行线相交的数学模型示意图

任意投针，就是意味着 x 与 θ 都是任意取值的随机变量，但 x 的取值限于$[0,\ a]$，夹角 θ 的取值限于$[0,\ \pi]$。在此情况下，针与最近的平行线相交的充分必要条件是

$$0\leqslant x\leqslant l\cdot\sin\theta \tag{3-58}$$

由于随机变量 x 与 θ 相互独立，二维随机变量$(\theta,\ x)$在矩形域$[0,\ \pi]\times[0,\ a]$内服从均匀分布，其联合概率密度函数为

$$f(x,y)=\begin{cases}\dfrac{1}{\pi a}, & (x,y)\in[0,\pi]\times[0,a]\\ 0, & 其他\end{cases} \tag{3-59}$$

所以针与平行线相交的概率为

$$\begin{aligned}p&=P\{(\theta,x)\mid 0\leqslant x\leqslant l\cdot\sin\theta,0\leqslant\theta\leqslant\pi\}=P\{(\theta,x)\in D\}\\&=\iint_D f(x,y)\,\mathrm{d}x\mathrm{d}y\\&=\int_0^{\pi}\mathrm{d}\theta\int_0^{l\sin\theta}\frac{1}{\pi a}\mathrm{d}x\\&=\frac{2l}{\pi a}\end{aligned}$$

从而式(3-57)得证。

②π的估计模型。

由式(3-57)可得

$$\pi=\frac{2l}{pa} \tag{3-60}$$

式(3-60)中,概率 p 可用频率估计:

$$\hat{p}=\frac{M}{N} \tag{3-61}$$

其中,M 为针与平行线相交的次数,N 为实验总次数。因此可以构建用于求圆周率 π 值的仿真实验模型为:

$$\pi=\frac{2lN}{aM} \tag{3-62}$$

为方便计算,实验中可取 $2l=a$,将模型简化为:

$$\pi=\frac{N}{M} \tag{3-63}$$

综上所述,式(3-58)、式(3-59)和式(3-63)共同构成布丰投针实验估计 π 的数学模型。

(3)仿真实验程序

同学们注意,这里我们进行仿真实验,没有必要把针落入平行线后所呈现的几何画面画出来,而是从数学模型的角度进行仿真,只需产生表示针位置的随机向量(θ, x),然后利用针与平行线相交的充要条件[式(3-58)]进行判定即可。

根据式(3-58)、式(3-59)、式(3-63)3个表达式设计布丰投针实验算法:

step 1:设置参数 $a=1$,$L=a/2$;N 为投针次数;

step 2:在$[0,a]$区间内产生 N 个均匀分布的随机数 x,在$[0,\pi]$区间产生 N 个均匀分布的随机数 θ;

step 3:逐一判断随机数对(θ, x)是否满足 $0\leqslant x\leqslant l\cdot\sin\theta$,满足则意味着针与平行线相交,则计数1次;

step 4:根据 step 3 的计数结果,给出 N/M 的值即为 π 的估计值。

编程实验如下:

```
function piguji=buffon(N)
% N 是随机实验次数
a=1;                                              % 平行线距离的一半
L=a/2;                                            % L 是针的长度
M=0;                                              % 记录相交的频数
xrandnum = unifrnd(0,a,1,N);                      % 产生均匀分布的随机数 x
theata= unifrnd(0,pi,1,N);                        % 产生均匀分布的随机数 θ
for ii=1:N
    if (xrandnum(1,ii)<=(L* sin(theata(1,ii))))   % 判断针是否与平行线相交
       M=M+1;                                     % 若相交,则计数 1 次
    end
end
piguji=N/M                                        % 返回值为 pi 的估计值
```

表 3-11 给出了程序的 6 次调用结果(结果具有随机性):

表 3-11　自定义 Buffon 函数调用算例

输入参数 N	函数返回值
1000	3.42465753424658
10000	3.16255534471853
100000	3.13302838523717
1000000	3.15432536866178
10000000	3.14032675727975
100000000	3.14133296810102

运行程序,观察运行结果。利用 MATLAB 平台直接给出 π 的含多位小数位的值,与程序运行结果作比较,发现哪怕是投针次数很多,上述仿真实验程序得到的结果精度仍然较低。这里,请同学们继续探研一下基于本实验算法如何提高估计精度。

2) Monte Carlo 方法计算定积分

实际应用中,不少的统计问题,如计算概率、各阶距、某些物理量等,最后都归结为定积分/重积分的近似计算问题。在计算积分上,Monte Carlo 方法的适用场合是计算重积分 $I = \int_{\Omega} g(P)\,\mathrm{d}P$, 其中 P 是 m 维空间的点。当维数 m 较大时,用 Monte Carlo 方法比一般的数值方法有优势,主要是它的误差与维数 m 无关。

为了解基于 Monte Carlo 方法的积分算法基本思想,下面以定积分计算为例展开研讨学习。

(1) 随机投点 Monte Carlo 方法计算定积分

计算定积分的随机投点 Monte Carlo 方法算法建模过程如下:

$$\theta = \int_a^b f(x)\,\mathrm{d}x, \quad (f(x) > 0) \tag{3-64}$$

根据定积分的几何意义,定积分 θ 就是曲线 $f(x)$ 在区间 $[a,b]$ 上围成的曲边梯形面积

S_D。假设 M 是 $f(x)$ 在 $[a, b]$ 上的一个上界,若在矩形区域 $[a,b]\times[0,M]$ 内均匀地随机投点,根据几何概型随机点落入区域 D 内的概率为

$$p = P\{(X,Y) \in D\} = \frac{S_D}{(b-a)M} = \frac{\theta}{(b-a)M} \tag{3-65}$$

基于 Monte Carlo 方法计算定积分原理的示意图见图 3-11。

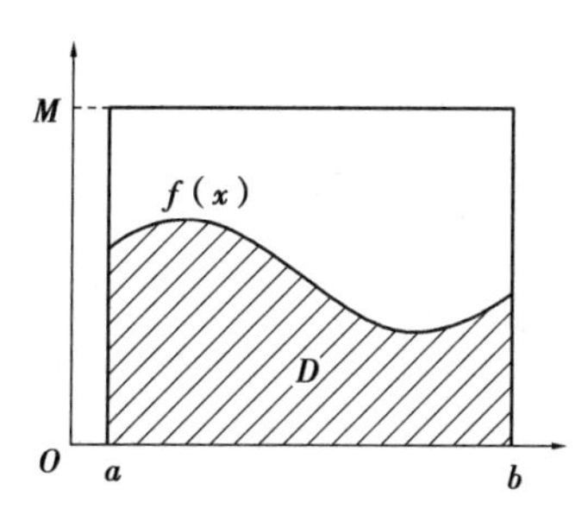

图 3-11 基于 Monte Carlo 方法计算定积分的原理示意图

由式(3-65)可得

$$\theta = (b-a) \cdot M \cdot p \tag{3-66}$$

若将式(3-66)中的概率 p 用频率来估计

$$\hat{p} = \frac{n_0}{n} \tag{3-67}$$

其中,n 为实验次数,随机变量 n_0 是落入阴影区域 D 内的随机点的个数。将式(3-67)代入式(3-66),则得 θ 的估计量为

$$\hat{\theta}_1 = (b-a) \cdot M \cdot \frac{n_0}{n} \tag{3-68}$$

根据计算定积分的随机投点 Monte Carlo 方法模型[式(3-68)]实施仿真统计后得到定积分 θ 的估计值。

关于随机投点 Monte Carlo 方法进一步说明:随机投点法的思想简单明了,且每次投点结果 n_0 服从二项分布

$$n_0 \sim b(n,p)\ ,p = \frac{\theta}{M(b-a)} \tag{3-69}$$

随机变量 n_0 的数学期望为:

$$E(n_0) = np = \frac{n\theta}{M(b-a)} \tag{3-70}$$

则

$$E(\hat{\theta}_1) = \frac{(b-a)M}{n}E(n_0) = \theta \tag{3-71}$$

这表明 $\hat{\theta}_1$ 是 θ 的无偏估计。

还可以证明,当 n 趋向无穷大时,估计量 $\hat{\theta}_1$ 的标准差和 $n^{-1/2}$ 为同阶无穷小。这表明,实践中可用估计的标准差来衡量其精度,则估计 $\hat{\theta}_1$ 的精度的阶为 $n^{-1/2}$。这也意味着要将计算结果的精度提高一位数字,实验次数就得由 n 次变为 n^2 次。

【算例】利用随机投点 Monte Carlo 方法计算定积分 $\theta=\int_1^3 \frac{\sin x}{x}dx$，并与梯形法函数trapz( )的计算结果作对比。编程如下：

```
% 随机投点 Monte Carlo 方法计算(a,b)区间上 sin(x)/x 的定积分
a = 1; b = 3; M = 1;           % Monte Carlo 方法选择的矩形区域为[a,b]×[0,M]
n = 1e6;                       % 随机投点的次数为 n
xrnd = unifrnd(a,b,n,1);       % 产生随机点的横坐标
yrnd = unifrnd(0,M,n,1);       % 产生随机点的纵坐标
f=@ (t)sin(t)./t;              % 定义被积函数
fx = f(xrnd);                  % 计算随机点横坐标在被积函数上对应的函数值
n0 = sum(yrnd <= fx);          % 统计所有随机点中纵坐标位于被积函数曲线下方的数量
theata1 = (b-a)* M* n0/n       % 根据随机投点 Monte Carlo 积分公式计算积分的估计值
% 下面是对比 MATLAB 中梯形积分函数计算的上述积分值
x = linspace(a,b,10000);       % 积分区间上的分点
ft = f(x);                     % 分点处的被积函数值
theata2 = trapz(x,ft)          % 调用梯形积分函数计算积分
```

请同学们动手运行程序，看看投点数量对计算精度的影响如何。

(2)样本均值 Monte Carlo 方法计算定积分

对于积分 $\theta=\int_a^b f(x)\,dx$，设 $g(x)$ 是 $[a,\ b]$ 上的一个概率密度函数，将积分改写为

$$\theta=\int_a^b f(x)\,dx=\int_a^b \frac{f(x)}{g(x)}g(x)\,dx \triangleq \int_a^b h(x)g(x)\,dx=E(h(X)) \tag{3-72}$$

其中

$$h(x)=\frac{f(x)}{g(x)} \tag{3-73}$$

式(3-72)表明，任一积分均可以表示为某个随机变量的函数 $Y=h(X)$ 的数学期望，而该数学期望可以用 $h(X)$ 的样本均值来估计。于是，为了计算积分值 θ，只需要产生 n 个来自总体 $g(x)$ 的样本值[即服从 $g(x)$ 分布的随机数] $X_1,X_2,\cdots,X_n$，代入式(3-73)计算得 $h(X)$ 的对应值 $Y_i=h(X_i)$，$i=1,2,\cdots,n$，进一步求得样本均值 $\overline{Y}$，从而可给出积分 θ 的一个估计值：

$$\hat{\theta}_2=\overline{Y} \tag{3-74}$$

为简单起见，可取 $g(x)$ 为 $[a,\ b]$ 区间上的均匀分布密度函数为 $g(x)=1/(b-a)$，则

$$\hat{\theta}_2=\overline{Y}=\frac{1}{n}\sum_{i=1}^{n}\frac{f(X_i)}{g(X_i)}=\frac{b-a}{n}\sum_{i=1}^{n}f(X_i) \tag{3-75}$$

可证明样本均值 Monte Carlo 方法所得 $\hat{\theta}_2=\overline{Y}$ 是 θ 的无偏估计。一般而言，样本均值法比随机投点法更有效。

【算例】样本均值 Monte Carlo 方法计算定积分：$\theta=\int_1^3 \frac{\sin x}{x}dx$，并与梯形法函数 trapz( )的计算结果作对比。

根据式(3-75)，只需要产生 $U[1,3]$ 的随机数 n 个，代入计算即可。编程如下：

```
% 样本均值 Monte Carlo 方法计算(a,b)区间上 sin(x)/x 的定积分
a = 1; b = 3;                   % 积分区间为[a,b]
n = 1e5;                        % 随机数的个数为 n
f=@ (t)sin(t)./t;               % 定义被积函数
xi = unifrnd(a,b,n,1);          % 产生[a,b]上的均匀分布随机数 n 个
yi = f(xi);                     % 将随机数代入被积函数
theata1 = (b-a)* sum(yi)/n      % 根据式(3-75)计算积分值
% 下面是 MATLAB 中梯形积分函数计算的上述积分值
x = linspace(a,b,10000);        % 积分区间上的分点
ft = f(x);                      % 分点处的被积函数值
theata2 = trapz(x,ft)           % 调用梯形积分函数计算积分
```

请同学们运行程序,观察样本均值 Monte Carlo 方法与 MATLAB 梯形法积分函数 trapz( )的计算结果的差异。

3.11.3 课外研讨问题

①请利用随机投点 Monte Carlo 方法、样本均值 Monte Carlo 方法分别计算定积分 $\theta = \int_0^1 e^{-x^2}dx$, 并与 MATLAB 中其他计算积分函数的计算结果作对比。另外,请对比随机投点 Monte Carlo 方法与样本均值 Monte Carlo 方法计算定积分的效率哪个高。

②用随机投点 Monte Carlo 方法和样本均值 Monte Carlo 方法分别验证正态分布的"3σ 准则":正态分布的随机变量 X 有 99.74% 的值都落在区间$(\mu-3\sigma,\mu+3\sigma)$内。

③随机投点法计算定积分的蒙特卡洛模型为:

$$\hat{\theta}_1 = (b-a)\cdot M\cdot\frac{n_0}{n}$$

其中 $n_0 \sim b(n,p)$,$p=\theta/(M(b-a))$。请证明当 n 趋于无穷大时,估计量 $\hat{\theta}_1$ 的标准差和 $n^{-1/2}$ 为同阶无穷小。

④请自学研究蒙特卡洛法计算重积分问题。

3.12 参数估计的应用

3.12.1 问题背景

参数估计是一个关于总体统计推断的常用重要问题,根据问题需要,人们可以对总体参数进行点估计和区间估计,其实际应用较为广泛。本次实验通过两个案例来实践参数估计的应用。

3.12.2 建模与实验过程

1)点估计应用案例:估计箱子中乒乓球数量

(1)问题阐述

箱子中有数百只黄色乒乓球,在不允许倒出清点的情况下,请设计实验方案估算箱中乒乓球的数量,并通过模拟实验进行验证。

(2)模型建立:0-1 分布参数估计模型

已知箱中全部为黄色乒乓球,设数量为 N(为待估参数),现在往箱中加入 M 只白色乒乓球并摇匀。然后有放回地每次从箱中随机取出一只球观察颜色,黄色记为 1,白色记为 0,则实验结果可用服从 0-1 分布的随机变量 X 来描述。其分布律为

X	0	1
P_k	$\frac{M}{N+M}$	$\frac{N}{N+M}$

则箱中黄色乒乓球数量为 N 的估参数问题,本质上转化为 0-1 分布的参数估计问题。

(3)模型求解

方案 1:矩估计法。

将取球实验重复 n 次,取得容量为 n 的样本(即 n 个取值为 0 或 1 的随机数),设其中有 m 个 1,据此样本,对 0-1 分布的总体 X 中的参数 N 给出估计。下面用矩估计法进行参数估计。

上述 0-1 分布的数学期望为

$$E(X)=\frac{N}{N+M} \tag{3-76}$$

又由题设知,样本均值为

$$\overline{X}=\frac{m}{n} \tag{3-77}$$

根据矩估计法的思想,令

$$\frac{N}{N+M}=\frac{m}{n} \tag{3-78}$$

解得参数 N 的矩估计值为

$$\hat{N}=\frac{Mm}{n-m} \tag{3-79}$$

方案 2:最大似然估计法。

总体还是取 0-1 分布,将分布律表格改写为表达式

$$P\{X=k\}=p^k(1-p)^{1-k}, k=0,1 \tag{3-80}$$

其中 $p=N/(N+M)$,N 为待估参数,M 为已知,即放入箱子中的白色乒乓球数量。设样本值为 $x_1,x_2,\cdots x_n$,似然函数为

$$L(p)=\prod_{k=1}^{n}P\{X=x_k\}=\prod_{k=1}^{n}p^{x_k}(1-p)^{1-x_k} \tag{3-81}$$

两端取对数得

$$\ln L(p)=\left(\sum_{k=1}^{n}x_k\right)\ln p+\left(n-\sum_{k=1}^{n}x_k\right)\ln(1-p) \tag{3-82}$$

令

$$\frac{\mathrm{d}}{\mathrm{d}p}\ln L(p)=\frac{\sum_{k=1}^{n}x_k}{p}-\frac{n-\sum_{k=1}^{n}x_k}{1-p}=0 \tag{3-83}$$

从而得到参数 p 的最大似然估计:

$$\hat{p}=\frac{1}{n}\sum_{k=1}^{n}x_k=\bar{x} \tag{3-84}$$

亦即比例表达式 $N/(N+M)$ 的最大似然估计为

$$\frac{N}{N+M}=\bar{x} \tag{3-85}$$

从而解得参数 N 的最大似然估计

$$\hat{N}=\frac{M\bar{x}}{1-\bar{x}} \tag{3-86}$$

当容量为 n 样本中有 m 个黄色乒乓球时,$\bar{x}=m/n$,代入式(3-86)得

$$\hat{N}=\frac{Mm}{n-m} \tag{3-87}$$

由式(3-79)与式(3-87)可知,本问题参数 N 的矩估计与最大似然估计相同。

(4)实验验证

仿真实验思路:采取背靠背实验验证策略。

Step 1:设待估参数为[200, 400]中的某个整数,用随机整数发生器产生 1 个位于[200, 400]区间的随机整数作为箱中黄球的数量 N;实验后将据此评判估计的准确性。

Step 2:在上述箱中放入 $M=50$ 只白球,然后返回式抽样 $n=20$ 次,仿真方法是:产生 n 个 0-1 分布的随机数,其中要求产生 1 的概率为 $p=N/(N+M)$。

产生 0-1 分布随机数的算法设计:因为 0-1 分布是二项分布 $b(n,p)$ 在 $n=1$ 时的特例,所以,应用 MATLAB 中二项分布随机数函数 binornd( )可以生成 0-1 分布的随机数。

Step 3:统计上述第 2 步中摸到黄球的数量 m,代入式(3-76)计算得出箱中原有黄球数的估计值;

Step 4:比对第 3 步的估计值与 N 的真实值。

实验代码如下:

```
% 箱子中乒乓球数量的估计问题
% 出题:模拟在箱子里放入 N 只黄球,N 为[200,400]内的随机整数
N = 199 + randi(200,1)                    % 箱中黄球的数量为[200,400]内的随机整数
M =50;                                     % 放入箱子的白球数量
n=100:50:10000;                            % n 为样本容量
estimate=zeros(length(n),1);               % 用于保存对黄球数量的估计结果
for k=1:length(n)                          % n 为样本容量
    m = sum(binornd(1,N/(N+M),n(k),1));   % 抽样并统计摸到的黄球数
```

```
    estimate(k) = round(M* m/(n(k)-m));  % 利用式(3-76)估算黄球数
end
estimate                                 % 显示不同样本容量时的估计结果
EN = mean(estimate)                      % 将多次估计结果进行平均,得到的结果更精确
```

请同学们运行上述程序,观察程序结果。

(5)实验结论

①程序运行的结果表明在实验次数较少的情况下,估计值的准确性和稳定性都较差,随着实验次数的增加,估计值准确性和稳定性都提高了。

②将多次实验所得的估计值求平均值,结果更精准且稳定。

③在本程序题里,还研究了放入箱子中的白球数量 M 的变化对估计结果有何影响。结论是:影响不显著。

2)区间估计案例:预测水稻总产量

(1)问题阐述

某县多年来一直沿用传统耕作方法种植水稻,平均亩产 600 kg。今年换了新的稻种,耕作方法也作了改进。收获前,为了预测产量高低,先抽查了具有一定代表性的 30 亩(1 亩≈666.67 m^2)水稻的产量,平均亩产 642.5 kg,标准差为 160 kg。如何预测总产量?

(2)建模分析

要预测总产量,只需预测平均亩产量。只要算出平均亩产量的置信区间,则下限与种植面积的乘积就是对总产量的最保守估计,上限与种植面积的乘积就是对总产量的最乐观估计。

设水稻亩产量 X 为随机变量,由于它受众多随机因素影响,故可设 $X \sim N(\mu,\sigma^2)$。根据正态分布关于均值的区间估计,在方差 σ^2 已知时,μ 的置信度为 95% 的置信区间为

$$\left[\overline{X}-1.96\frac{\sigma}{\sqrt{n}},\overline{X}+1.96\frac{\sigma}{\sqrt{n}}\right] \tag{3-88}$$

用 S^2 代替 σ^2,将 $n=30,\overline{X}=642.5,S=160$ 代入式(3-88),有

$$\overline{X}\pm 1.96\frac{S}{\sqrt{n}}=642.5\pm 57.25 \tag{3-89}$$

故得 μ 的置信度为 95% 的置信区间为[585.25,699.75]。所以,最保守的估计为亩产 585.25 kg,比往年略低;最乐观的估计为亩产 699.75 kg,比往年高出 99.75 kg。

因上下差距太大,故影响预测的准确性。要解决这个问题,可再抽查 70 亩,即前后共抽样 100 亩。若设 $n=100,\overline{X}=642.5,S=160$,则 μ 的 95% 的置信区间为

$$\overline{X}\pm 1.96\frac{S}{\sqrt{n}}=642.5\pm 31.4$$

故得 μ 的置信度为 95% 的置信区间为[611.1,673.9]。所以置信下限比以往年亩产多 11.1 kg。这就可以预测:在很大程度上,今年水稻平均亩产至少比往年高出 11 kg,当然这是最保守的估计。

3.12.3 课外研讨问题

①若箱子中原有黄、白两种颜色的乒乓球共数百只,你有没有办法对两种球的数量都给

出估计?

②本节估计球数量实验的解法二是:利用最大似然估计原理进行手工求解,然后进行实验验证。请同学们实验:直接利用样本(可以用 binornd( )函数模拟抽样),借助最大似然估计函数 mle( )进行本问题最大似然估计 0-1 分布的参数 p,从而进一步估算出箱子中球的数量。

3.13 基于贝叶斯方法的垃圾邮件过滤器设计

3.13.1 问题背景:垃圾邮件贝叶斯过滤器概述

收到垃圾邮件是一种令人头痛的事情,困扰着所有的互联网用户,正确识别垃圾邮件的技术难度非常大。传统的垃圾邮件过滤方法主要有关键词法和校验码法等,前者的过滤依据是特定的词语;后者则是计算邮件文本的校验码,再与已知的垃圾邮件进行对比。它们的识别效果都不理想,准确率低而且很容易规避。

2002 年,保罗·格雷厄姆(Paul Graham)提出了使用“贝叶斯过滤器”过滤垃圾邮件的方法。该过滤器是一种依据贝叶斯公式建立的概率统计类数学模型,本质上是用已有历史数据得到的先验概率修正后验概率,以后验概率为依据对邮件进行分类。

利用贝叶斯过滤器,1 000 封垃圾邮件可以过滤掉 995 封,且没有一个误判。另外,这种过滤器还具有自我学习的功能,会根据新收到的邮件不断调整。收到的垃圾邮件越多,它的准确率就越高。

3.13.2 建模与实验过程

1)贝叶斯过滤器基础模型

(1)模型假设

假设 1:假定所有邮件总被划分为垃圾邮件和正常邮件两类,每封邮件属于且仅属于其中的一类。并且,每一封邮件在未经分析之前,假定它是垃圾邮件的概率为 50%。

注意有研究表明,用户收到的电子邮件中,80% 是垃圾邮件。但是,这里仍然假定垃圾邮件的“先验概率”为 50%。

假设 2:假设邮件中各个特征词的出现是相互独立的随机事件。

(2)建模分析

通常来讲,垃圾邮件有一些特定特征,就是有些特定词汇出现的频率较高,比如“sex”,所以,一个朴素的想法是,当这些特征词出现在新的邮件中时,我们有理由怀疑这封邮件是垃圾邮件,但显然我们只能从概率的角度作出判定,为此,我们需要思考:当邮件中包含了 sex 这个词,那么这封邮件属于垃圾邮件的概率有多大?

下面的讨论中,用 S 表示垃圾邮件(spam),H 表示正常邮件(healthy),依据假设 1,则有

$$P(S)=P(H)=\frac{1}{2} \tag{3-90}$$

用 W 表示 sex 这个词,那么邮件中包含单词"sex"时它是垃圾邮件的概率实质上就是条件概率 $P(S|W)$ 的值。对于所有邮件而言,S 和 H 构成了样本空间的一种划分,则根据贝叶斯概率公式知

$$P(S|W)=\frac{P(W|S)P(S)}{P(W|S)P(S)+P(W|H)P(H)}=\frac{P(W|S)}{P(W|S)+P(W|H)} \tag{3-91}$$

式(3-91)即为垃圾邮件过滤器的基本模型,其中,$P(W|S)$ 和 $P(W|H)$ 表示词语 W 在垃圾邮件和正常邮件中分别出现的概率。这两个值可以从历史资料库中得到。

(3)训练——获取样本信息

为确定式(3-91)中的概率 $P(W|S)$ 和 $P(W|H)$,我们必须预先提供两组已经识别好的邮件,一组是正常邮件,另一组是垃圾邮件。利用这两组邮件,对过滤器进行"训练"。这两组邮件的规模越大,训练效果就越好。保罗·格雷厄姆使用的邮件规模是正常邮件和垃圾邮件各 4 000 封。

"训练"过程很简单。首先,解析所有邮件,提取每一个词。然后,计算每个词语在正常邮件和垃圾邮件中的出现频率。例如"sex"这个词,在 4 000 封垃圾邮件中,有 200 封包含这个词,那么它的出现频率就是 5%;而在 4 000 封正常邮件中,只有 2 封包含这个词,那么它的出现频率就是 0.05%。如果某个词只出现在垃圾邮件中,保罗·格雷厄姆就假定它在正常邮件中的出现频率是 1%,反之亦然。随着邮件数量的增加,计算结果会自动调整。有了这个初步的统计结果作为先验概率,通过贝叶斯过滤器[式(3-91)]就可以实现邮件分类了。

(4)后验概率计算

对"sex"这个词来说,上文假定它们分别等于 5% 和 0.05%,另外,$P(S)$ 和 $P(H)$ 的值,前面说过都等于 50%,即

$$P(W|S)=0.05,P(W|H)=0.000\ 5$$

所以,马上可以计算 $P(S|W)$ 的值

$$P(S|W)=\frac{P(W|S)}{P(W|S)+P(W|H)}=\frac{0.05}{0.05+0.000\ 5}\doteq 0.990\ 1$$

因此,这封新邮件是垃圾邮件的概率等于 99%。这说明,"sex"这个词的推断能力很强,将 50% 的"先验概率"一下子提高到了 99% 的"后验概率"。

进一步的问题:做完上面一步,请问我们能否得出结论,这封新邮件就是垃圾邮件?

回答是不能。因为一封邮件包含很多词语,一些词语(比如 sex)说这是垃圾邮件,另一些说这不是。你怎么知道以哪个词为准?

2)模型的改进——联合概率判定模型

(1)模型分析与建立

保罗·格雷厄姆的做法是,选出这封信中 $P(S|W)$ 最高的 15 个词,计算它们的联合概率。所谓联合概率,就是指在多个事件发生的情况下,另一个事件发生的概率有多大。比如,已知 W_1 和 W_2 是两个不同的词语,它们都出现在某封电子邮件之中,那么这封邮件是垃圾邮件的概率就是一种联合概率,记为 $P(S|W_1W_2)$。

注意,在下面的讨论过程中,和上文一样,仍取 $P(S)=P(H)=0.5$。由式(3-91)(贝叶斯公式)得:

$$P(S|W_1W_2)=\frac{P(W_1W_2|S)P(S)}{P(W_1W_2|S)P(S)+P(W_1W_2|H)P(H)} \tag{3-92}$$

将 $P(S)=P(H)=0.5$ 代入式(3-92)得

$$P(S|W_1W_2)=\frac{P(W_1W_2|S)}{P(W_1W_2|S)+P(W_1W_2|H)} \tag{3-93}$$

假定所有事件都是独立事件,则式(3-93)可变形为

$$P(S|W_1W_2)=\frac{P(W_1|S)P(W_2|S)}{P(W_1|S)P(W_2|S)+P(W_1|H)P(W_2|H)} \tag{3-94}$$

又由条件概率公式可得

$$P(W_i|S)=\frac{P(W_iS)}{P(S)}=\frac{P(S|W_i)P(W_i)}{P(S)},(i=1,2) \tag{3-95}$$

$$P(W_i|H)=\frac{P(W_iH)}{P(H)}=\frac{P(H|W_i)P(W_i)}{P(H)},(i=1,2) \tag{3-96}$$

将式(3-95)及式(3-96)代入式(3-94),并且注意到 $P(S)=P(H)=0.5$,化简得

$$P(S|W_1W_2)=\frac{P(S|W_1)P(S|W_2)}{P(S|W_1)P(S|W_2)+P(H|W_1)P(H|W_2)} \tag{3-97}$$

利用贝叶斯公式可将式(3-97)改写为

$$P(S|W_1W_2)=\frac{P(S|W_1)P(S|W_2)}{P(S|W_1)P(S|W_2)+[1-P(S|W_1)][1-P(S|W_2)]} \tag{3-98}$$

记 $p_1=P(S|W_1)$,$p_2=P(S|W_2)$,则式(3-98)可简记为

$$P(S|W_1W_2)=\frac{p_1p_2}{p_1p_2+(1-p_1)(1-p_2)} \tag{3-99}$$

这就是联合概率的计算公式。

同样的道理,可将式(3-99)扩展到 15 个词的情况,就得到了改进后的贝叶斯过滤模型——联合概率模型:

$$P(S|W_1W_2\cdots W_{15})=\frac{p_1p_2\cdots p_{15}}{p_1p_2\cdots p_{15}+(1-p_1)(1-p_2)\cdots(1-p_{15})} \tag{3-100}$$

在式(3-100)中,$p_i=P(S|W_i)(i=1,2,\cdots,15)$,这些概率值应该在模型投入使用前,通过样本邮件进行“训练”获得。

注意在“训练”中,如果有的词是第一次出现,保罗・格雷厄姆就假定 $P(S|W)=0.4$。因为垃圾邮件用的往往是某些固定的词语,所以如果你从来没见过某个词,那么它多半是一个正常的词。

(2)确定阈值

一封邮件是不是垃圾邮件,就用式(3-100)进行计算。这时我们还需要一个用于比较的阈值(门槛值)。保罗・格雷厄姆的阈值是 0.9,概率大于 0.9,表示由 15 个高频关键词以 90% 以上的概率联合认定这封邮件属于垃圾邮件;概率小于 0.9,就表示是正常邮件。通过式(3-100)过滤后,一封正常的信件即使出现 sex 这个词,也不会被认定为垃圾邮件。

(3)仿真实验

鉴于我们手头并未掌握具体邮件样本,同时为了抓住问题的主要矛盾——考核过滤器的

效果,这里我们只考虑对过滤器作用机制的仿真模拟。仿真方案设计如下:

①训练过程。

假设 $P(H) = P(S) = 0.5$。

Step 1:用区间[0,5 000]上均匀分布的100个随机整数代表正常邮件(H)的内容;用区间[0,500]上均匀分布的100个随机整数代表垃圾邮件(S)的内容,正常邮件和垃圾邮件各产生4 000封。

Step 2:统计垃圾邮件中各个词(数据)出现的频率百分比,挑选出15个高频词 W_i。

Step 3:统计出高频词在所有垃圾邮件中的出现频率,作为概率 $P(W_i|S)$ 的近似值。

Step 4:统计出高频词在所有邮件(包括正常邮件和垃圾邮件)中的出现频率,作为概率 $P(W_i)$ 的近似值。

Step 5:计算 $P(S|W_i)=P(W_i|S)/(P(W_i|S)+P(W_i|H)),i=1,2,\cdots,15$。

②过滤器考核阶段。

预先设定判定垃圾邮件的阈值。

随机产生垃圾邮件或者正常邮件,寻找这封信中 $P(S|W)$ 最高的15个词,计算联合概率并与阈值作比较,超过阈值的为垃圾邮件,否则为正常邮件。重复上述过程,统计过滤器判断结论的正确率。

编写程序如下:

```
format short g
% ==================过滤器的学习训练过程=========================
% 过滤器是文中公式(3-100),需先计算各关键词的 Pi =P(S |Wi) =P(Wi |S)P(S)/P(Wi)
% 产生[0,5000]均匀分布的随机数组 4000 组模拟正常邮件,每个邮件 100 个数字。
% 产生[0,500]均匀分布的随机数组 4000 组模拟垃圾邮件,每个邮件 100 个数字。
% 将所有垃圾邮件数据合并到一起统计其中各个单词出现的频率,近似为 P(Wi |S)
% 取 P(S)=0.5
% P(Wi)的算法:在正常邮件及垃圾邮件所用的所有单词中,统计并记录 Wi 出现的频率
XL_email = 8000;
P(S)=0.5;P(H)=1-PS;    % 给定 P(H),P(S)的值
H = unidrnd(5000,[1,100* XL_email/2]);     % 正常邮件样本
S = unidrnd(500,[1,100* XL_email/2]);      % 垃圾邮件样本
tS = abs(tabulate(-S));  % 统计垃圾邮件中各数据出现的频率百分比(在第三列中)
tS(:,3) = tS(:,3)/100;
[ ~,idx] = sort(tS(:,3),'descend');  % 按第三列的降序排列
% 下文中的变量 sort_tS 实质上是训练所得的经验信息库
sort_tS = tS(idx,:);         % sort_tS 中第一列为垃圾邮件中频率由高到低的词语
                             % sort_tS 中第二列为频数;第三列为频率,即为 P(Wi |S)
sort_tS = [sort_tS,zeros(length(sort_tS),2)];  % 扩充两列以便存放后面的信息
tHS = abs(tabulate(-[H,S]));% 计算所有邮件中关键字 Wi 出现的概率 P(Wi),在 tHS 的第三列
tHS(:,3) = tHS(:,3)/100;     % 把百分比换算成小数
% 下面计算并在 sort_tS 的第四列中存放 P(Wi)
for k = 1:length(sort_tS)
```

```
    r = find(tHS(:,1) == sort_tS(k,1));
    sort_tS(k,4) = tHS(r,3);
end
% 在 sort_tS 的第五列中存放 P(S|Wi),此数据即为联合过滤器中的 Pi 值
sort_tS(:,5) = sort_tS(:,3)* PS./sort_tS(:,4);
%% ====================接下来开始验证过滤器的效果====================
% 方法是:挑出任意邮件中 P{S|Wi}最高的 15 个词计算联合概率
threshold = 0.95;% 设阈值为 V=0.95;
right = 0;% 用以统计过滤结果正确的频数
% 随机产生若干封垃圾邮件或者正常邮件进行识别,统计正确率
N_email = 5000;
form =1:N_email
    EML = randi(2) - 1;% EML=0 表示收到一封正常邮件 EML=1 表示收到一封垃圾邮件
    if EML == 1
        email = unidrnd(500,[100,1]);    % 产生垃圾邮件
    else
        email = unidrnd(5000,[100,1]);   % 产生正常邮件
    end
    % 下面开始对过滤器进行考核
    t_email = unique(email);% 提取 email 中的唯一值
    t_email = [t_email,zeros(length(t_email),1)]; % 给数据后面加一列 0 元素
    for k = 1:length(t_email)
          % 本循环中逐词查找经验库中的 Pi=P(S|Wi)信息,存放在第二列
        r = find(sort_tS(:,1) == t_email(k,1));
        if isempty(r)
            t_email(k,2) = 0;% 若经验库中无该词,即认为 Pi=P(S|Wi)=0
        else
            t_email(k,2) = sort_tS(r,5);% 若经验库中有该词,读取经验值 Pi=P(S|Wi)
        end
    end
    [~,idx] = sort(t_email(:,2),'descend'); % 将邮件中各词的经验值按降序排列
    sort_email = t_email(idx,:);
    N = 15;
    % 以下将按邮件中经验值最高的 N 个关键词计算过滤器联合概率值,见式(3-100)
    pipi = prod(sort_email(1:N,2));
    qiqi = prod(1-sort_email(1:N,2));
    flg = pipi/(pipi+qiqi);
    if flg >= threshold
        IsSpamEmail = 1;       % 被过滤器以阈值概率为置信度认定为垃圾邮件
    else
        IsSpamEmail = 0;       % 被过滤器以阈值概率为置信度认定为正常邮件
    end
```

```
    if EML == IsSpamEmail      % 对照答案,若过滤器所认定是正确的,则频数累计1次
        right = right + 1;
    end
end
right/N_email                  % 此值为过滤器的正确率
```

运行程序得出结论:联合概率过滤器模型对垃圾邮件的识别率高于 96%。实验结果表明,关于垃圾邮件的联合概率过滤器模型是很有效的。

3)知识发现与模型推广

贝叶斯分析方法是贝叶斯学习的基础,它提供了一种计算假设概率的方法,这种方法是基于假设的先验概率、给定假设下观察到不同数据的概率以及观察到的数据本身而得出的。其方法为将关于未知参数的先验信息与样本信息综合,再根据贝叶斯公式得出后验信息,然后根据后验信息去推断未知参数的方法。

贝叶斯分析方法应用场合:机器学习、地质勘探、故障定位、医疗诊断、机器翻译、文字识别、图像识别、语音识别、决策分析、刑事侦查、军事侦察、情报分析等需要分类、根据先验概率修正后验概率的场合。

3.13.3 课外研讨问题

①用甲胎蛋白法普查肝癌:令 A 表示被检验者患肝癌,B 表示被检验者甲胎蛋白检验结果为阳性,则 A 表示被检验者未患肝癌,B 表示被检验者甲胎蛋白检验结果为阴性。由资料已知 $P(B|A)=0.95$,$P(B|A)=0.90$,又已知某地区的肝癌发病率为 $P(A)=0.000\,4$。在普查中查出一批甲胎蛋白检验结果为阳性的,求这批人患有肝癌的概率 $P(A|B)$。

②有朋自远方来,他坐火车、坐船、坐汽车、坐飞机的概率分别是 0.3,0.2,0.1,0.4,而他坐火车、坐船、坐汽车、坐飞机迟到的概率分别是 0.25,0.3,0.1,0。实际上他迟到了,推测他坐哪种交通工具来的可能性大。

3.14 排队系统的随机模拟方法

3.14.1 问题背景

随机模拟是一种计算机仿真方法,一种模拟抽样技术展开的定量分析方法。一些涉及随机现象的实际问题,用解析的方法求解比较困难,又不适合在实际中直接进行实验验证,此时就可以使用随机模拟方法求解或验证。随机模拟就是通过建立某一过程或某一系统的模式,来描述该过程或该系统,然后用一系列有目的、有条件的计算机模拟实验来刻画系统的特征,从而得出数量指标,为决策者提供关于这一过程或系统的定量分析结果,作为决策的理论依据。本节将以单队不限长排队系统仿真为对象,引领大家初步了解随机模拟方法。

考虑下面一个超市收费口的情形。假设只有一个收银员收费,顾客到来间隔时间 θ 服从

参数为8的指数分布；收银员对顾客的服务时间 η 服从[4,15]上的均匀分布；排队按先到先服务规则，对队长没有限制。假设时间以分钟为单位，对上述模型模拟收银员一个班次的300分钟内：①完成服务的顾客数量是多少？②顾客平均等待时间是多少？③收银台空闲率是多少？

3.14.2 建模与实验过程

1）建模分析

该问题是排队问题的一种特殊情形，可以用解析的方法求解，但比较复杂，这里用随机模拟的方法求解。在仿真模拟中需要关注3个主要方面的处理方法：

①根据适当的方式产生随机数；

②模拟模型的动态运行情形；

③根据模型的运行过程，统计出关心的数量指标。

2）排队服务全过程

①假定收银员开始上班的时刻为0时刻，顾客在收银员上班后开始到达收银台；

②依次记录每名顾客到达时间；按到达时刻的先后顺序排队等待服务；

③队伍中有顾客排队时，从队首位置开始进行服务，记录每名顾客开始被服务的时间，记录每名顾客被服务的时长；服务结束后顾客离开队伍；

④若有人排队，服务便开始；若无人排队，收银员空闲，等待下一名顾客到来，记录空闲时长；

⑤下班时间到，结束服务。

排队系统中，有两个关键的随机参数，分别是顾客到达的时间间隔（本案例中假定是服从参数为10的指数分布）和收银员对每位顾客的服务时长（本例中假定服从[4,15]区间上的均匀分布）。

在上述两个参数的基础上，可计算各位顾客的到达时刻、等待服务时间、开始接受服务时刻、接受服务时间、结束服务时刻、收银台空闲时间等。

3）参变量符号说明

为方便表述，这里引入表3-12所示的参变量。

表3-12 参变量及其含义

参变量	含 义
i	顾客序数
x_i	第 i 个顾客与上一个顾客的到达时间间隔（时长）
c_i	第 i 个顾客到来的时刻
w_i	第 i 个顾客等待的时间（时长）
b_i	第 i 个顾客接受服务的时刻
y_i	第 i 个顾客接受服务的时间（时长）
e_i	第 i 个顾客结束服务的时刻

续表

参变量	含 义
wait	顾客的累计等待时间(时长)
waita	平均等待时间(=累计等待时间/接受服务的顾客总数)
v_i	服务第 i 个顾客前收银员的空闲等待时间(时长)
V	收银员累计空闲等待顾客时间(时长)
V_p	收银员空闲率(=累计等待时间/本班次工作时长×100%)

4)仿真模型

对单服务系统队长无限的排队模型进行仿真建模,关键是要求以下的参变量的值,按照变量之间的联系,有下列运算关系:

①顾客 i 的到达时刻:$c_i=c_{i-1}+x_i(i=1,2,\cdots)$,其中 $x_k\sim \text{Exp}(10)$,$c_0=0$;

②顾客 i 开始接受服务时刻:比较顾客 i 到达时刻 c_i 与顾客 $i-1$ 结束服务的时刻 e_{i-1},其中较晚(数值较大)的时刻就是顾客 i 开始接受服务的时刻,即

$$b_i=\max\{c_i,e_{i-1}\}\ (\text{注}:e_0=0)$$

③顾客 i 结束服务的时刻:$e_i=b_i+y_i$,其中 $y_i\sim U(4,15)$;

④顾客 i 的等待时间:$w_i=b_i-c_i$;

⑤收银员服务顾客 i 前的空闲等待时间:$v_i=b_i-e_{i-1}$。

5)算法步骤

①初始化:给定指数分布的参数;均匀分布的参数;wait=0;waita = 0;$V=0$;$c_0=0$;$e_0=0$;$i=1$;$t=300$;

②产生时间间隔随机数 x_i(指数分布的);

③求顾客 i 到达的时刻:$c_i=c_{i-1}+x_i$;

④求顾客 i 接受服务的时刻:$b_i=\max\{c_i,e_{i-1}\}$;

⑤判断:若 $b_i>t$,则转步骤⑭;否则转步骤⑥;

⑥产生服务时间长度随机变量 y_i;

⑦求顾客 i 的离开时刻(结束服务时刻):$e_i=b_i+y_i$;

⑧求顾客 i 的等待时长:$w_i=b_i-c_i$;

⑨计算顾客累计等待时间:wait=wait+w_i;

⑩计算顾客平均等待时间:waita=wait/i;

⑪计算收银员空闲等待时间:$v_i=b_i-e_{i-1}$;

⑫计算收银员累计空闲等待时间:$V=V+v_i$

⑬$c_{i-1}=c_i$;$e_{i-1}=e_i$;$i=i+1$,转步骤②;

⑭输出结果:i, waita, $V_p=V/t$,结束程序。

仿真流程图见图 3-12。

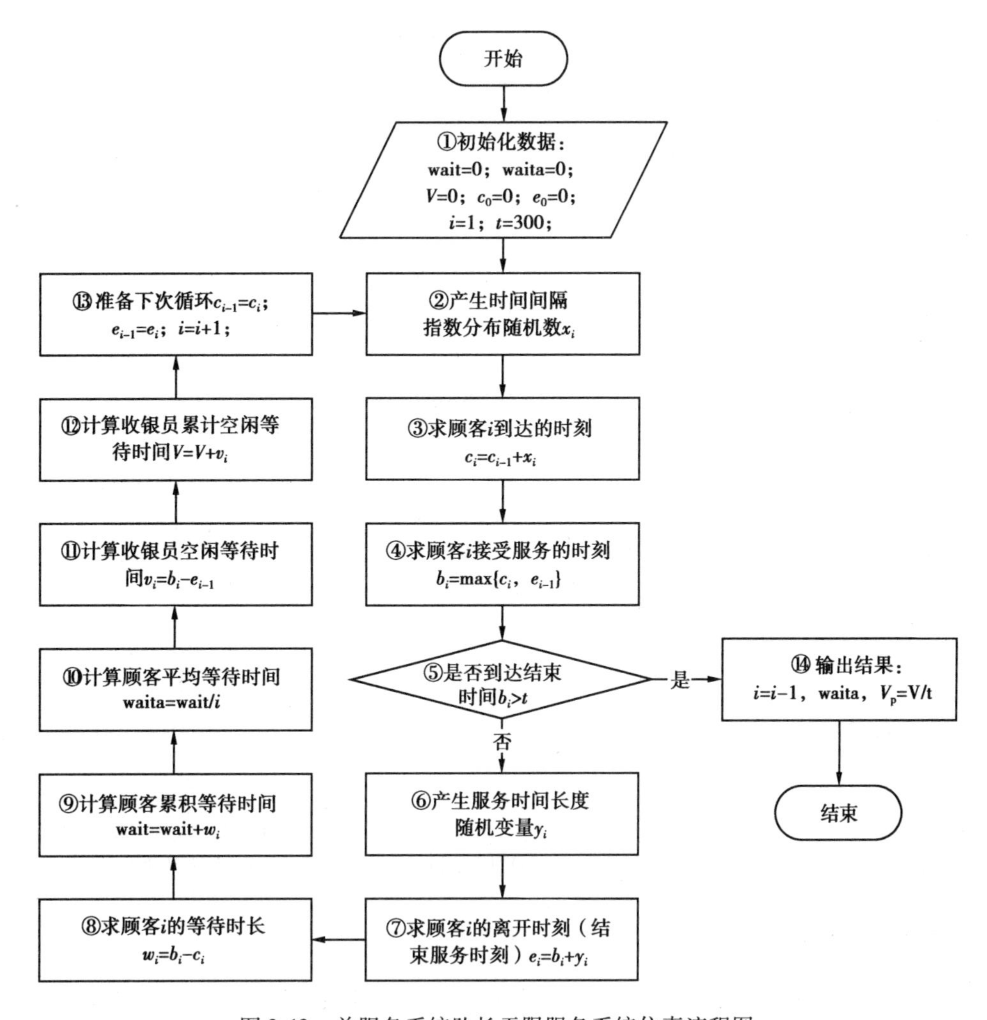

图3-12 单服务系统队长无限服务系统仿真流程图

上述模型的MATLAB程序如下：

```
%单服务系统排队仿真
%%(1)初始化
theta=10;                    %指数分布的参数值为theta
a=4;b=15;                    %服务时长下限为a,上限为b
wait=0;                      %顾客累计等待时长,初值为0
waita=0;                     %顾客平均等待时间,初值为0
V=0;                         %收银员等待顾客累计空闲时间长度
ci=0;                        %第i个顾客到达时刻,初始值为0
ei=0;                        %第i个顾客结束服务时刻,初始值为0
t=300;                       %仿真持续时长为300分钟
bi=0;                        %第i个顾客接受服务的时刻
i=1;
%%计算顾客i的数据
while bi<=t
```

```
    xi=exprnd(theta);                 % (2)顾客 j 与前面相邻顾客 i 的时间间隔
    c_this=ci+xi;                     % (3)顾客 i 的到达时刻
    bi=max([c_this,ei]);              % (4)顾客 i 接受服务的时刻
    if bi>t
       break;                         % (5)判断是否需要终止程序,跳转至(14)
    end
    yi=a+(b-a)* rand();               % (6)产生服务时长
    e_this=bi+yi;                     % (7)求顾客 i 的离开时刻(结束服务时刻)
    wi=bi-c_this;                     % (8)求顾客 i 的等待时长
    wait=wait+wi;                     % (9)计算顾客累积等待时间
    waita=wait/i;                     % (10)计算顾客平均等待时间
    vi=bi-ei;                         % (11)计算窗口空闲时间
    V=V+vi;                           % (12)计算窗口累计空闲时间
    ci=c_this; ei=e_this; i=i+1;      % (13)为下次循环计算做准备
end
%                                     % (14)输出结果:
disp('服务的顾客数为:'); i=i-1
disp('顾客平均等待时间为:'); waita
disp('窗口空闲率为:'); Vp=100 *'V/t
```

6)模型推广

计算机仿真技术应用广泛,在航空、航天、兵器、国防电子、船舶、电力、石化等行业,特别是在现代高科技装备的论证、研制、生产、使用和维护过程中都发挥着重要作用。

3.14.3 课外研讨问题

①请查阅关于高尔顿钉板实验的内容,分析这个实验验证了哪个概率论定理,并设计随机模拟模型,对高尔顿钉板实验进行模拟仿真,画出模拟结果的直方图。

②某公共汽车站每隔 30 分钟到达一辆汽车,但可能有 0~3 分钟误差,此误差大小与前一辆汽车的运行无关。汽车最多容纳 50 名旅客,到达该汽车站时车内旅客人数服从[20,50]的均匀分布,到站下车的旅客人数服从[3,7]的均匀分布,每名旅客下车的时间服从[1,7]的均匀分布。旅客按照每 30 分钟到达 12 个人的泊松分布到达汽车站,单队排列等车,先到先上,如果某位旅客未能上车,公共汽车不再等候。旅客上车时间服从[4,12]的均匀分布。上下车的规则是:先下后上,逐个上车,逐个下车。

假设每天共发车 25 辆,现在要求模拟 30 天汽车的运行情况,了解平均一天中在站内等候汽车的总人数、能上车及不能上车的人数、旅客排队时间分布情况、不能上车人数的分布情况。

3.15 正态分布应用案例二则

3.15.1 问题背景

生活实践经验及中心极限定理都表明正态分布在现实生活中大量存在,用正态分布解决问题的成功案例也不少。本次实验,我们研讨两则正态分布的应用案例,希望能加深同学们对正态分布应用性的认识。

3.15.2 建模与实验过程

1)案例一:考试成绩标准分的数学原理

(1)问题阐述

高等学校的招生考试从 1993 年起在部分省、市试行“将原始分数换算为标准分,并公布标准分为录取的依据”。在试验成功的基础上,参考、借鉴国外的先进做法,当时的国家教育委员会制定了《普通高等学校招生全国统一考试建立标准分数制度实施方案》,并逐步推向全国。这一举措是招生考试的重大改革,也是对传统以卷面分为录取标准的有力冲击。近年来,不仅高考实行标准分,而且中考以及有些中学的期中、期末成绩也都换算成标准分。那么,什么是标准分呢?

(2)建模分析

标准分是由卷面分换算得来的。由于各类统一考试人数众多,每科考试的卷面分数 X 服从正态分布 $N(\mu,\sigma^2)$,其中 μ 反映了该科考试卷面的平均分,σ^2 反映了该科考试卷面分数的离散程度(μ 与 σ^2 可以由卷面原始分用数理统计方法估计出来)。

由于

$$X \sim N(\mu,\sigma^2) \tag{3-101}$$

那么,作一个线性变换

$$Y = \frac{X-\mu}{\sigma}, Y \sim N(0,1) \tag{3-102}$$

变换以后的分数就是标准分。

(3)标准分模型的应用

①根据标准分就能较准确地判断其成绩与平均分的比较关系。

若 $Y<0$,说明考试成绩低于平均分;若 $Y=0$,说明考试成绩等于平均分;若 $Y>0$ 说明考试成绩高于平均分。

②根据标准分来判断考试成绩在全体考生中的位置。

如某人参加考试的标准分为 $Y=1$,则

$$P\{Y<1\} = \Phi(1) = 0.841\,3 \tag{3-103}$$

说明在全体考生中有 84.13%的考生成绩比他低;

再如某人参加某项考试的标准分为 $Y=-0.5$,则

$$P\{Y < -0.5\} = \Phi(0.5) = 1 - 0.6915 = 0.3085 \tag{3-104}$$

说明在全体考生中有30.85%的考生成绩比他低。

③放大平移后的标准分。

在高考成绩中,由于每一科目的考生都在数万人以上,为了便于区分,故增大正态分布的标准差,对标准分进行进一步换算

$$Z = \frac{X - \mu}{\sigma} \times 100 + 500 \tag{3-105}$$

可以证明 $E(Z)=500,D(Z)=100^2$,换算后的标准分服从均值 $\mu=500$,标准差 $\sigma=100$ 的正态分布,即 $Z \sim N(500,100^2)$。由于正态分布以均值 μ 为中心,以 σ、2σ、3σ、4σ 为半径的范围内取值的概率分别可达0.682 6、0.954 5、0.997 3、0.999 94,所以标准分在100 ~ 900几乎是必然的,即高考成绩每一门的标准分都是以500分为平均分且在100 ~ 900分。若标准分大于500分,则说明高于平均分;若标准分小于500分,则说明低于平均分。

例如,某一位同学某一科的标准分是618分,那么,可以计算

$$\begin{aligned} P\{Z > 618\} &= 1 - P\{Z \leqslant 618\} \\ &= 1 - P\left\{\frac{Z - 500}{100} \leqslant \frac{618 - 500}{100}\right\} \\ &= 1 - \Phi(1.18) = 0.119 \end{aligned} \tag{3-106}$$

即该同学所在省(市)该科考试成绩高于他的约占考生总数的11.9%。

若某一位同学某一科的标准分是435分,那么,可以计算

$$P\{Z > 435\} = 1 - P\left\{\frac{Z - 500}{100} \leqslant -0.65\right\} = 1 - \Phi(-0.65) = \Phi(0.65) = 0.7422 \tag{3-107}$$

即该同学所在省(市)该科考试成绩高于他的约占考生总数的74.22%。所以,当考生知道标准分以后,就能够知道他的"名次"。这就是采用标准分的一个重要意义。

④标准分可消除不同科目难易程度不同的影响。

标准分的另一个重要意义是,将原始分换算为标准分以后,可以消除不同科目难易程度对总成绩的影响,它比传统的计算卷面总分更科学。因为,不论每一科目的难易程度如何,将其转换成标准分以后,都服从正态分布 $N(500,100^2)$。

高考成绩的综合分是由各科的标准分加权平均后再进行折算的,综合分仍然服从正态分布,其均值仍为500分,但其标准差就不一定是100分了。如要详细了解,可进一步分析和计算。

2)案例二:预测录取分数线和考生考试名次

(1)问题背景

目前,考试作为一种选拔人才的有效途径,正被广泛采用。每次考试过后,考生最关心的两个问题是:自己能否达到最低录取分数线?自己的考试名次如何?其实,学了概率之后,我们可以通过正态分布来解决这些问题。这里,我们共同研讨下列算例。

某公司通过招聘考试,准备招工300名(其中280名正式工,20名临时工),而报考的人数是1 657名,考试满分为400分。考试后不久,通过当地新闻媒介得到如下信息:考试总评成

绩是166分,360分以上的高分考生31名。某考生A的成绩是256分,问他能否被录取?如被录取能否称为正式工?

(2)建模分析

①预测分数线模型。

解决问题:先来预测一下最低录取分数线,记该最低分数线为 X_0。

设考生考试成绩为 ξ,则 ξ 是随机变量,对于一次成功的考试来说,ξ 应服从正态分布。本题中

$$\xi \sim N(166,\sigma^2) \tag{3-108}$$

则

$$\eta=\frac{X-166}{\sigma} \sim N(0,1) \tag{3-109}$$

因为考试成绩高于360分的频率是 $\frac{31}{1\ 657}$,所以

$$P(\xi > 360)=p\left(\eta > \frac{360-166}{\sigma}\right) \approx \frac{31}{1\ 657} \tag{3-110}$$

于是

$$P(0 \leqslant \xi \leqslant 360)=p\left(0 \leqslant \eta \leqslant \frac{360-166}{\sigma}\right) \approx 1-\frac{31}{1\ 657}=0.981 \tag{3-111}$$

查正态分布表知,$(360-166)/\sigma \approx 2.08$ 即得 $\sigma \approx 93$。所以 $\xi \sim N(166,93^2)$。

因为最低分数线 X_0 应使高于此线的考生的频率等于 $\frac{300}{1\ 657}$,即

$$P(\xi > X_0)=p\left(\eta > \frac{X_0-166}{93}\right) \approx \frac{300}{1\ 657} \tag{3-112}$$

所以

$$P(0 \leqslant \xi \leqslant X_0)=p\left(0 \leqslant \eta \leqslant \frac{X_0-166}{93}\right) \approx 1-\frac{300}{1\ 657}=0.819 \tag{3-113}$$

查正态分布表得 $\frac{X_0-166}{93} \approx 0.911\ 5$,求得 $X_0 \approx 250.77$,即最低录取分数线是251。

②预测考生名次。

考生 A 的考分为 $X=256$,查正态分布表知

$$P(\xi > 256)=p\left(\eta > \frac{256-166}{93}\right)=1-\Phi(0.968) \approx 0.166 \tag{3-114}$$

这说明,考试成绩高于256分的频率是0.166,也就是说,成绩高于考生A的人数大约占总人数的16.6%。所以,考试名次排在A之前的人大约有

$$1\ 657 \times 16.6\%=275.06(\text{名})$$

即考生A大约排在第276名。

从以上分析得出:最低录取分数线为251分,低于考生A的分数,所以,考生A能被录取。又因其考试名次大约是276名,排在280名之前,所以,有可能被录取为正式工。

3.15.3 课外研讨问题

①某人要乘车到机场搭乘飞机，现有两条路可以选择。走第一条路线所需时间为 X(分钟)，$X \sim N(50,10^2)$，走第二条路线需要时间 Y(分钟)，$Y \sim N(60,4^2)$。讨论下面的问题：

a. 若有 70 分钟，应该选择哪一条路线更有把握？若有 65 分钟呢？

b. 若走第一条路线，并以 0.95 的概率保证能赶上飞机，距飞机起飞时刻至少需要提前多少时间出发？若两条路线存在择优问题，如何比较优劣呢？

②某学校高二年级甲、乙两位学生五门课的测验成绩(每门课满分均为 100 分)如下表所示。

评估对象	语文成绩/分	数学成绩/分	英语成绩/分	物理成绩/分	化学成绩/分
学生甲	75	78	70	70	72
学生乙	70	85	65	78	65

又经统计，该年级五门课程这次测验的平均分数分别是 70，80，65，75，68，标准差分别是 9，6，11，8，10。试用标准分比较甲乙两位学生这次测验总分的排序。

③假如你是汽车设计师，由于汽车出口需要，要为面向某国人群设计一款公交大巴，要求在上下车时因车门高度低头的人不超过 0.5%，请根据所学数学知识分析车门需要多高？请给出你的分析建模与求解过程。

3.16 人寿保险中风险收益指标计算问题

3.16.1 问题背景

假设有 2 500 个同一年龄段的人参加保险公司的人寿保险。根据以前的统计资料，在一年里每个人死亡的概率为 0.000 1。每个参加保险的人一年付给保险公司 120 元保险费，而在死亡时其家属从保险公司领取 2 万元，那么：

①保险公司有多大可能性亏本？

②保险公司有多大可能性一年获利不少于 10 万元？

③为确保进一步吸引这 2 500 个人参保，并且以不小于 0.99 的概率保证每年获利不少于 10 万元，保险公司拟下调保险费，请分析每人每年至少应交多少保险费？

④由于保险公司之间竞争激烈，为了吸引参保者，保险费还可以降低，比如 20 元，只要保险公司不亏本就行。因此，保险公司将考虑这样的问题：在死亡率和赔偿金不变的情况下，每人每年交给保险公司 20 元保险费，保险公司至少要吸引多少个参保者才能以不小于 0.99 的概率不亏本？

3.16.2 建模与实验过程

1)分析建模

问题的关键在于,保险公司会面临多少理赔,即会有多少参保者死亡?而这是具有随机性的。不妨引入随机变量 X 表示参保者中的死亡人数,容易理解的是:X 服从二项分布 $b(n,p)$,其中 n 为参保总人数,p 为死亡概率。根据中心极限定理还可知,在参保人数 n 很大时,X 近似服从正态分布 $N(np, npq)$,可据此解决上述问题。

2)模型求解

用随机变量 X 表示一年之中死亡的人数,则 $X \sim b(2\,500, 0.000\,1)$,一年之中有 k 个人死亡的概率为:

$$P\{X=k\} = C_{2\,500}^{k}(0.000\,1)^{k}(0.999\,9)^{2\,500-k}, k=0,1,2,\cdots,2\,500 \tag{3-115}$$

X 的数学期望和方差为

$$E(X) = np = 2\,500 \times 0.000\,1 = 0.25 \tag{3-116}$$

$$D(X) = npq = 2\,500 \times 0.000\,1 \times 0.999\,9 \approx 0.25 \tag{3-117}$$

由中心极限定理知:$X \sim N(0.25, 0.5^2)$。

下面逐一分析求解4个问题。

①保险公司亏本的概率:

当年收入值 s 为

$$s = 2\,500 \times 120 = 300\,000(\text{元}) \tag{3-118}$$

若当年死亡人数为 X,公司需为每个亡者家属支付20 000元,则当年的支出为

$$z = 20\,000X(\text{元}) \tag{3-119}$$

所谓亏本,就是当年入不敷出的情况。亏本的概率为

$$p_{kb} = P\{20\,000X > 300\,000\} = P\{X > 15\} = \sum_{k=16}^{2\,500} C_{2\,500}^{k}(0.000\,1)^{k}(0.999\,9)^{2\,500-k} \tag{3-120}$$

按照式(3-120),这个值很难计算,根据中心极限定理,改用正态分布计算会方便很多:

$$P\{X > 15\} = 1 - P\{X \leqslant 15\} \approx 1 - \Phi\left(\frac{15 - 0.25}{0.5}\right) = 1 - \Phi(29.5) \approx 0 \tag{3-121}$$

计算结果已经表明,保险公司这项业务稳赚不赔。

②计算"一年获利不少于10万元"的概率:

根据式(3-128)、式(3-129),每年获利值 c 为

$$c = s - z = 300\,000 - 20\,000X \tag{3-122}$$

要求"一年获利不少于10万元",即要求 $300\,000-20\,000X \geqslant 100\,000$,即 $X \leqslant 10$,从而,所求概率为

$$P\{X \leqslant 10\} \approx \Phi\left(\frac{10 - 0.25}{0.5}\right) = \Phi(19.5) \approx 1 \tag{3-123}$$

这表明保险公司该项业务每年的利润不低于10万元。

③设 x 为每人每年所交保险费,"获利不少于10万元",即 $2\,500x-20\,000X \geqslant 100\,000$,等

价于 $X \leqslant x/8-5$，因而据题意，需要令

$$P\{X \leqslant x/8-5\} = \Phi\left(\frac{x/8-5-0.25}{0.5}\right) > 0.99 \tag{3-124}$$

查标准正态分布函数表得

$$\frac{x/8-5-0.25}{0.5} \geqslant 2.33$$

解得

$$x \geqslant 51.32$$

这说明保险公司若需要以超过 0.99 的大概率保证获利不少于 10 万元，可以把每人的交费额最低降至 51.32 元。

④设 y 为参保人数，X 为参保死亡人数，依题意 $X \sim N(0.000\,1y, 0.000\,1\times 0.999\,9y)$，则条件“不亏本”的可表达为 $20y-20\,000X \geqslant 0$，即 $X \leqslant y/1\,000$。因此，欲使保险公司不亏本的概率不低于 0.99，只需

$$P\{X \leqslant y/1\,000\} = \Phi\left(\frac{y/1\,000-0.000\,1y}{\sqrt{0.000\,1\times 0.999\,9y}}\right) \geqslant 0.99 \tag{3-125}$$

查标准正态分布函数表可得

$$\frac{y/1\,000-0.000\,1y}{\sqrt{0.000\,1\times 0.999\,9y}} \geqslant 2.33 \tag{3-126}$$

解之得

$$y \geqslant 671$$

即保险公司至少要吸引 671 人参加保险，才能以不低于 0.99 的概率保证不亏本。

3.16.3 课外研讨问题

①一般来说，对于一个学生而言，来参加家长会的家长人数是一个随机变量。设一个学生无家长、有 1 名家长和 2 名家长来参加家长会的概率分别为 0.05、0.8 和 0.15。若学校共有 400 名学生，设每名学生参加家长会的家长人数相互独立，且服从同一分布。求：

a. 参加家长会的家长人数超过 450 的概率；

b. 有 1 名家长来参加家长会的学生人数不多于 340 的概率。

②某商店负责供应某地 1 000 人的商品，某种商品在一段时间内每人需用一件的概率为 0.6，假定在这段时间内每个人购买与否相互独立，那么商店应该备多少件这种商品，才能以 0.997 以上的概率保证不脱销。

3.17 面包订货策略案例

3.17.1 问题背景

社会经济领域内，有这样一类常见问题：已知某种商品在供过于求和供不应求时的收益

或损失情况，而通常商品的需求量是随机的，人们常常需要考虑如何安排商品数量使利润最高或损失最小。这类问题通常要从数学期望的角度来寻求解决方案。在解决很多受随机因素影响的实际问题时，数学期望、随机变量的函数的数学期望是一种常用方法，值得我们深入学习体会。

本次实验将以"面包订货策略"为案例示范此类问题分析建模方法。本案例的建模过程和求解过程都是很巧妙的，值得大家仔细研习。

3.17.2 建模与实验过程

1)问题阐述

某便利店老板每天凌晨从餐饮公司订购某种早餐面包，进货单价为2元，零售单价为4元。如果当天没有及时售出，则需以单价1元的价格退回餐饮公司销价处理。这样一来，便利店每卖出一份面包赚2元，退回一份面包赔1元。另外，每天面包的需求量是随机变量，长期跟踪调查发现，顾客对面包的需求量分布律见表3-13。

表3-13 面包日需求量分布律

日需求量 r/百份	1	2	3	4	5
概率 $f(r)$	0.1	0.3	0.4	0.1	0.1

老板一直困惑的问题是：每天买进多少份面包零售才能使收入最大？请你根据数学知识为老板制订最佳订购策略。

2)面包订购策略离散型数学模型

(1)建模分析

如果面包订购太多，则会因卖不完而退回，导致赔钱；如果订购太少，则会出现不够销售的情况，导致赚钱少，由此可知：存在一个合适的买进量。

每天面包需求量是随机变量，需求量和进货量都影响利润，也就是说，利润是销售量和进货量的函数，因此，利润也是随机变量，不能从每天利润值本身来解决问题，好的做法是从每天利润值的数学期望着手制订进货方案。所以，本问题的目标函数应该选为利润函数的数学期望，决策变量是进货量，将问题转化为在已知需求量的分布的情况下，进货量参数如何选取，使得利润函数的数学期望达到最大。

(2)模型假设

①为讨论方便，这里以"百份"作为面包的数量单位，假设每天买进 q(百份)面包；

②售出百份获利 $s_1=200$，退回百份损失 $s_2=100$；

③每天需求量 r(百份)的分布律为 $f(r)$，$r=0,1,\cdots\cdots,n$

(3)建立模型

由于供求关系直接影响利润：

①供不应求，则 $q<r$，售出获利 $s_1 q$，没有损失；

②供过于求，则 $q\geqslant r$，售出获利 $s_1 r$，退回损失 $s_2(q-r)$；

售卖获利减去赔钱损失就是净利润，所以，每天的净利润可以表示为：

$$s(r,q)=\begin{cases} s_1 r - s_2(q-r), & q \geqslant r \\ s_1 q, & q < r \end{cases} \tag{3-127}$$

其中 q 为进货量,r 为需求量,s_1 为售出所获单位利润,s_2 为退回所赔单位金额。

若将以往统计数据的最大需求量记为 n,则进货量 q 的合理取值不应超过 n。显然,每天净利润是随机变量 r 的函数,其数学期望为:

$$E[s(r,q)] = \sum_{r=1}^{n} s(r,q)f(r) = \sum_{r=1}^{q} [s_1 r - s_2(q-r)]f(r) + \sum_{r=q+1}^{n} s_1 q f(r) \tag{3-128}$$

式(3-128)就是问题的目标函数,问题则转化为已知 s_1, s_2, $f(r)$,求进货量 q,使日均净利润 $E[s(r,q)]$最大。

(4)模型求解

【模型解法一】

显然,本问题的目标函数 $E[s(r,q)]$不是常规函数形式,无法用微分学知识求最值,需仔细分析该函数的特殊性,寻求突破口。

算法分析如下:在 q 增加的过程中,当 $q<r$ 时,q 每增加 1 单位,获得利润为 s_1;当 $q\geqslant r$ 时,q 每增加 1 单位,获得利润为$-s_2$,所以,平均而言,每增加 1 单位的进货量所获得的利润为

$$E[s(r,q+1) - s(r,q)] = s_1 P\{r > q\} - s_2 P\{r \leqslant q\} \tag{3-129}$$

又因为

$$P\{r > q\} = 1 - P\{r \leqslant q\} \tag{3-130}$$

将式(3-130)代入式(3-129)可得

$$E[s(r,q+1) - s(r,q)] = s_1 - (s_1 + s_2)P\{r \leqslant q\} \tag{3-131}$$

式(3-131)刻画了订货量 q 的单位增量带来的日均净利润值。显然,当这个净利润值刚好小于等于 0 时,q 就不应该再增加了,此时的 q 即为最佳进货方案。为了确定 q 的值,令

$$s_1 - (s_1 + s_2)P\{r \leqslant q\} \leqslant 0 \tag{3-132}$$

即

$$P\{r \leqslant q\} \geqslant \frac{s_1}{s_1 + s_2} \tag{3-133}$$

上述讨论表明,使式(3-133)成立的最小 q 就是使日平均净利润 $E[s(r,q)]$达到最大的进货方案。所以模型的求解算法是:首先计算出式(3-133)右端的比值,然后根据 r 的分布律即可确定 q 的值。

下面以便利店订购面包问题的数据来进行计算。售出百份获利 $s_1=200$,退回百份损失 $s_2=100$。所以

$$\frac{s_1}{s_1+s_2}=\frac{2}{3}$$

根据需求量分布律表可知,使式(3-133)成立的最小值是 $q=3$。

将 $q=3$ 代入式(3-128)计算,得最大值 $E[s(r,q)]=450$ 元。

式(3-129)—式(3-133)的算法分析转化过程是非常巧妙的,是创新性的工作。本问题如果不用上述方法求解,还可以通过 MATLAB 编程求解。

【模型解法二】

编程求解的基本想法就是先定义本问题表3-13的分布律函数，再按式(3-128)定义数学期望计算函数。然后把进货量q的各种可能取值代入，经比较，可找到最佳进货方案，得到日均利润的最大值。这里编写三段程序完成求解过程。

首先按式(3-128)定义本问题数学期望计算函数$E[s(r, q)]$。

```
functionef = expectation(q)
% 本函数用于计算随机变量 r 对应的日均利润函数 s(r,q)的数学期望
% 注意,调用时 q 只能取整数 0,1,2,3,4,5。
n=5;
s1=200; s2=100;              % 售出百份利润值及退回百份损失值
s=0;
for r = 0:n                  % 下面语句中,r 为需求量,q 为进货量
    if r<=q                  % 若供过于求,计算净利润
        s =s+(s1* r-s2* (q-r))* f(r);
    else
        s=s+s1* q* f(r);     % 若供不应求
    end
end
ef = s;                      % 返回值
end
```

其次编写下面的一段程序根据表3-13定义r的分布律函数。

```
functionp=f(r)
% 输入参数 r 为每日需求量
% 定义本实验问题的如下分布律:
%     r    |0   1    2    3    4    5
%   f(r)|  0   0.1  0.3  0.4  0.1  0.1
switch r
    case 0
        p=0;
    case 1
        p=0.1;
    case 2
        p=0.3;
    case 3
        p=0.4;
    case 4
        p=0.1;
    case 5
        p=0.1;
end
end
```

最后编写程序将进货量 q 的各种取值代入数学期望函数求对应的日均利润，并绘图。

```
% 调用数学期望函数计算不同进货量时的日均净利润并画图
ef = zeros(1,6);
r = 0:5;                        % 需求量的可取值
for q = r                       % 将进货量依次从小到大变化计算对应的日均利润数学期望
    ef(q+1) = expectation(q);
end
stem(r,ef,'LineWidth',2);       % 作图
xlabel('订货量');  ylabel('日均利润');
grid on
```

程序运行结果如图 3-13 所示。

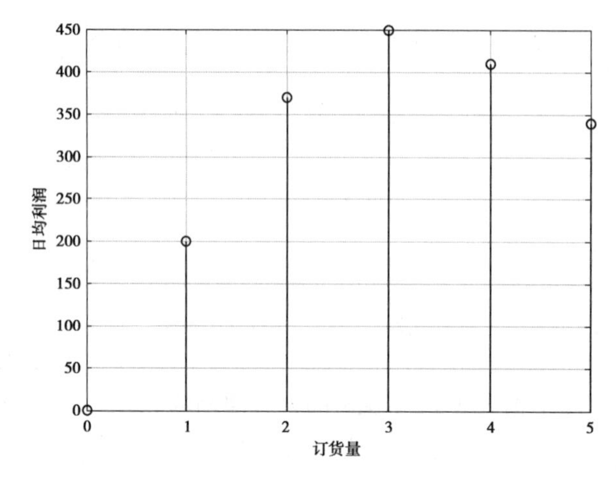

图 3-13　不同进货量对应的日均利润

从图 3-13 可以看出，当 $q=3$(百份)时，日均利润达到最大 450(元)。

3)面包订购策略连续型数学模型

(1)问题陈述

如果面包需求量不以百份为单位而以 1 份为单位，份数很多时将其视为连续型随机变量，用概率密度描述更为方便。假设需求量服从正态概率分布 $N(260,50^2)$。便利店每售出 1 份面包获利 2 元，退回 1 份损失 1 元。便利店应订购多少份面包，才能获得最高的日均利润？

(2)分析建模

设 $p(r)$ 为面包需求量的概率密度函数，q 表示订货数量，每份面包售出获利为 $s_1=2$，退回损失为 $s_2=1$。

与离散型情形类似，同理可以建立对应的日均利润函数模型，只需将式(3-128)中的求和改为积分，将分布律改为概率密度即可，类比建模如下：

$$E[s(r,q)] = \int_{-\infty}^{q} [s_1 r - s_2(q-r)]p(r)\mathrm{d}r + \int_{q}^{\infty} s_1 q p(r)\mathrm{d}r \tag{3-134}$$

式(3-134)为面包订购策略的连续型模型，问题同样归结为已知 $s_1,s_2,p(r)$，求进货量 q 使日均利润 $E[s(r,q)]$ 最大。

(3)模型求解

注意到模型式(3-134)是关于参数 q 的连续函数,为求得最值,只需将其对 q 求导,令导数为 0,求驻点。求导时注意积分限和被积函数中都含有参数 q,需要拆分出来再求导。

$$\frac{\mathrm{d}E}{\mathrm{d}q} = s_1 - (s_1 + s_2)\int_{-\infty}^{q} p(r)\,\mathrm{d}r = s_1 - (s_1 + s_2)F(q) \tag{3-135}$$

其中 $F(q)$ 为需求量 r 的分布函数。令 $\mathrm{d}E/\mathrm{d}q=0$,得

$$F(q) = \frac{s_1}{s_1 + s_2} \tag{3-136}$$

这说明数学期望函数 $E[s(r,\ q)]$ 的驻点满足式(3-136),与离散型模型的求解结果式(3-133)一致。

将 $s_1=2$, $s_2=1$ 代入式(3-136)得

$$F(q) = \frac{2}{3}$$

又据已知,需求量 r 服从正态分布 $N(260,\ 50^2)$,利用 MATLAB 软件的逆正态分布函数命令 x = norminv (p, mu, sigma),求得 x=281.540 9,即面包订购量为 282 份时,日均利润是最大的。

3.17.3 课外研讨问题

①某出版社每年都要印刷一次某种时效性很强的教材,按照过去的销售记录,预计今年需求量 X(万册)服从正态分布 $N(45,5^2)$,印刷成本价为 20(万元/万册),销售价为 30(万元/万册),若供过于求则会廉价处理而蒙受损失 6(万元/万册)。

a. 若供不应求也不再加印,怎样确定今年的印刷数量使得利润期望最大。

b. 若供不应求进行临时加印,加印书籍的成本为 22(万元/万册),其他条件不变,那么怎样确定今年的印刷数量使利润期望最大。

②某农场种植一种蔬菜,根据以往经验,这种蔬菜的市场需求量 X(单位:t)服从(500,800)上的均匀分布。每售出 1 t 此种蔬菜,农场可获利 2.0 万元;若销售不出去,则农场每吨亏损 0.5 万元。该农场应该生产这种蔬菜多少吨才能使平均收益最大?

3.18 概率决策模型三例

3.18.1 问题背景

概率决策问题在生活实际中是常见问题,概率决策法则(probabilistic decision rule)是指供选择的备选方案因不可控制因素呈概率变化条件下的决策规则。其基本思想是通过计算可得备选方案发生或不发生的概率,并经过比较备选方案发生的期望值的大小,优选出某一满意的方案。其决策规则有二:

①准确估计备择方案发生的概率;

②合理比较备择方案期望值的大小。

本次实验我们将通过 3 个案例来探讨学习概率决策基本思想方法。

3.18.2 建模与实验过程

1)案例一:展销会选址问题

(1)问题阐述与基本概念

某公司为扩大市场,要举办一个产品展销会,会址打算选择甲、乙、丙三地,获利情况除与会址有关外,还与天气有关,天气分为晴、阴、多雨3种。根据天气预报,估计3种天气情况可能发生概率为0.2, 0.5, 0.3,收益情况见表3-14,现要通过分析确定会址,使收益最大。

表3-14 展会选址问题决策矩阵

选址方案及收益	天气情况		
	N_1(晴)	N_2(阴)	N_3(多雨)
	$P_1=0.20$	$P_2=0.50$	$P_3=0.30$
A_1(甲地)	4	6	1
A_2(乙地)	5	4	1.5
A_3(丙地)	6	2	1.2

在决策问题中,把面临的几种自然情况称为自然状态或客观条件,简称为状态或条件,如N_1,N_2,N_3,这些是不可控因素;把A_1,A_2,A_3称为行动方案或策略,这些是可控因素,至于选择哪个方案由决策者决定。表3-14中右下方的数字4,6,1,5,4,1.5,6,2,1.2称为益损值。根据这些数字的含义不同,有时也称为效益值或风险值,由它们构成的矩阵**M**称为决策的益损矩阵或风险矩阵。表3-14中的P_1,P_2,P_3是各状态出现的概率。

$$\boldsymbol{M}=\begin{bmatrix}4 & 6 & 1\\ 5 & 4 & 1.5\\ 6 & 2 & 1.2\end{bmatrix}$$

一般地,把决策问题的可控因素,即行动方案用$A_i(i=1\sim m)$表示,状态用$N_j(j=1\sim n)$表示,在N_j状态下采用A_i行动方案的益损值用a_{ij}表示,N_j状态下的概率用$P_j(j=1\sim n)$表示,可得到决策矩阵(或称益损矩阵)的一般结构,如表3-15所示。

表3-15 概率决策矩阵一般结构

方案	状态					
	N_1	N_2	…	N_j	…	N_n
	概率					
	P_1	P_2	…	P_j	…	P_n
	损益值					
A_1	a_{11}	a_{12}	…	a_{1j}	…	a_{1n}
…	…	…	…	…	…	…
A_i	a_{i1}	a_{i2}	…	a_{ij}	…	a_{in}

续表

方案	状态					
	N_1	N_2	…	N_j	…	N_n
	概率					
	P_1	P_2	…	P_j	…	P_n
	损益值					
…	…	…	…	…	…	…
A_m	a_{m1}	a_{m2}	…	a_{mj}	…	a_{mn}

(2)风险决策基本方法

当 $n>1$,且各种自然状态出现的概率 $p_i(i=1,2,\cdots,n)$ 可通过某种途径获得时的决策问题,就是风险决策问题。前述引例就是风险决策问题,对于这类问题,我们介绍两种决策准则和相应的解决方法。

①最大可能准则。由概率论知,一个事件的概率就是该事件在一次实验中发生的可能性大小,概率越大,事件发生的可能性就越大。基于这种思想,在风险决策中我们选择一种发生概率最大的自然状态来进行决策,而不顾及其他自然状态的决策方法,这就是最大可能准则,这个准则的实质是将风险型决策转化为确定型决策。

若对引例按最大可能准则进行决策,则因为自然状态 $p_2=0.50$ 出现的概率最大,因此就在这种自然状态下进行决策,通过比较可知,采取 A_1 行动方案获利最大。因此,采用 A_1 方案是最优决策。

应该指出,如果各自然状态的概率较接近,则一般不使用这种决策准则。

②期望值准则(决策树法)。如果把每个行动方案看作随机变量,在每个自然状态下的效益值看作随机变量的取值,其概率为自然状态出现的概率,则期望值准则就是将每个行动方案的数学期望计算出来,视其决策目标的情况选择最优行动方案。注意,决策问题的目标如果是效益(如利润、投资、回报等)应取期望值的最大值,如果决策目标是费用的支出或损失,则应取期望值的最小值。

(3)展会选址问题求解

若对引例按期望值准则进行决策,则需要计算各行动方案的期望收益,事实上:

$$E(A_1)=4\times0.2+6\times0.5+1\times0.3=4.1$$

$$E(A_2)=5\times0.2+4\times0.5+1.5\times0.3=3.45$$

$$E(A_3)=6\times0.2+2\times0.5+1.2\times0.3=2.56$$

显然,$E(A_1)$最大,所以采取行动方案 A_1 最佳,即选择甲地举办展销会效益最大。

展会选址问题的上述求解方法比较简单,但它代表一类"按期望值准则进行决策"的方法。为了形象直观地反映这种决策问题未来发展的可能性和各种结果的益损值,以及各种决策的优劣性,人们通常会构造一种"决策树"的图进行辅助计算与决策,这里仍以展会选址问题来说明画决策树辅助决策的方法步骤。

绘制展会选址问题的决策树如图 3-14 所示。

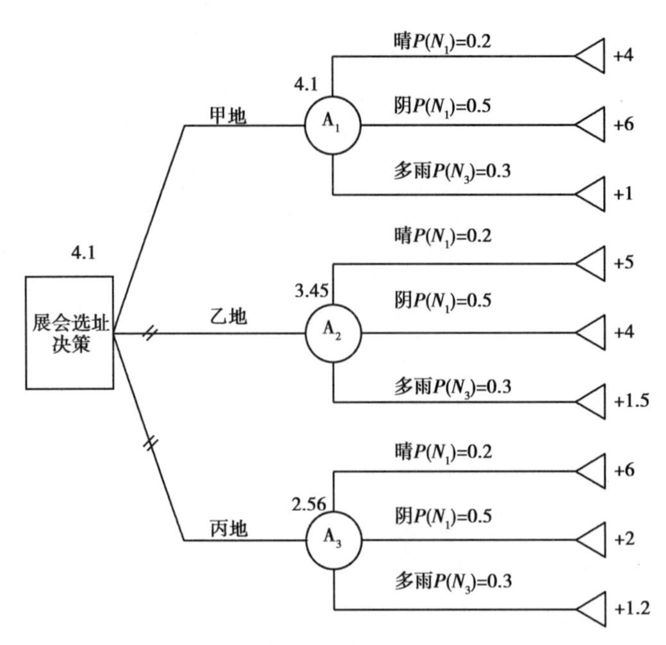

图 3-14　会展选址问题决策树

图中：

□表示决策点，从它引出的分枝称为方案分枝，其数目就是方案数。

○表示机会节点，从它引出的分支称为概率分支，每条概率分支代表一种自然状态，并标有相应状态发生的概率。

△称为末梢节点，右边数字表示各方案在不同自然状态下的益损值。

在决策树上开始计算与决策过程：

①计算各机会节点的期望值，并将结果标在节点上方；

②再比较各机会节点上标值的大小，根据决策要求，在淘汰方案分枝（不是概率分枝）上标"//"号，称为"剪枝"，最终余下方案即为最优方案，最优方案的期望值标在决策点的上方。

求解结论：概率决策树上方标 4.1 为最大，因此选定方案 A_1，其收益数值的期望 4.1。

2）案例二：投资决策问题

（1）问题阐述

为了生产某种产品，设计了两个基建方案，一是建大厂，二是建小厂，大厂需要投资 300 万元，小厂需要投资 160 万元，两者的使用期都是 10 年。估计在此期间，产品销路好的可能性是 0.7，销路差的可能性是 0.3。若销路好，建大厂每年收益 100 万元，建小厂每年收益 40 万元；若销路差，建大厂每年损失 20 万元，建小厂每年收益 10 万元（表 3-16）。

表 3-16　投资决策问题决策矩阵

方案	销路好	销路差
	0.7	0.3
	益损值/万元	
建大厂	100	-20

续表

方案	销路好	销路差
	0.7	0.3
	益损值/万元	
建小厂	40	10

①试问应建大厂还是建小厂？

②进一步地，将投资分为前三年和后七年两期考虑，根据市场预测，前三年销路好的概率为0.7，而如果前三年的销路好，则后七年销路好的概率为0.9，如果前三年的销路差，则后七年的销路肯定差，在这种情况下，建大厂和建小厂哪个方案好？

(2)单级单阶段决策问题建模

本例只包括一个决策点，称为单级决策问题。

①画决策树(图3-15)。

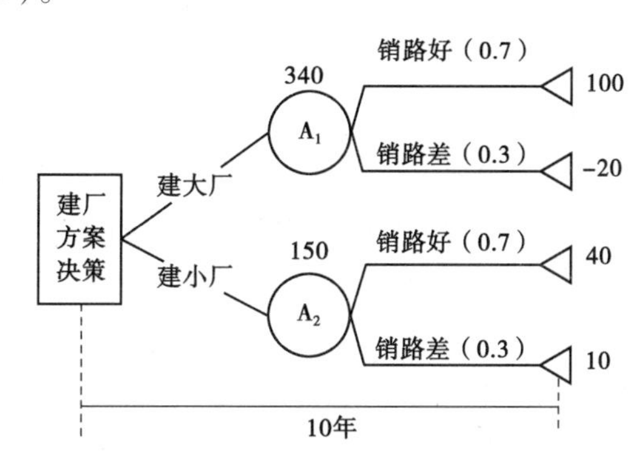

图3-15 建厂方案单阶段决策树

②计算各点的益损期望值：

A_1：[0.7×100+0.3×(−20)]×10−300(大厂投资)=340(万元)

A_2：[0.7×40+0.3×10]×10−160(小厂投资)=150(万元)

由此可见，建大厂的方案是合理的。

(3)单级多阶段决策问题建模

①分两个阶段画出决策树(图3-16)。

②计算各点的益损期望值方法如下：

B_1：[0.9×100+0.1×(−20)]×7=616(万元)

B_2：1.0×(−20)×7= −140(万元)

A_1：0.7×100×3+0.7×616+0.3×(−20)×3+0.3×(−140)−300(大厂投资) = 281.2(万元)

B_3：[0.9×40+0.1×10]×7=259(万元)

B_4：1.0×10×7=70(万元)

A_2：0.7×40×3+0.7×259+0.3×10×3+0.3×70−160(小厂投资)=135.3(万元)

通过比较，建大厂仍然是合理方案。

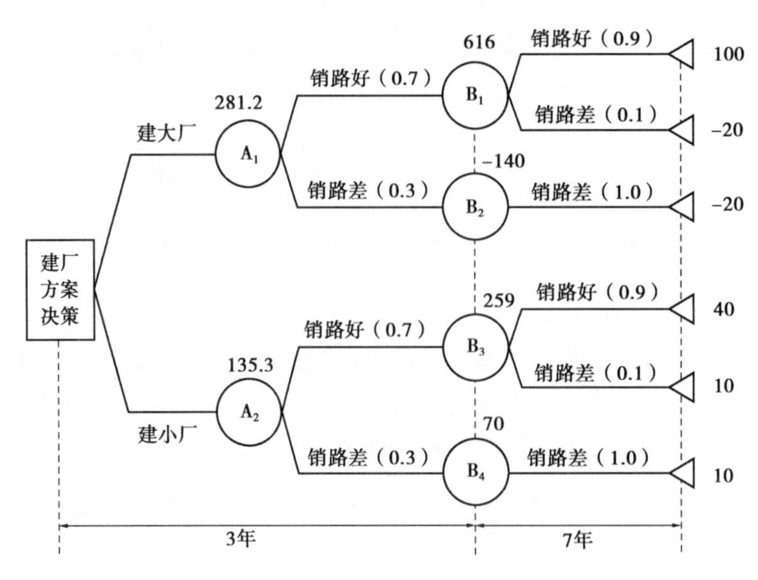

图 3-16　建厂方案多阶段决策树

3）案例三：施工组织方案决策

（1）问题阐述

某工程采用正常速度施工，若无坏天气的影响，可确保在 30 天内按期完成工程，但据天气预报，15 天后天气肯定变坏，有 40% 的可能出现阴雨天气，但这不会影响工程进度；有 50% 的可能遇到小风暴而使工期推迟 15 天；另有 10% 的可能遇到大风暴而使工期推迟 20 天。对于以上可能出现的情况，考虑两种方案：

①提前加班，确保工程在 15 天内完成，实施此方案需增加额外支付 1.8 万元。

②先维持原定的施工进度，等到 15 天后根据实际出现的天气状况再作对策：

a. 若遇阴雨天，则维持正常进度，不必支付额外费用。

b. 若遇小风暴，则有下述两个供选方案：一是抽空（风暴过后）施工，支付工程延期损失费 2 万元，二是采用应急措施，实施此措施可能有 3 种结果：有 50% 的可能减少误工期 1 天，支付延期损失费和应急费用 2.4 万元；有 30% 的可能减少误工期 2 天，支付延期损失费和应急费用 1.8 万元；有 20% 的可能减少误工期 3 天支付延期损失费和应急费用 1.2 万元。

③若遇大风暴，则仍然有两个方案可供选择：一是抽空进行施工，支付工程的延期损失费 5 万元；二是采取应急措施，实施此措施可能有 3 种结果：有 70% 的可能减少误工期 2 天，支付延期损失费及应急费用 5.4 万元；有 20% 可能减少误工期 3 天，支付延期损失费及应急费用 4.6 万元；有 10% 的可能减少误工期 4 天，支付延期损失费及应急费用 3.8 万元。

试进行决策，选择最佳行动方案。

（2）建模求解

本案例包括两个或两个以上的决策点，称为多级决策问题，可利用同单级决策一样的思路进行决策。

①据题意画出决策树，见图 3-17。

②计算第一级机会点 E,F 的损失费用期望值：

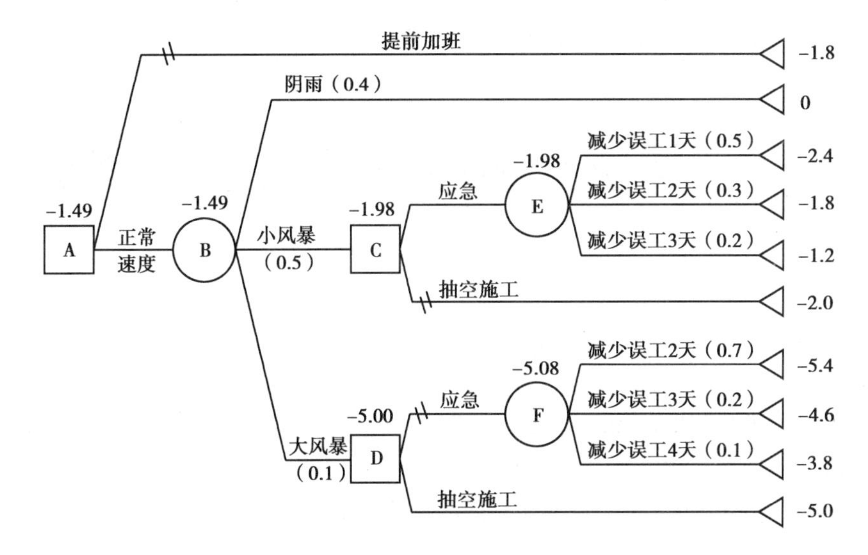

图 3-17 施工组织决策树

$E(E)=0.5\times2.4+0.3\times1.8+0.2\times1.2=1.98$

$E(F)=0.7\times5.4+0.2\times4.6+0.1\times3.8=5.08$

将 1.98 和 5.08 标在相应的机会点上，然后在第一级决策点 C，D 外分别进行方案比较：首先考察 C 点，其应急措施支付额外费用的期望值较少，故它为最佳方案，同时划去抽空施工的方案分枝，再在 C 上方标明最佳方案期望损失费用 1.98 万元；再考虑 D 外的情况，应急措施比抽空施工支付的额外费用的期望值少，故划去应急措施分标，在 D 上方标上 5 万元。

③计算第二级机会点 B 的损失费用期望值：

$E(B)=0.4\times0+0.5\times1.98+0.1\times5=1.49$

将其标在 B 的上方，在第二级决策点 A 处进行比较，发现正常进度方案为最佳方案，故划去提前加班的方案分枝，并将 1.49 标在 A 点上方。

因此，合理的决策应是开始以正常施工进度进行施工，15 天后再根据具体情况作进一步决策，若出现阴雨天，则维持正常速度；若出现小风暴则可采用应急措施；若出现大风暴则抽空施工。

3.18.3 课外研讨问题

①围绕本节案例问题，在 Visio 软件或亿图软件上进行决策树绘图实践。

②抗灾决策问题：根据水情资料，某地汛期出现平水水情的概率为 0.7，出现高水水情的概率为 0.2，出现洪水水情的概率为 0.1。位于江边的某工地对其大型施工设备拟订 3 个处置方案：

方案 1：运走需支付运费 18 万元；

方案 2：修堤坝保护，须支付修坝费 5 万元；

方案 3：不作任何防范，不需要任何支出；

若采用方案 1，那么无论出现任何水情都不会遭受损失；若采用方案 2，则当发生洪水时，因堤坝冲垮而损失 600 万元的设备；若采用方案 3，那么出现平水位时不遭受损失，发生高水位时损失部分设备 100 万元,发生洪水时损失设备 600 万元。根据上述条件,选择最佳方案。

3.19 多种证券组合投资风险决策模型

3.19.1 问题背景

组合证券投资或者资产选择理论是近些年来经济学研究的热点问题,最早的理论是由经济学家哈里·马克维兹(Harry Markowitz)创立的均值—方差模型,它建立在多元随机变量的期望向量与协方差矩阵的基础上,计算组合投资的期望收益率和方差(表示组合投资的风险),根据"非满足性(在风险一定的条件下使收益率达到最大)"或者"风险规避性(在预期收益率之下是使风险最小)"原则建立组合证券投资优化模型。

本次实验所学习的模型是根据多种证券的收益率构成的多维随机向量的期望向量和协方差矩阵,计算组合证券投资(它是随机向量的线性组合)的数学期望(它是期望向量的线性函数)和方差(它是以协方差矩阵为系数矩阵的二次型),建立均值—方差模型,以达到在预期收益率之下使风险最小或者在风险一定的条件下使收益率达到最大。

3.19.2 建模与实验过程

1)建模分析

证券投资者最关心的问题是投资收益率的高低及投资风险的大小。由于投资收益率受证券市场波动的影响,因此可将其看作一个随机变量。我们可以用一定时期内某种证券收益率 X 的期望值 $E(X)$ 来衡量该种证券投资的获利能力,期望值越大证券的获利能力越强;证券的风险可以用该种证券投资收益率的方差 $D(X)$(收益的不确定性)来度量,方差越小证券投资的风险越小。

投资者在选择投资策略时,总希望收益尽可能大而风险又尽可能小,但高收益必然伴随高风险,低风险也只有在低收益下才有可能。所以投资者只能选择在既定收益率的情况下使投资风险尽可能小的投资策略,或者选择在自己愿意承受的风险水平下追求使总收益率尽可能大的目标,当然也可以权衡收益与风险的利弊,综合考虑,作出自己满意的投资决策。

降低投资风险的有效途径是组合证券投资方式,即投资者选择一组证券而不是单一证券作为投资对象,然后将资金按不同的比例分配到各种不同证券上,进行组合型投资以达到分散投资风险的目的。当然,组合投资策略的确定不是随意的,它应建立在科学分析的基础上,以一定的准则来确定最满意的组合证券投资策略。

假定投资者选定了 n 种风险证券,X_i 为证券投资期内第 i 种证券的收益率,它受证券市场波动的影响,其预期收益率和风险分别为 X_i 的数学期望 $E(X_i)=\mu_i$ 及方差 $D(X_i)=\sigma_i^{\,2}(i=1,2,\cdots,n)$。$n$ 种风险证券收益率向量为 $\boldsymbol{X}=(X_1,X_2,\cdots,X_n)^{\mathrm{T}}$,它是一个 n 维随机向量,其期望向量 $\boldsymbol{\mu}=(E(X_1),E(X_2),\cdots,E(X_n))^{\mathrm{T}}=(\mu_1,\mu_2,\cdots,\mu_n)^{\mathrm{T}}$ 表示所投资 n 种证券各自的平均收益率。收益向量 $\boldsymbol{X}$ 的协方差矩阵为

$$\boldsymbol{\Sigma}=\begin{pmatrix} D(X_1) & \mathrm{COV}(X_1,X_2) & \cdots & \mathrm{COV}(X_1,X_n) \\ \mathrm{COV}(X_2,X_1) & D(X_2) & \cdots & \mathrm{COV}(X_2,X_n) \\ \vdots & \vdots & & \vdots \\ \mathrm{COV}(X_n,X_1) & \mathrm{COV}(X_n,X_2) & \cdots & D(X_n) \end{pmatrix}=\begin{pmatrix} \sigma_{11} & \sigma_{12} & \cdots & \sigma_{1n} \\ \sigma_{21} & \sigma_{22} & \cdots & \sigma_{2n} \\ \vdots & \vdots & & \vdots \\ \sigma_{n1} & \sigma_{n2} & \cdots & \sigma_{nn} \end{pmatrix} \tag{3-137}$$

式中 σ_{ij} 为第 i 种证券与第 j 种证券收益率的协方差,$\sigma_{ij}=\sigma_{ji}$,$\sigma_{ii}=\sigma_i^2(i,j=1,2,\cdots,n)$,它反映了第 i 种证券与第 j 种证券收益率的关联(相关)程度。显然 $\boldsymbol{\Sigma}$ 是对称矩阵,一般假定 $\boldsymbol{\Sigma}$ 为正定矩阵。

根据上述所引入变量含义,组合证券单位投资额的收益率可表示为

$$R=\sum_{i=1}^{n} w_i X_i=\boldsymbol{W}\cdot\boldsymbol{X} \tag{3-138}$$

式中向量 $\boldsymbol{W}=(w_1,w_2,\cdots,w_n)^{\mathrm{T}}$ 为各种证券投资比例向量,其中的 $w_i\geqslant 0$ 为投资期内在第 i 种证券投资占总投资额的比例,满足 $\sum_{i=1}^{n} w_i=1$(此处假定在不允许卖空条件下的投资);$\boldsymbol{W}$ 在本问题中是决策变量。

显然单位投资额收益 R 是随机变量,它的数学期望为

$$m=E(R)=\sum_{i=1}^{n} w_i E(X_i)=\sum_{i=1}^{n} w_i\mu_i=\boldsymbol{W}\cdot\mu \tag{3-139}$$

R 的方差为

$$\sigma^2=D(R)=D\Big(\sum_{i=1}^{n} w_i X_i\Big)=D(\boldsymbol{W}\cdot X)=\boldsymbol{W}^{\mathrm{T}}\boldsymbol{\Sigma}\boldsymbol{W} \tag{3-140}$$

R 的方差式(3-150)是关于向量 $\boldsymbol{W}$ 的二次型,表示组合投资的风险。

投资者的愿望是使投资的期望收益率最大,即 $\max m=\boldsymbol{W}^{\mathrm{T}}\mu$;而又使得风险最小,即 $\min \sigma^2=\boldsymbol{W}^{\mathrm{T}}\boldsymbol{\Sigma}\boldsymbol{W}$。然而,两者都达到是不可能的。投资者只能在达到一定期望收益率 μ_0 的前提下使组合证券投资的风险最小,或者在愿意承受一定风险的情况下使投资的期望收益率最大。这里就前者建立组合证券投资决策模型为:

$$\min \sigma^2=\boldsymbol{W}^{\mathrm{T}}\boldsymbol{\Sigma}\boldsymbol{W} \tag{3-141}$$

$$s.t.\begin{cases} \boldsymbol{W}^{\mathrm{T}}\mu\geqslant\mu_0 \\ \boldsymbol{F}_n^{\mathrm{T}}\boldsymbol{W}=1 \\ \boldsymbol{W}\geqslant 0 \end{cases} \tag{3-142}$$

其中 μ_0 是给定的预期收益率;$\boldsymbol{F}_n^{\mathrm{T}}=(1,1,\cdots,1)$。

该模型的意义是:在达到预期收益率不低于 μ_0 的情况下使组合证券投资的风险最小。这就是著名的马克维兹均值—方差模型,它是一个二次规划问题。模型要求在选定 n 种投资证券的前提下,n 种证券的投资比例向量 $\boldsymbol{W}$。

2)模型求解

n 种证券的预期平均收益率向量 μ 及协方差矩阵 $\boldsymbol{\Sigma}$ 就是已知的(可以根据统计数据给出估计),组合证券投资的收益率 R 及风险 σ^2 都是由投资比例向量 $\boldsymbol{W}$ 所确定的,投资者可以根据自己的偏好选择投资比例向量 $\boldsymbol{W}$。

(1)关于平均收益率向量 μ 及收益向量的协方差矩阵 $\boldsymbol{\Sigma}$ 的估计

【算例】有 3 种证券的各期收益率数据如表 3-17 所示：

表 3-17　3 种证券的各期收益率数据

证券	期次					
	1	2	3	4	5	6
证券 1	14.5%	15.5%	16.5%	15.0%	17.5%	17.0%
证券 2	16.5%	17.0%	20.0%	19.0%	17.0%	18.5%
证券 3	14.8%	12.8%	13.2%	13.5%	14.5%	15.2%

3 种证券的预期收益率向量 μ 及协方差矩阵 $\boldsymbol{\Sigma}$ 可由原始统计数据估计出来。一般来说，若 n 种证券，m 期投资的收益率统计数据为

$$x_{11},\ x_{12},\ \cdots,\ x_{1m};\ x_{21},\ x_{22},\ \cdots,\ x_{2m};\ \cdots;\ x_{n1},\ x_{n2},\ \cdots,\ x_{nm};$$

以这些统计数据作为样本，可以求出 $\boldsymbol{\mu}_i$ 及 $\sigma_{ij}(i,\ j=1,\ 2,\ \cdots,\ n)$ 的估计值。记

$$\overline{X}_i=\frac{1}{m}\sum_{k=1}^{m}X_{ik},(i=1,2,\cdots,n) \tag{3-143}$$

$$s_{ij}=s_{ji}=\frac{1}{m}\sum_{k=1}^{m}(X_{ik}-\overline{X}_i)(X_{jk}-\overline{X}_j),(i,j=1,2,\cdots,n) \tag{3-144}$$

用样本矩作为总体矩的点估计，则

$$\hat{\boldsymbol{\mu}}_i=\overline{X}_i(i=1,2,\cdots,n),\hat{\boldsymbol{\sigma}}_{ij}=\hat{\boldsymbol{\sigma}}_{ji}=s_{ij},(i,j=1,2,\cdots,n) \tag{3-145}$$

所以，可得 $\boldsymbol{\mu}$ 及 $\boldsymbol{\Sigma}$ 的估计

$$\mu=(\hat{\mu}_1,\hat{\mu}_2,\cdots,\hat{\mu}_n)^T=(\overline{X}_1,\overline{X}_2,\cdots,\overline{X}_n)^{\mathrm{T}} \tag{3-146}$$

$$\boldsymbol{\Sigma}=(\hat{\boldsymbol{\sigma}}_{ij})_{n\times n}=(s_{ij})_{n\times n} \tag{3-147}$$

由表 3-17 中的数据，根据式(3-146)、式(3-147)，可算得期望收益率向量及协方差矩阵的估计分别为

$$\mu=(16\%,18\%,14\%)^{\mathrm{T}},\boldsymbol{\Sigma}=\begin{pmatrix}1.167 & 0.292 & 0.242\\ 0.292 & 1.583 & -0.333\\ 0.242 & -0.3333 & 0.777\end{pmatrix} \tag{3-148}$$

若要进行组合投资，在投资的期望收益率不低于 $\mu_0=17\%$ 的前提下，使投资的风险最小，则可以建立组合证券投资决策的均值—方差模型为

$$\min\ \sigma^2=1.167w_1^2+1.583w_2^2+0.777w_3^2+0.584w_1w_2+0.484w_1w_3-0.666w_2w_3 \tag{3-149}$$

$$s.t\begin{cases}0.16w_1+0.18w_2+0.14w_3\geqslant 0.17\\ w_1+w_2+w_3=1\\ w_1\geqslant 0,w_2\geqslant 0,w_3\geqslant 0\end{cases} \tag{3-150}$$

(2)求解投资比例向量 **W**

由于均值-方差模型是一个二次规划问题,MATLAB 软件中,二次规划的标准形式为:

$$\min_{x} \quad \frac{1}{2}x^T Hx + f^T x$$
$$s.b. \begin{cases} A \cdot x \leqslant b \\ Aeq \cdot x = beq \\ lb \leqslant x \leqslant ub \end{cases} \tag{3-151}$$

我们在求解时需要将二次规划模型改写为上述标准形式,然后利用 MATLAB 函数 quadprog( )求解,其调用格式为

[x,fval,exitflag] = quadprog(H,f,A,b,lb,ub,x0)

返回值 x 为最优解,fval 为最优值,exitflag 描述计算的推出条件,若为 1,则模型收敛于解 x;其他取值的含义请参看帮助系统。

这里编写代码求解上面所建的二次规划模型:

```
format short g
% 注意 MATLAB 中二次规划模型的公式形式和教科书中的略有差异
H=[2* 1.167,0.584,0.484
   0.584,2* 1.583,-0.666
   0.484,-0.666,2* 0.777];         % 目标函数的系数矩阵
A=[-0.16,-0.18,-0.14];             % 不等式约束的系数矩阵,注意化成"<="形式
b=-0.17;                           % 不等式约束的右侧向量
lb = [0;0;0];                      % 决策变量的下限
Aeq = [1,1,1];                     % 等式约束的系数矩阵
beq = 1;                           % 等式约束的右侧常数
[w,fval,exitflag]=quadprog(H,[],A,b,Aeq,beq,lb)  % 求解二次规划
```

求解得最优解为:w_1=0.231 66;w_2=0.634 17;w_3=0.134 17;最优值为:fval = 0.757 43;即 3 种证券的投资比例分别为 23.166%、63.417% 和 13.417%,可使组合证券投资的收益率不低于 17%,投资的风险(方差)最小,最小值为 0.757 43。

3.19.3 课外研讨问题

①针对本实验算例的数学模型式(3-149)、式(3-150),请编程验证满足式(3-150)的任取 w_1,w_2,w_3 取值,式(3-149)的函数值都不小于 quadprog( )函数解得的最优值 0.757 43。

②本实验算例所建的模型为二次规划模型,请用 LINGO 软件求解该模型。

③某人有一笔资金,可以投入两个项目:房地产和商业,投资收益都与市场状态有关。若把未来市场分为好、中、差 3 个等级,其发生的概率分别是 0.2、0.7、0.1。通过调查,该投资者认为投资于房地产的收益为 X 万元,投资商业的收益为 Y 万元,它们的分布律分别为

X	11	3	-3
p	0.2	0.7	0.1
Y	6	4	-1
p	0.2	0.7	0.1

请你综合考虑风险和收益两方面因素,给投资者一个比较合理的建议。

3.20 马尔可夫链模型及应用

3.20.1 问题背景

马尔可夫链模型是基于全概率公式构建的、用于无后效性条件下系统状态预测问题的数学模型。所谓无后效性,是指下个时期的状态完全取决于本时期的状态和转移概率,完全排除了过去对未来的影响。因此在天气预报、股市和投资决策、地质分析等很多领域都可以用来对未来的状态进行估计。本次实验我们通过案例来学习马尔可夫链模型。

3.20.2 建模与实验过程

1)案例:健康状态预测问题

(1)案例背景及问题阐述

人的健康状态随着时间的推移会随机地发生转变,保险公司要对投保人未来的健康状态做出估计,以制订保险金和理赔金的数额。

人的健康状况分为健康和疾病两种状态。设对于某特定年龄段的人:

问题一:今年健康,明年保持健康状态的概率为0.8;而今年患病、明年转为健康状态的概率为0.7。若某人投保时健康,问10年后他仍处于健康状态的概率;

问题二:若今年健康,明年仍保持健康的概率为0.8,明年转为疾病的概率为0.18,明年死亡的概率为0.02;而今年生病,明年转为康复的概率为0.65,明年转为死亡的概率为0.1。请预测其投保后面各年的状态。

(2)建模分析

①两种状态及其转移过程描述。

本问题中,人的健康情况可称为"状态",随着时间推进,健康状态会以一定的概率发生转移。为表示方便,这里引入"状态变量"

$$X_n=\begin{cases}1, & \text{第 } n \text{ 年健康}\\ 2, & \text{第 } n \text{ 年疾病}\end{cases},n=1,2,\cdots \tag{3-152}$$

本质上,X_n 是一个二值随机变量,它表示第 n 年该人的健康状态,其取不同值的概率记为

$$a_n(i)=P\{X_n=i\},i=1,2;n=0,1,\cdots \tag{3-153}$$

依题意知,每年该人的健康状态转移概率如下:

$$\begin{cases}p_{11}=P\{X_n=1\mid X_{n-1}=1\}=0.8\\ p_{12}=P\{X_n=2\mid X_{n-1}=1\}=1-p_{11}=0.2\\ p_{21}=P\{X_n=1\mid X_{n-1}=2\}=0.7\\ p_{22}=P\{X_n=2\mid X_{n-1}=2\}=1-p_{21}=0.3\end{cases} \tag{3-154}$$

可以将状态转移情况绘图(图3-18)表示。

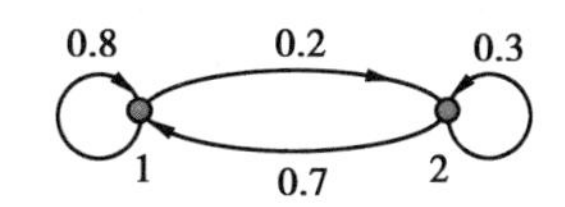

图 3-18 健康问题两状态转移图

由题意知，状态变量 X_{n+1} 只取决于 X_n 和 p_{ij}，与 X_{n-1}，$X_{n-2}\cdots$无关，即状态转移具有无后效性。根据全概率公式可得

$$\begin{cases} a_{n+1}(1) = a_n(1)p_{11} + a_n(2)p_{21} \\ a_{n+1}(2) = a_n(1)p_{12} + a_n(2)p_{22} \end{cases} \tag{3-155}$$

若记

$$\boldsymbol{a}_n^{\mathrm{T}} = (a_n(1), a_n(2)), \boldsymbol{P} = \begin{bmatrix} p_{11} & p_{12} \\ p_{21} & p_{22} \end{bmatrix} \tag{3-156}$$

$\boldsymbol{a}_n^{\mathrm{T}}$ 称为第 n 年状态概率向量，$\boldsymbol{P}$ 称为状态转移矩阵。则可将式(3-155)表示为矩阵乘积形式

$$\boldsymbol{a}_{n+1}^{\mathrm{T}} = \boldsymbol{a}_n^{\mathrm{T}}\boldsymbol{P} \tag{3-157}$$

式(3-155)、式(3-157)刻画了该人健康状态从第 n 年到第 $n+1$ 年的转移规律，称为状态转移方程。若给定$\boldsymbol{a}_0^{\mathrm{T}}$，代入状态转移方程式(3-157)便可预测$\boldsymbol{a}_1^{\mathrm{T}}$，进一步可依次预测$\boldsymbol{a}_3^{\mathrm{T}}$，$\boldsymbol{a}_3^{\mathrm{T}}$，…。方法就是以$\boldsymbol{a}_0^{\mathrm{T}}$ 为初值，不断利用式(3-157)进行迭代。

下面分两种情形来计算。

情形一：投保时健康，此时取$\boldsymbol{a}_0^{\mathrm{T}}=(1,0)$，据式(3-157)预测后面各年该人的健康状态如表 3-18 所示。

表 3-18 设投保时健康

n	0	1	2	3	…	∞
$a_n(1)$	1	0. 8	0. 78	0. 778	…	7/9
$a_n(2)$	0	0. 2	0. 22	0. 222	…	2/9

情形二：投保时疾病，此时取$\boldsymbol{a}_0^{\mathrm{T}}=(0,1)$，据式(3-156)预测后面各年该人的健康状态为

表 3-19 设投保时疾病

n	0	1	2	3	…	∞
$a_n(1)$	0	0. 7	0. 77	0. 777	…	7/9
$a_n(2)$	1	0. 3	0. 23	0. 223	…	2/9

结论分析，由表 3-18 及表 3-19 得出如下结论：$n\to\infty$时，状态概率趋于稳定值，稳定值与初始状态无关。

②三种状态及其转移过程描述。

类似地，如果有 3 种状态可转移：健康、疾病、死亡，则可以定义状态变量

$$X_n = \begin{cases} 1, & 第\ n\ 年健康 \\ 2, & 第\ n\ 年疾病, n = 1,2,\cdots \\ 3, & 第\ n\ 年死亡 \end{cases} \tag{3-158}$$

定义状态向量及状态转移矩阵分别为

$$\boldsymbol{a}_n^{\mathrm{T}}=(a_n(1),a_n(2),a_n(3)),\boldsymbol{P}=\begin{bmatrix}p_{11} & p_{12} & p_{13}\\ p_{21} & p_{22} & p_{23}\\ p_{31} & p_{32} & p_{33}\end{bmatrix} \tag{3-159}$$

则状态概率转移方程为

$$\boldsymbol{a}_{n+1}^{\mathrm{T}}=\boldsymbol{a}_n^{\mathrm{T}}\boldsymbol{P} \tag{3-160}$$

式(3-158)—式(3-160)即为三状态时的健康状态预测模型。

根据上述模型,问题二求解如下。可分别取初始状态概率向量为$\boldsymbol{a}_0^{\mathrm{T}}=(1,0,0)$或$\boldsymbol{a}_0^{\mathrm{T}}=(0,1,0)$。状态转移图如图 3-19 所示。

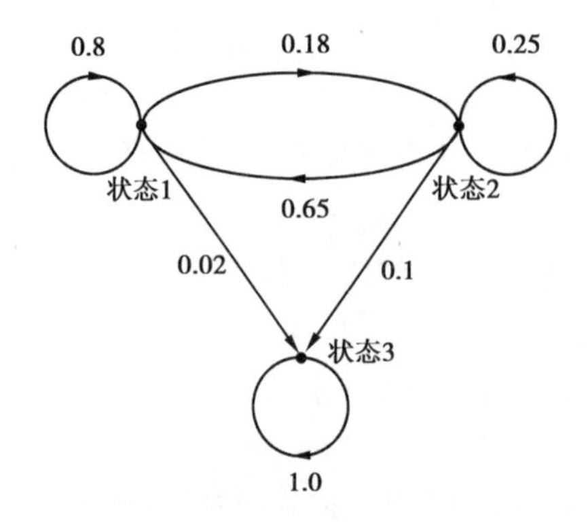

图 3-19　健康预测问题三状态转移图

状态转移矩阵为

$$\boldsymbol{P}=\begin{bmatrix}0.8 & 0.18 & 0.02\\ 0.65 & 0.25 & 0.1\\ 0 & 0 & 1\end{bmatrix}$$

现在假设投保时处于健康状态,将$\boldsymbol{a}_0^{\mathrm{T}}=(1,0,0)$和上述状态转移矩阵 $\boldsymbol{P}$ 代入式(3-160)进行迭代运算,即可预测 $a(n)$,$n=1,2,\cdots$,如表 3-20 所示。

表 3-20　投保时健康

n	0	1	2	3	…	50	…	∞
$a_n(1)$	1	0.8	0.757	0.728 5	…	0.129 3	…	0
$a_n(2)$	0	0.18	0.189	0.183 5	…	0.032 6	…	0
$a_n(3)$	0	0.02	0.054	0.088 0	…	0.838 1	…	1

结论:不论初始状态如何,最终都要转到状态 3;一旦$\boldsymbol{a}_k^{\mathrm{T}}=(0,0,1)$,则 $n>k$ 时,$\boldsymbol{a}_n^{\mathrm{T}}=(0,0,1)$,即从状态 3 不会转移到其他状态。

上述人的健康状态预测问题的数学模型称为马尔可夫链模型,下面综述相关理论知识。

2)马尔可夫链(Markov Chain)模型理论知识

(1)基本概念

马尔可夫链模型描述的是一类重要的随机动态系统(过程)的模型,这里仅介绍时间、状态均为离散型随机转移过程。有 3 个特征：

①系统在每个时期所处的状态是随机的；

②从一时期到下一时期的状态按一定概率转移；

③下时期状态只取决于当前时期状态和转移概率，即已知现在，将来与过去无关（无后效性）。

（2）马尔可夫链模型

这部分概念是马尔可夫链模型的核心，由以下概念组成：

①状态空间：状态变量的所有状态取值，记为

$$X_n = 1, 2, \cdots, k (n = 0, 1, \cdots) \tag{3-161}$$

②状态概率及状态概率向量：状态概率是指时间节点 n 处状态变量的分布律，记为

$$a_n(i) = P\{X_n = i\}, i = 1, 2, \cdots, k; n = 0, 1, \cdots \tag{3-162}$$

状态概率满足

$$\sum_{i=1}^{k} a_n(i) = 1 \tag{3-163}$$

状态概率向量实际上是时间节点 n 处的状态变量分布律，记为

$$\boldsymbol{a}_n^{\mathrm{T}} = (a_n(1), a_n(2), \cdots, a_n(k)) \tag{3-164}$$

③状态转移概率及状态转移概率矩阵：状态转移概率描述的是在时间 n 的状态的条件下转化为时间 $n+1$ 的状态的概率，记为

$$p_{ij} = P\{X_{n+1} = j | X_n = i\}, i, j = 0, 1, \cdots, k \tag{3-165}$$

满足

$$\sum_{j=1}^{k} p_{ij} = 1, i = 1, 2, \cdots, k \tag{3-166}$$

矩阵

$$\boldsymbol{P} = (p_{ij})_{k \times k} \tag{3-167}$$

称为状态转移概率矩阵，其元素非负，行和为 1。

④状态概率转移方程（简称“状态转移方程”）：全概率公式描述的是 n 时刻的各种状态转移到 $n+1$ 时刻的 i 状态的概率，其基本形式为

$$a_{n+1}(i) = \sum_{j=1}^{k} a_n(j) p_{ji}, i = 1, 2, \cdots, k \tag{3-168}$$

可表述为矩阵形式

$$\boldsymbol{a}_{n+1}^{\mathrm{T}} = \boldsymbol{a}_n^{\mathrm{T}} P \tag{3-169}$$

由式（3-169）可得

$$\boldsymbol{a}_{n+1}^{\mathrm{T}} = \boldsymbol{a}_0^{\mathrm{T}} P^n \tag{3-170}$$

3）马氏链的两个重要类型

（1）正则链

对于一个具有 n 个状态的马尔可夫链，如果存在正整数 N，使从任意状态 i 经过 N 次转移能以大于零的概率到达状态 j（$i, j = 1, 2, \cdots, n$），则称此马氏链为正则链（Regular Markov Chains），即正则链能从任一状态出发经有限次转移能以正概率到达另外任一状态，称这种马氏链具有遍历性（例如前述两种状态时的健康状态预测问题）。

判定：马尔可夫链为正则链的充分必要条件是存在正整数 N，使得 $\boldsymbol{P}^N>0$，即方阵 $\boldsymbol{P}$ 的 N 次幂的所有元素均为正数。

性质（正则链的稳态性）：若马尔可夫链为正则链，则 $\exists \boldsymbol{w}, \boldsymbol{a}(n)\to\boldsymbol{w}(n\to\infty)$。其中向量 $\boldsymbol{w}$ 称为稳态概率向量。

稳态概率向量描述了正则链的收敛趋势。如何求正则链的稳态概率向量呢？这里还以两状态的健康状态预测问题为例来说明，其状态转移概率矩阵为

$$P=\begin{bmatrix}0.8 & 0.2\\ 0.7 & 0.3\end{bmatrix}$$

状态转移方程为

$$\boldsymbol{a}_{n+1}^{\mathrm{T}}=\boldsymbol{a}_n^{\mathrm{T}}\boldsymbol{P}$$

其中，$\boldsymbol{a}_n^{\mathrm{T}}=(a_n(1),a_n(2)),n=1,2,\cdots$。

显然本问题马氏链为正则链，设状态概率的稳定值为向量 $\boldsymbol{w}$，即

$$\lim_{n\to\infty}\boldsymbol{a}_n^{\mathrm{T}}=\boldsymbol{w}^{\mathrm{T}},$$

其中，$\boldsymbol{w}^{\mathrm{T}}=(w_1,w_2)$，且 $w_1+w_2=1$。根据正则链性质，其稳态向量 $\boldsymbol{w}$ 满足 $\boldsymbol{w}^{\mathrm{T}}P=\boldsymbol{w}^{\mathrm{T}}$，即有

$$\begin{cases}0.8w_1+0.7w_2=w_1\\ 0.2w_1+0.3w_2=w_2\\ w_1+w_2=1\end{cases}$$

解得

$$\boldsymbol{w}^{\mathrm{T}}=\left(\frac{7}{9},\frac{2}{9}\right)$$

（2）吸收链

存在吸收状态（一旦到达就不会离开的状态 $i,p_{ii}=1$），且从任一非吸收状态出发经有限次转移能以正概率到达吸收状态（例如三状态的健康状态预测问题）。

若马尔可夫链是有 r 个吸收状态的吸收链，则其状态转移概率矩阵的标准形式为

$$\boldsymbol{P}=\begin{bmatrix}\boldsymbol{I}_{r\times r} & \boldsymbol{0}\\ \boldsymbol{R} & \boldsymbol{Q}\end{bmatrix} \tag{3-171}$$

$\boldsymbol{R}$ 为非零矩阵。

设矩阵

$$\boldsymbol{M}=(\boldsymbol{I}-\boldsymbol{Q})^{-1}=\sum_{s=0}^{\infty}\boldsymbol{Q}^s \tag{3-172}$$

其元素 m_{ij} 是从非吸收状态 i 到另一非吸收状态 j 的平均转移次数。则为从第 i 个非吸收状态 y_i 出发，被某个吸收状态吸收前的平均转移次数可表示为

$$\boldsymbol{y}^{\mathrm{T}}=(y_1,y_2,\cdots y_{k-r})=\boldsymbol{M}\mathbf{e} \tag{3-173}$$

其中 $\mathbf{e}=(1,1,\cdots,1)^{\mathrm{T}}$。

3.20.3 课外研讨问题

钢琴销售的存储策略问题。钢琴销售量很小，因此琴行的库存量不大，以免积压资金。一家琴行根据经验估计，平均每周的钢琴需求为 1 架，且据经验，每周需求量服从参数为 1 的

泊松分布。所采用的存贮策略是:每周末检查库存量,仅当库存量为零时,才订购3架供下周销售;否则,不订购。

①估计在这种策略下失去销售机会的可能性有多大,以及每周的平均销售量是多少。

②将钢琴销售的存贮策略修改为:当周末库存量为0或1时,订购,使下周的库存达到3架,否则不订购。建立Markov链模型,计算稳态下失去销售机会的概率和每周的平均销售量。

第4章 演示验证实验

4.1 两点分布律与分布函数演示实验

4.1.1 实验目的

让学生通过分布律、分布函数的图形直观理解两点分布。

4.1.2 实验设计思路

(1)数形结合:实验界面显示分布律及对应图形,分布函数表达式及对应图形;
(2)分布律概率通过滑杆变量来控制;
(3)分布律图形、分布函数图形可以通过复选框控制显示;
(4)分布函数表达式利用GGB指令"如果"自定义;
(5)分布律用GGB指令"序列"进行自定义描述;
(6)分布律图形用GGB指令"棒图"绘制;
(7)界面中的分布律表格用GGB指令"表格文本"生成;分布函数公式用指令"公式文本"生成;
(8)绘制分布函数图形时,注意绘制出间断点处"右连续"的效果。

实验脚本指令和实验界面如图4-1所示。

4.1.3 实验演示方法

(1)讲解两点分布时,打开实验界面,只勾选"两点分布的分布律",出现分布律火柴杆图。用鼠标拖动滑杆变量,分布律值发生变化,图形也随着变化。

(2)讲解两点分布的分布函数时,勾选"两点分布的分布函数",出现分布函数图形和分布函数表达式。用鼠标拖动滑杆变量，分布函数图形随之变化。可对照分布律讲解分布函数的意义，对照图形强调分布函数的右连续性。

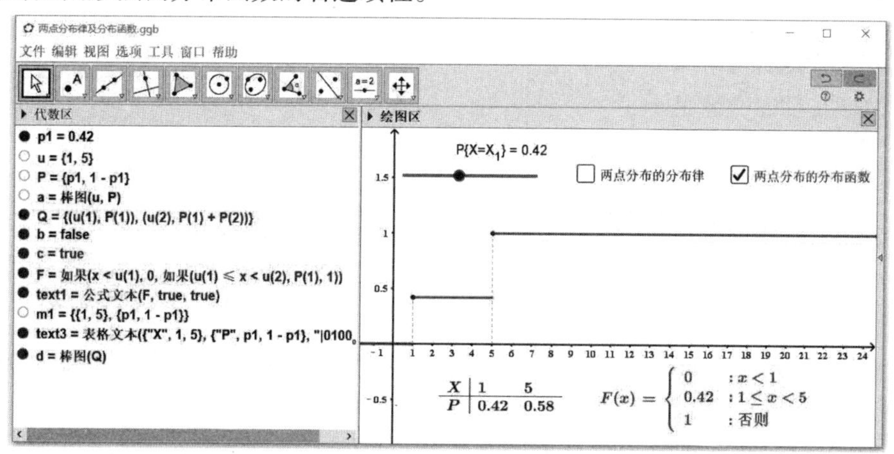

图 4-1　两点分布律及分布函数演示实验截图

4.2　二项分布律与分布函数演示实验

4.2.1　实验目的

通过实验演示二项分布的分布律图形、分布函数图形与参数之间的关系；通过实验观察并研究二项分布的最大概率点的取值规律。

4.2.2　实验设计思路

①以滑杆变量分别控制二项分布的参数 n 和 p；

②设置 3 个复选框分别控制“二项分布律”“二项分布函数”“最大概率点”等的显示；

③分布律的值、累积分布函数间断点的纵坐标值均用 GGB 指令“序列”与“二项分布”配合生成；

④分布律图形通过“棒图”指令绘制；

⑤通过“阶梯图”指令绘制分布函数阶梯曲线；

⑥用“文本快捷按钮”和“公式文本”指令在实验界面中显示所需信息。

实验脚本命令和实验界面如图 4-2 所示。

4.2.3　实验演示方法

讲解二项分布时，打开实验界面。

①仅勾选“二项分布律”复选框，仅显示二项分布律图形；

②仅勾选“二项分布函数”，仅显示分布函数的阶梯曲线；

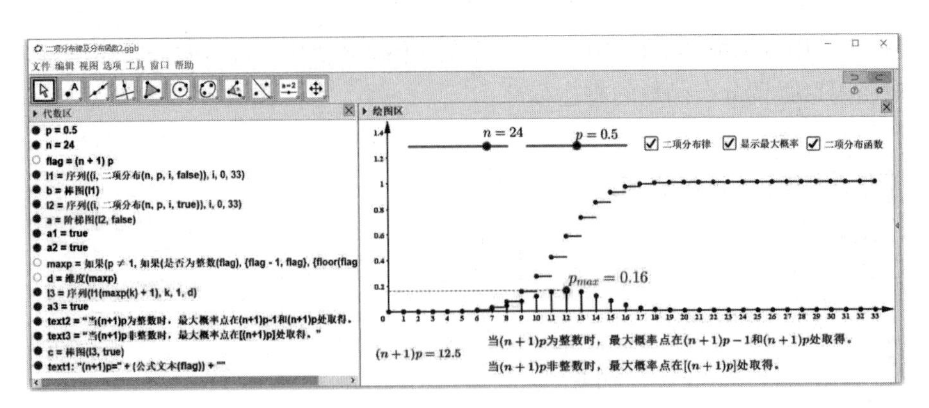

图 4-2　二项分布律及分布函数演示实验

③共同勾选“二项分布律”和“二项分布函数”复选框，可同时显示分布律图形和分布函数阶梯曲线；

④同时勾选“二项分布律”和“显示最大概率”复选框，可显示分布律和关于最大概率点的知识信息；

⑤在教学演示过程中，可以拖动滑杆变量使参数取值发生变化，观察分布律、分布函数图形变化情况，尤其是最大概率点的变化情况，思考这种变化与参数取值之间的关系，引导学生观察、分析并总结最大概率点的取值规律。

4.3　泊松分布律与分布函数演示实验

4.3.1　实验目的

演示泊松分布律、分布函数图形及其与参数的关系；结合演示分析并总结泊松分布的最大概率点取值规律。

4.3.2　实验设计思路

①设置滑杆变量控制泊松分布的参数 λ 取值及绘制点的个数 n；

②设置复选框控制是否显示分布律和分布函数图形；

③分布律点列、累积分布函数点列均用 GGB 指令“序列”和“泊松分布”配合产生；

④用指令“棒图”绘制分布律图形，用指令“阶梯图”绘制分布函数阶梯曲线；

⑤最大概率点演示设计中，用到指令“是否为整数”“序列”“泊松分布”“如果”等系列指令；

⑥设置文本变量用以显示有关实验信息。

实验 GGB 脚本指令和实验界面如图 4-3 所示。

4.3.3　实验演示方法

在进行泊松分布教学时，打开实验界面。勾选“泊松分布律”或者“泊松分布函数”复选

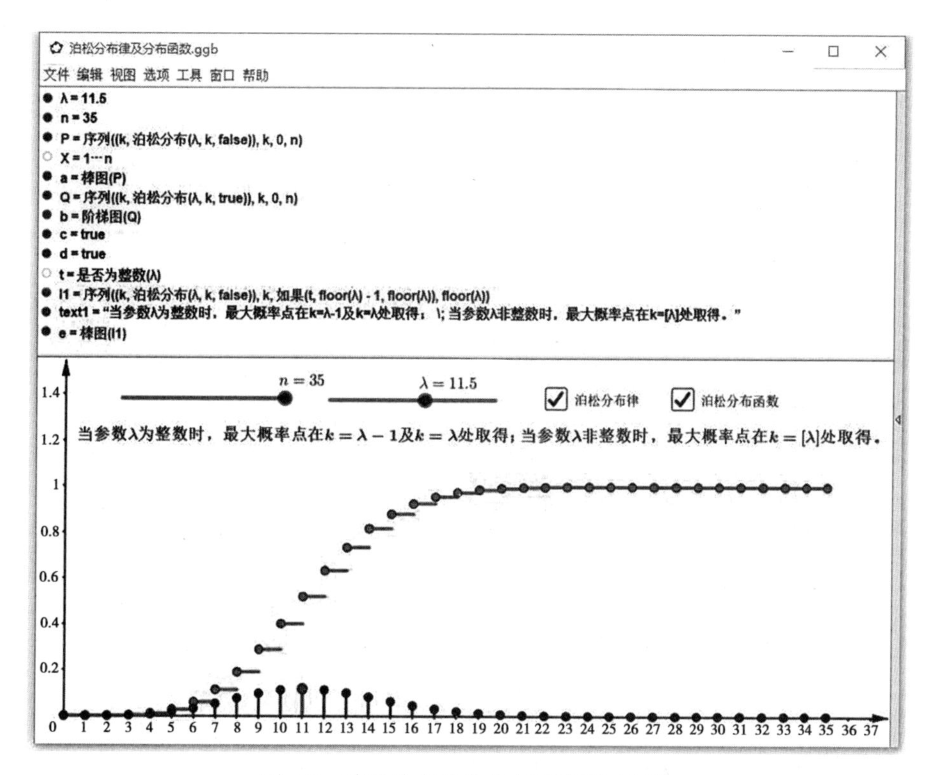

图 4-3 泊松分布律及分布函数演示实验

框,显示分布律或者分布函数图形,以及最大概率点信息。用鼠标拖动滑杆变量改变参数值,图形会发生相应变化。结合图形变化过程,引导学生总结最大概率点的取值规律。

4.4 泊松定理演示实验

4.4.1 实验目的

通过可视化动态图手段,展示二项分布与泊松分布的关系,帮助学生深入理解泊松定理的含义。

4.4.2 实验设计思路

①通过滑杆变量控制二项分布参数 n、p 的取值;

②设置三个复选框控制两种分布律及其偏差图形的显示;

③通过 GGB 软件的“序列”“二项分布”“泊松分布”等指令生成分布律序列;

④将分布律概率值作差得到分布律差序列;

⑤通过设置文本变量和“公式文本”指令显示实验界面中需要呈现的公式和文字信息。实验 GGB 脚本指令和实验界面如图 4-4 所示。

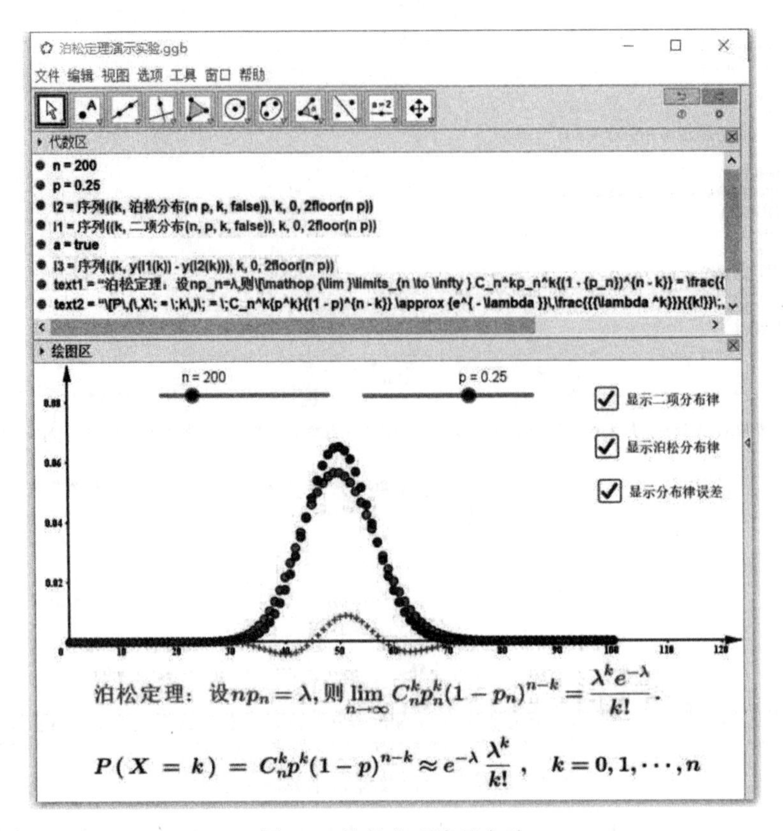

图 4-4 泊松定理演示实验

4.4.3 实验演示方法

在进行泊松定理教学时，打开实验界面后进行如下演示步骤。

①勾选“显示二项分布律”“显示泊松分布律”“显示分布律误差”复选框，将两种分布律及误差显示在实验窗口，让学生看清楚图中不同散点序列的含义；

②拖动滑杆变量 p 到较大位置，比如取 $p=0.3$ 等值，然后拖动参数 n 由小到大增长，观察两个分布律序列的变化情况，得到分布律误差逐渐变小的直观结论；

③拖动滑杆变量 p 到较小位置，比如取 $p=0.03$ 等值，然后拖动参数 n 由小到大增长，观察两个分布律序列的变化情况，得到当 p 很小、n 较大时两种分布律非常接近、误差几乎为 0 的直观结论。

4.5 均匀分布密度函数与分布函数演示实验

4.5.1 实验目的

通过图形可视化手段展示均匀分布的密度函数与分布函数的关系，使学生深刻理解均匀分布的含义、连续型随机变量分布函数的含义。

4.5.2 实验设计思路

①设置滑杆变量 a,b 控制均匀分布的区间端点；

②设置两个复选框变量控制密度函数图形和分布函数图形的显示；

③利用 GGB 的“如果”指令定义均匀分布的密度函数；利用“均匀分布”指令定义均匀分布的分布函数；

④在分布函数曲线上描点，指令是“描点”，并设置文本信息显示该点纵坐标的值；

⑤利用 GGB“积分”指令计算并绘制分布函数曲线上所描点左侧、概率密度曲线下方区间上的面积；

⑥图中的辅助线利用“棒图”指令绘制；

⑦利用“公式文本”指令显示分布函数公式、密度函数公式。

实验 GGB 脚本指令和实验界面如图 4-5 所示。

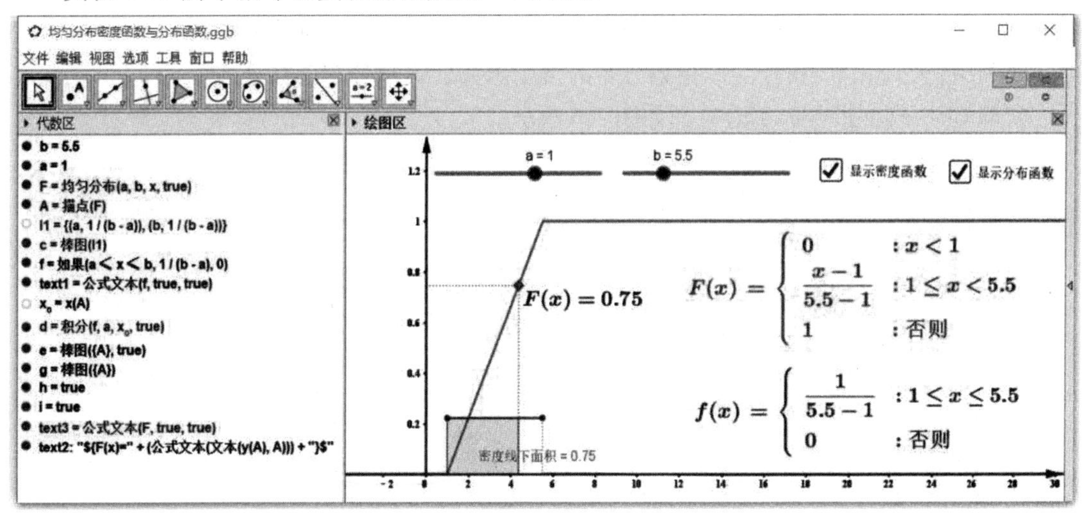

图 4-5 均匀分布密度函数与分布函数实验

4.5.3 实验演示方法

在进行均匀分布教学时打开实验界面，根据需要选中复选框“显示密度函数”“显示分布函数”只显示密度函数和分布函数；拖动参数滑杆变量调整区间；拖动分布函数曲线上所描点的位置，观察下方积分值和分布函数曲线上点的纵坐标值——相同，直观地再现了密度函数下方的面积和分布函数值之间的关系，展示了概率密度函数与分布函数之间的关系。

4.6 指数分布概率密度函数与分布函数演示实验

4.6.1 实验目的

图示指数分布的概率密度与分布函数,展示它们与参数之间的关系。

4.6.2 实验设计思路

①设置滑杆变量控制指数分布的参数值;
②设置复选框控制密度函数和分布函数曲线的显示;
③利用 GGB“指数分布”指令定义指数分布的密度函数和分布函数;
④利用“公式文本”指令显示指数分布的密度函数公式及分布函数公式。
实验 GGB 脚本指令和实验界面如图 4-6 所示。

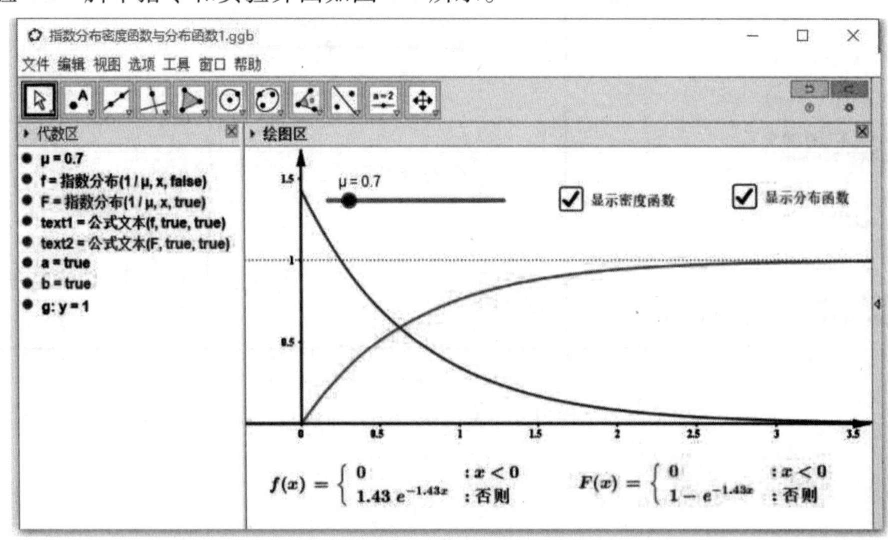

图 4-6 指数分布概率密度函数及分布函数演示实验

4.6.3 实验演示方法

指数分布教学时,打开本实验界面,勾选所需复选框,拖动滑杆变量,观察图形变化。

4.7 正态分布密度函数、分布函数曲线演示实验

4.7.1 实验目的

在教学中，正态分布的概率密度曲线、分布函数曲线是学生应该深刻理解和掌握的内容。本次实验将利用 GeoGebra 软件的动态演示机制研究下面两方面问题，以加深学生对正态分布的理解。

①研究正态分布概率密度函数的曲线形状、位置与参数的关系；

②通过实验演示正态分布密度函数与分布函数之间的关系。

4.7.2 实验设计思路

①定义滑杆变量 μ、σ、A_x，设定其取值范围及变化步长；

②设置复选框控制概率密度曲线下的面积与分布函数值关系显示；

③利用 GGB 指令“正态分布”定义正态分布的分布函数；直接输入表达式定义正态分布概率密度函数；

④在 x 轴上以 A_x 值为横坐标，利用“描点”指令画点 A，在分布函数曲线上利用“描点”指令画对应点，并用“线段”指令做出辅助线段；

⑤利用“积分”指令计算并绘制概率密度曲线下 A 点左侧的区域并计算面积；

⑥利用“公式文本”和文本变量在实验界面中显示所需辅助信息。

实验 GGB 脚本指令和实验界面如图 4-7 所示。

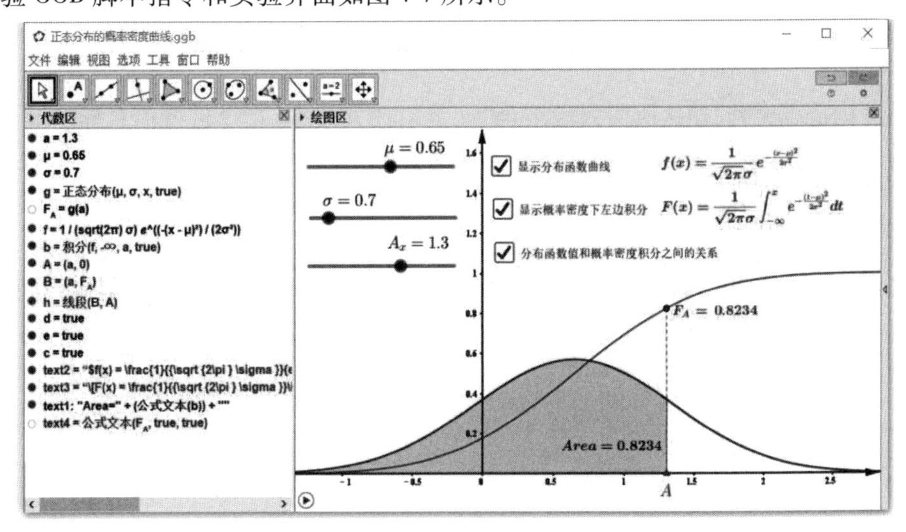

图 4-7 正态分布函数与分布函数曲线之间演示实验界面

4.7.3 实验演示方法

①去除界面中的 3 个复选框勾选，仅显示概率密度曲线，调整正态分布参数滑杆变量取值，观察函数图形的变化。可见正态分布的概率密度曲线为单峰轴对称曲线；若固定参数 σ 而令 μ 变化，正态分布概率密度函数曲线形状不变，但曲线位置随 μ 增大而向右平移；若固定 μ 不变而令 σ 变化，曲线的位置不变，但峰高随 σ 增加而变高，同时峰底宽度变窄。

②勾选第二个和第三个复选框，显示分布函数、显示 A 点左侧的面积、显示分布函数在 A 点处的函数值，根据需要拖动 A 点左右移动，可观察到分布函数在 A 点的函数值等于概率密度曲线下方从负无穷至 A 处的积分值。

4.8 正态分布的 3σ 准则演示实验

4.8.1 实验目的

演示不论正态分布的参数如何变化，正态分布随机变量落入以数学期望 μ 为中心、以 $k\sigma$ 为半径的邻域内的概率都是固定不变的；特别是演示正态分布的 3σ 准则：任何正态分布随机变量落在区间($\mu\pm3\sigma$)内的概率都是 0. 997 3。

4.8.2 实验设计思路

①设置滑杆变量控制参数 μ、σ 及变量 k 的取值；

②设置多个复选框控制随机变量落在($\mu\pm k\sigma$)区间内概率的显示；

③通过 GGB 指令“正态分布”定义并绘制概率密度曲线；

④通过“积分”指令计算各个($\mu-k\sigma,\mu+k\sigma$)区间内的概率并在概率密度曲线下方填充区域表示；

⑤通过构造点序列、连接所需线段结合“文本”“公式文本”指令进行信息标注。

实验 GGB 脚本指令和实验界面如图 4-8 所示。

4.8.3 实验演示方法

勾选想观察的项目，拖动滑杆变量，可观察到各种正态分布随机变量 X 落入区间($\mu\pm k\sigma$)的概率都不变；另外，还可观察到 X 落入区间($\mu\pm3\sigma$)的概率高达 0. 997 3，落入区间($\mu\pm4\sigma$)内的概率高达 0. 999 9。

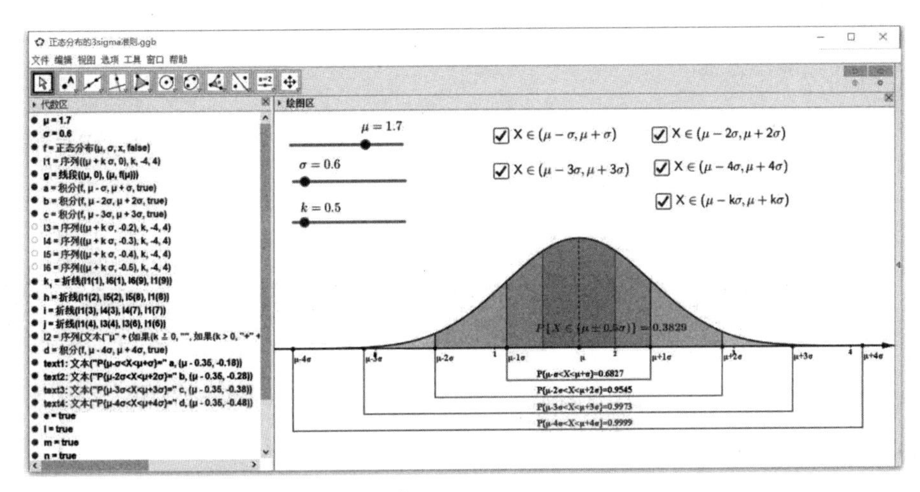

图 4-8　正态分布的 3σ 准则演示实验

4.9　正态分布上 α 分位点演示实验

4.9.1　实验目的

通过图示法展示标准正态分布的上 α 分位点的概率含义。

4.9.2　实验设计思路

①设置滑杆变量控制概率值 α 的取值；
②通过 GGB“积分”指令计算概率并填充概率密度曲线下方右侧尾部区域面积；
③设置文本变量和“公式文本”在实验界面中显示辅助信息。
实验 GGB 脚本指令和实验界面如图 4-9 所示。

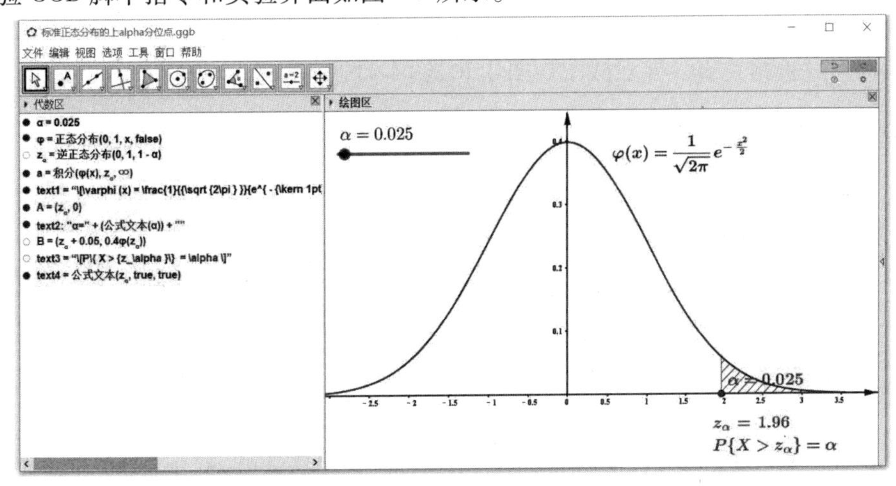

图 4-9　正态分布上 α 分位点演示实验

4.9.3 实验演示方法

讲解正态分布上 α 分位点概念时,打开本实验界面,拖动滑杆变量 α,观察概率密度曲线下方右侧尾部区域面积变化、分位点取值。

4.10 二维正态分布的概率密度函数演示实验

4.10.1 实验目的

二维正态分布的概率密度函数的定义是

$$f(x,y)=\frac{1}{2\pi\sigma_1\sigma_2\sqrt{1-\rho^2}}e^{-\frac{1}{2(1-\rho^2)}\left[\frac{(x-\mu_1)^2}{\sigma_1^2}-2\rho\frac{(x-\mu_1)(y-\mu_2)}{\sigma_1\sigma_2}+\frac{(y-\mu_2)^2}{\sigma_2^2}\right]},x\in\mathbf{R},y\in\mathbf{R}$$

其几何形状是一个单峰光滑曲面,曲面的形状和位置与 5 个参数有关系,为了清楚展示参数的影响关系,这里利用 GeoGebra 软件动态演示机制进行演示实验。

4.10.2 实验设计思路

实验的基本原理是将参数定义为滑杆变量,定义好二维正态分布密度函数,拖动滑杆变量,即可观察到曲面的变化情况。

实验构建思路与方法简述如下:

①将二维正态分布的 5 个参数(均值 μ_1、μ_2;标准差 σ_1、σ_2;相关系数 ρ)分别定义为滑杆变量,设定取值范围及滑杆变量的步长增量;

②在 $[-5\sigma_1,5\sigma_1]\times[-5\sigma_2,5\sigma_2]$ 范围内,利用“如果”指令定义二维正态分布概率密度函数;

③通过“文本按钮”复制公式编辑器 Mathetype 中编辑好的公式(复制前设置为 LaTeX 格式)粘贴于文本输入框,在绘图区显示二维正态分布的概率密度函数。

实验构建过程相关窗口界面截图如图 4-10、图 4-11 所示。

4.10.3 实验演示方法

讲解二维正态分布时,打开实验界面,拖动滑杆变量取值,并且在绘图区通过鼠标放缩、拖动旋转等操作观察曲面变化情况,可得到如下结论:

①当 μ_1 由小到大变化时,单峰曲面沿 x 轴向 x 递增方向平移,形状保持不变;

②当 μ_2 由小到大变化时,单峰曲面沿 y 轴向 y 递增方向平移,形状保持不变;

③当 σ_1 由大到小变化时,单峰曲面向平面 $x=\mu_1$ 收缩变陡峭,峰顶在 xoy 面的投影位置不变;

④当 σ_2 由大到小变化时,单峰曲面向平面 $x=\mu_2$ 收缩变陡峭,峰顶在 xoy 面的投影位置不变;

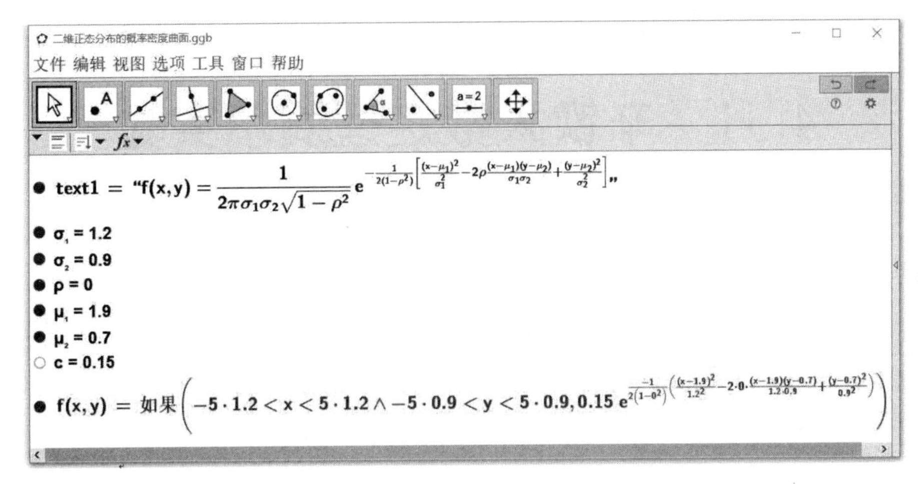

图 4-10　代数区内定义的变量及函数

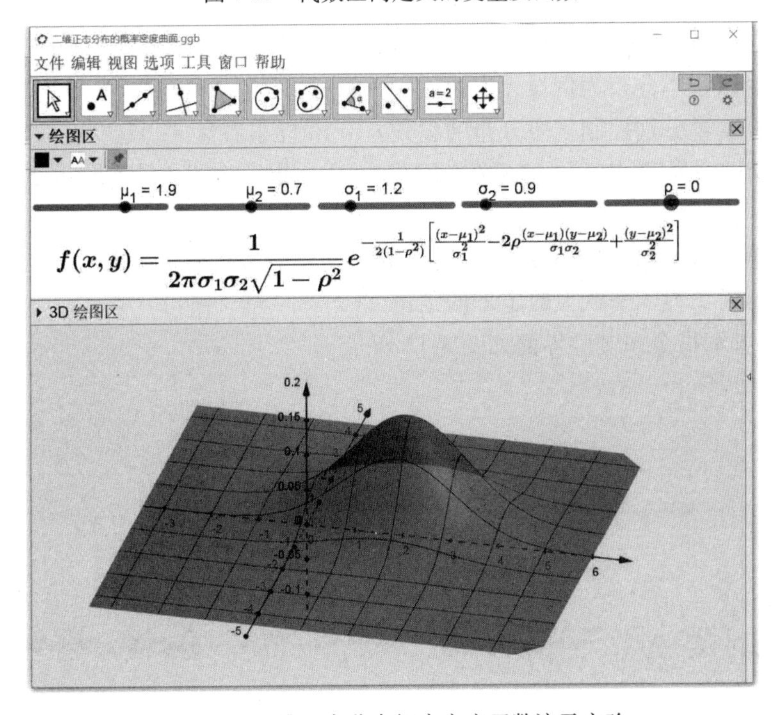

图 4-11　二维正态分布概率密度函数演示实验

⑤当 ρ 由 0 向 1 变化时，单峰曲面向平面 $y-\mu_2=x-\mu_1$ 收缩变陡峭，峰顶在 xoy 面的投影位置不变；

⑥当 ρ 由 0 向-1 变化时，单峰曲面向平面 $y-\mu_2=-(x-\mu_1)$ 收缩变陡峭，峰顶在 xoy 面的投影位置不变；

⑦上面⑤、⑥两条结论表明，ρ 反映出随机变量 X、Y 之间线性关系的强弱程度，$|\rho|$ 越接近于 1，X，Y 之间线性关系越强。

4.11 辛钦大数定理演示实验

4.11.1 实验目的

辛钦大数定理(弱大数定理)揭示的含义是:相互独立同分布随机变量序列的均值依概率收敛到总体数学期望。为加深对辛钦大数定理的理解,这里以正态分布为例,利用 GeoGebra 软件动态演示机制进行实验演示。

4.11.2 实验设计思路

基本思路是:选定某种分布,比如两点分布、二项分布、泊松分布、均匀分布、指数分布、正态分布等。下面以正态分布为例设计实验:

①设置滑杆变量分别控制正态分布的参数 μ、σ 和样本容量 n;

②利用 GGB“序列”“均值”“正态分布随机数”3 个指令生成不同容量时的正态分布样本均值序列;

③定义常值函数 $y=\mu$,将其直线作为总体数学期望参考线显示出来;

④构建文本对象显示辛钦大数定理的结论。

实验 GGB 脚本指令和实验界面如图 4-12 所示。

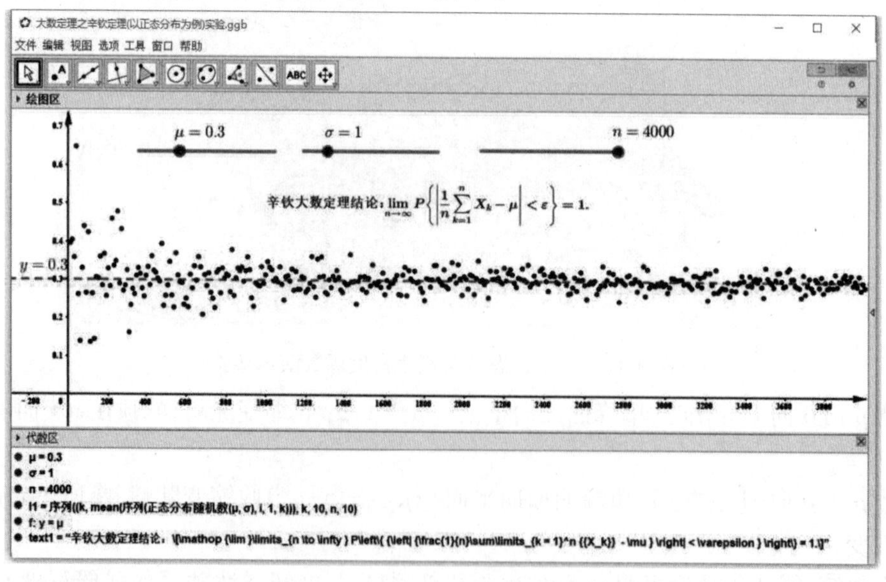

图 4-12 辛钦大数定理演示实验

4.11.3 实验演示方法

在实验界面中拖动滑杆变量 n,观察样本均值序列分布的变化情况。实验表明正态总体的样本均值与总体均值的关系:当样本容量很大时,样本均值与总体均值很接近。

4.12 伯努利大数定理演示实验

4.12.1 实验目的

伯努利大数定理揭示:独立重复实验过程中事件 A 的发生频率依概率收敛于事件 A 的发生概率。也就是人们通常所说的“事件的频率稳定到概率”。

这里设计演示实验直观演示“频率稳定到概率”这个结论,帮助学生加深对定理的理解。

4.12.2 实验设计思路

①设置滑杆变量控制样本容量 n 和单次实验时事件 A 发生的概率 p;

②将 GGB 指令“序列”“均值”“随机二项分布数”配合,产生 0—1 分布不同容量的样本均值序列;

③定义常值函数 $y=\mu$,将其直线作为总体数学期望参考线显示出来;

④构建文本对象显示伯努利大数定理的结论。

实验 GGB 脚本指令和实验界面如图 4-13 所示。

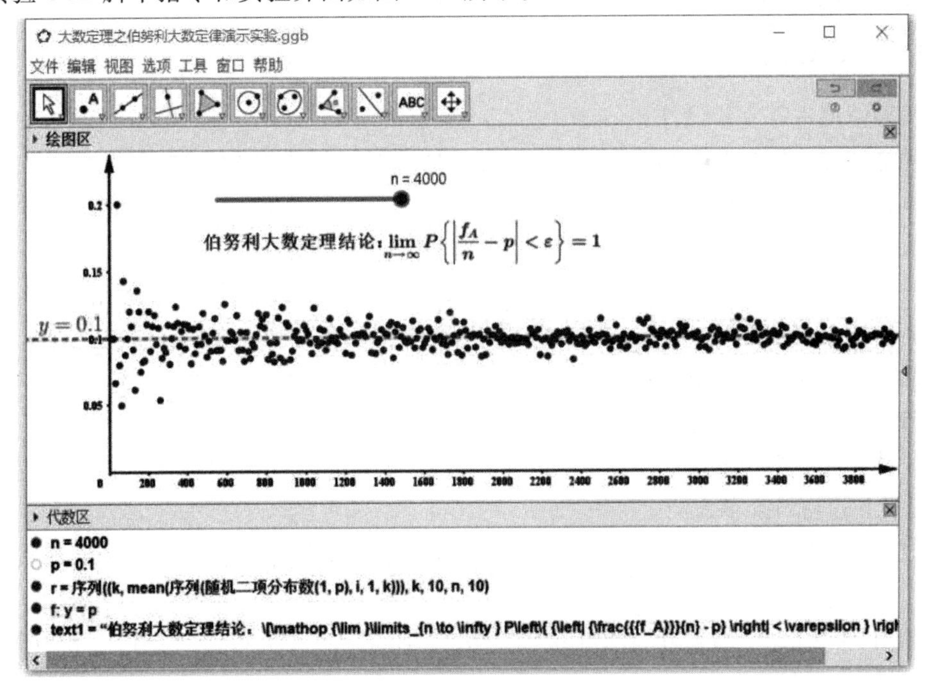

图 4-13 伯努利大数定理实验

4.12.3 实验演示方法

由小到大拖动滑杆变量 n,可以观察到0-1分布样本均值稳定在概率值 p 附近;并且随着 n 增大,样本均值的振荡幅度减小,直观呈现出“频率稳定到概率”的含义。

4.13 独立同分布中心极限定理演示实验

4.13.1 实验目的

中心极限定理刻画了这样一种现象:在实际中有许多随机变量,它们由大量相互独立的随机因素影响叠加而成,且其中每一个别因素在总影响中所起的作用都是微小的,这种随机变量往往服从或近似服从正态分布。

为使学生对这个结论有深刻理解,这里设计实验进行直观演示。

4.13.2 实验设计思路

独立同分布中心极限定理:独立同分布的随机变量序列(假设期望 μ、方差 σ^2 存在),当 n 无限增加时,其前 n 个变量的和的标准化变量近似服从正态分布 $N(0,1)$,或者说当 n 无限增加时,$\sum_{i=1}^{n} X_i \overset{\text{近似}}{\sim} N(n\mu, n\sigma^2)$。

分两种情况进行实验设计:

一种是若和变量分布未知,欲验证该和变量是否近似服从正态分布,可以生成该随机变量的样本,用正态分布分位数图验证该样本和正态分布的接近程度,也可以利用样本的经验分布函数和正态分布函数作对比。

另一种是若和变量分布已知,则可将和变量的分布函数与正态分布的分布函数作比对以考察二者的接近程度。

下面分别就这两种情形设计实验。

1)和变量分布未知情形

这里针对大量独立的同一均匀分布的和近似服从正态分布的结论进行实验验证,以[1,5]区间上的均匀分布为例。

①设置滑杆变量 n 表示和式中随机变量的个数,滑杆变量 N 表示对和式抽样观察的样本容量;

②利用GGB指令“均匀分布随机数”生成 n 个均匀分布随机数,并利用“总和”指令对这些随机数进行求和;

③利用“序列”指令实现对②中的和值的 N 次观测;

④利用“正态分位数图”指令对③中的 N 个和值观测值绘制正态分布分位数图;

⑤利用“升序排列”指令对③中的 N 次观测值进行排序;

⑥利用“频数列表”指令对⑤中排序后的和值进行频数统计；

⑦打开绘图区 2，利用“阶梯图”指令对⑤、⑥中的观测值及对应频率值绘制经验分布函数阶梯曲线；

⑧在绘图区 2 中，利用“正态分布”指令定义正态分布函数并显示对应的曲线；

⑨构建文本对象显示所需辅助信息。

实验 GGB 脚本指令和实验界面如图 4-14 所示。

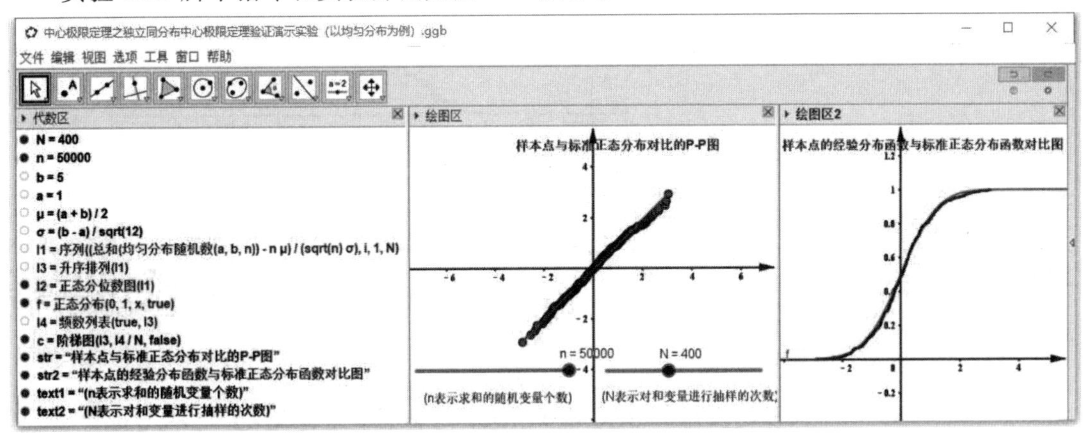

图 4-14　独立同分布中心极限定理验证实验（基于均匀分布）

2）和变量分布已知情形

这里针对大量相互独立且服从同一泊松分布的随机变量和近似服从正态分布这一结论进行实验验证。

因为泊松分布对参数具有可加性，即服从同一参数 λ 的泊松分布的 k 个随机变量相互独立时，它们的和变量仍服从泊松分布，参数为 $k\lambda$。基于此，对多个泊松分布随机变量的和变量是否近似服从正态分布的验证问题，可转化为当泊松分布的参数无限增加时，泊松分布与正态分布的差异验证问题。

考虑到若想验证一个已知分布与正态分布的差异，可将其分布函数图形与正态分布的分布函数图形进行对比。为此，设计实验方案如下：

实验设计思路：

①以滑杆变量控制泊松分布的参数 λ 取值；

②利用“序列”“泊松分布”两个指令嵌套生成泊松分布律序列；

③利用“阶梯图”指令绘制泊松分布 $P(\lambda)$ 的分布函数；

④利用“正态分布”指令绘制正态分布 $N(\lambda,\lambda)$ 的分布函数；

实验 GGB 脚本指令和实验界面如图 4-15 所示。

4.13.3　实验演示方法

①图 4-14 的实验：拖动滑杆变量 n 由小到大变化时，可观察到和变量序列的 PP 图越来越呈现直线排列，经验分布函数和正态分布的分布函数曲线越来越逼近，这都能说明，当 n 越来越大时，独立同分布的均匀随机变量的和变量越来越接近于正态分布。

②图 4-15 的实验：拖动滑杆变量 λ 令其增大，观察泊松分布函数和正态分布函数曲线的

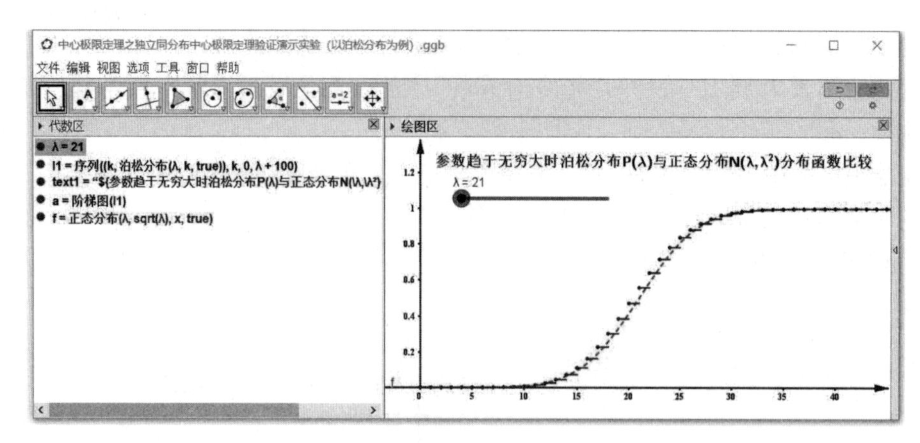

图 4-15　独立同分布中心极限定理验证实验(基于泊松分布)

越来越重合,这说明当变量个数足够大时,多个相互独立的泊松随机变量的和近似服从正态分布。

4.14　棣莫弗-拉普拉斯定理演示实验

4.14.1　实验目的

棣莫弗-拉普拉斯定理表明,当 n 无限增大时,二项分布的随机变量的标准化变量的分布函数近似于标准正态分布的分布函数。或者说,当 n 无限增大时,二项分布随机变量的分布函数近似于正态分布 $N(np,np(1-p))$ 的分布函数。

本实验将演示当 n 充分大时,二项分布的分布函数与正态分布的分布函数的逼近性,使学生对定理有直观认识,加深理解。

4.14.2　实验设计思路

二项分布的参数具有可加性,所以,把多个相互独立二项分布随机变量相加时,所得随机变量服从新的二项分布,可以直接从比对新二项分布函数与正态分布函数的图形的角度来演示二者的接近情况。

①设置滑杆变量控制参数 n、p 的值;

②利用 GGB 指令"序列""二项分布"嵌套生成二项分布律点列;

③利用"正态分布"指令定义正态分布函数并绘制曲线;

④利用"阶梯图"指令绘制二项分布函数的阶梯曲线;

⑤设置文本对象显示辅助信息。

实验 GGB 脚本指令和实验界面如图 4-16 所示。

4.14.3　实验演示方法

在讲解棣莫弗-拉普拉斯定理时,打开本实验界面,对于确定的 p 值,拖动滑杆变量 n 由

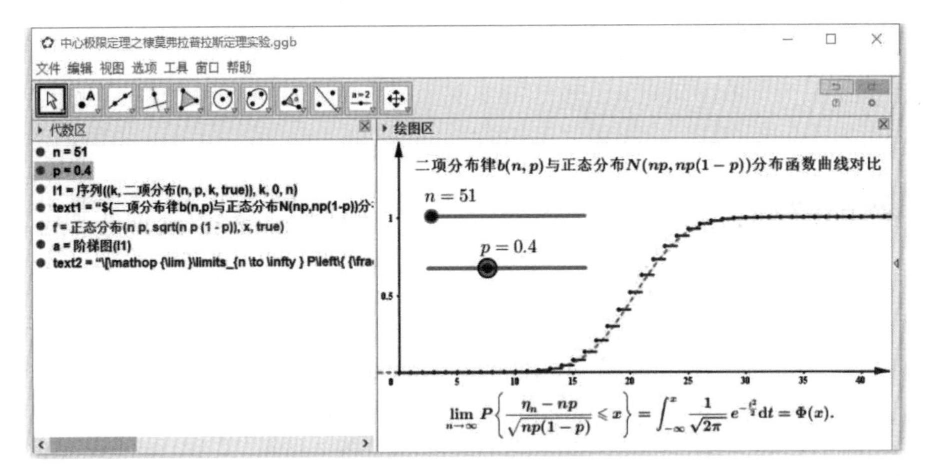

图 4-16　棣莫弗-拉普拉斯定理实验

小到大变化，观察二项分布函数与正态分布函数图形的差异，可以观察到当 n 较大以后，二项分布的分布函数与正态分布的分布函数将变得越来越接近。

4.15　数理统计三大分布演示实验

4.15.1　实验目的

卡方分布、t 分布和 F 分布是数理统计中最重要的三大分布，数理统计的很多内容都是以这三大分布外加正态分布作为工具展开研究的。下面将设计关于这三大分布的教学演示实验，用于辅助教学。

4.15.2　实验设计思路

这里，主要围绕数理统计三大分布的概率密度曲线绘图进行实验，在参数变化过程中观察概率密度曲线的变化情况及 t 分布的概率密度与正态分布的概率密度曲线对比情况。

①设置滑杆变量控制分布参数的变化；

②利用 GGB 指令“卡方分布”“t 分布”“F 分布”“正态分布”分别定义概率密度函数并显示其曲线；

③利用“公式文本”指令在实验界面中显示概率密度函数的定义表达式；

实验界面分布如图 4-17—图 4-19 所示。

4.15.3　实验演示方法

在相关内容的教学过程中打开实验界面，拖动滑杆变量改变参数，概率密度曲线图形将随之变化。引导学生观察曲线的特征，或是与正态分布的差异。

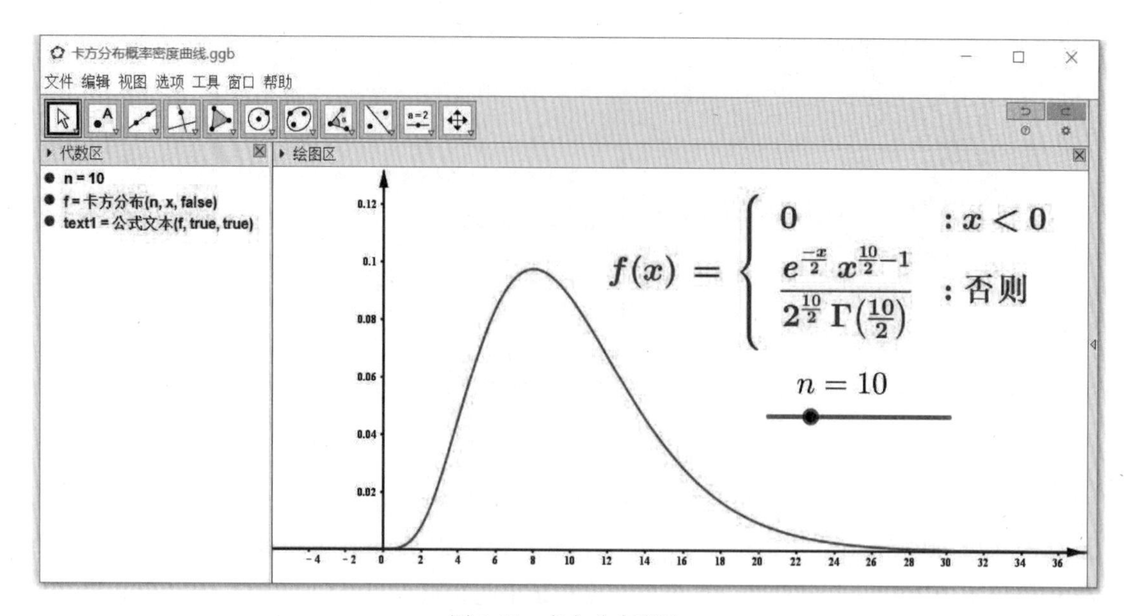

图 4-17　卡方分布实验

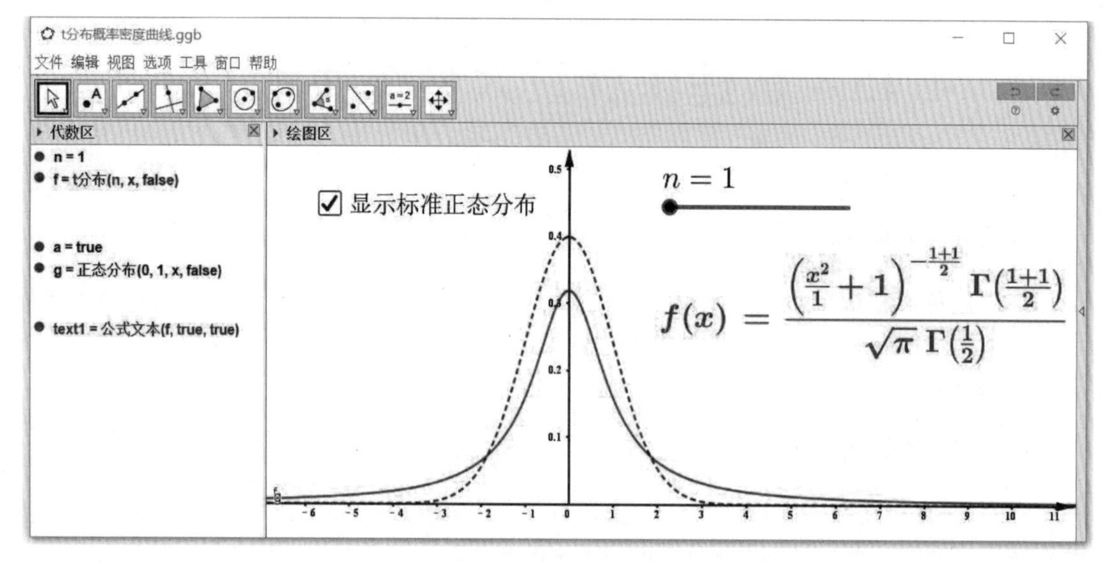

图 4-18　t 分布实验

4.16　直方图、箱线图、正态分位数图演示实验

4.16.1　实验目的

直方图、箱线图及正态分布分位数图是数理统计中常用的统计图工具,直方图通常用来初步分析样本的分布,箱线图则用以对比样本数据的分布差异、集中趋势等;正态分布分位数图则用以考察样本数据是否来自正态总体。

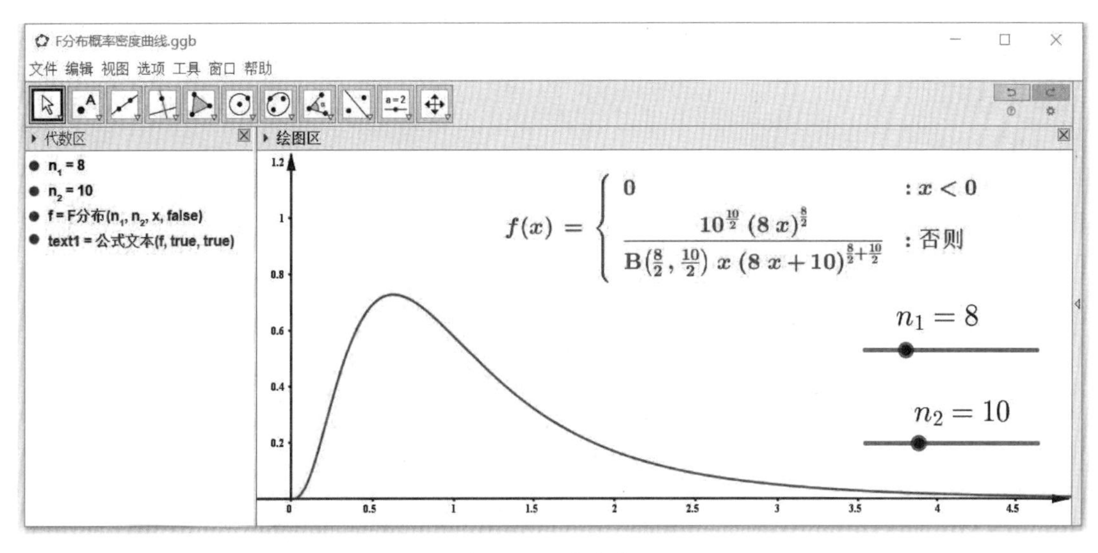

图 4-19　F 分布实验

下面利用 GeoGebra 平台设计实验，帮助学生认识和理解这些统计作图的概念和方法。

4.16.2　实验设计思路

虽然在 GeoGebra 平台中可以利用“直方图”“箱形图”和“正态分位数图”指令来绘制所需统计图，但一般而言，利用 GeoGebra 表格区数据分析功能绘制相关图形更简便快捷，而且实验内容也很丰富，下面我们针对后者展开实验。

4.16.3　实验演示方法

1）关于直方图和正态分位数图演示实验

①模拟抽样实验过程：利用 GGB 指令“序列”“正态分布随机数”（或者其他分布随机数的相应指令）生成样本数据；

②将①步中生成的样本数据拷贝至表格区（或是在表格区中直接用指令填充数据，也可以将 Excel 表格中的数据，或者 MATLAB 工作区中的数据复制到 GGB 表格区）；

③选中表格区中的数据列（或者行），单击进行数据分析的快捷工具按钮，在鼠标位置处的下拉列表里选取“单变量分析”，弹出“数据源”对话框（图 4-20）。单击“分析”按钮，则可以看到在标题为“数据分析”的矩形绘图区域内出现默认的直方图绘制结果（图 4-21），此时可根据需要调节各个界面区域的大小和位置。

④单击直方图绘图区右上角小按钮的第一个，弹出直方图选项对话框（内置于直方图绘图窗口，靠右侧），可以选择所需要的选项绘制直方图。

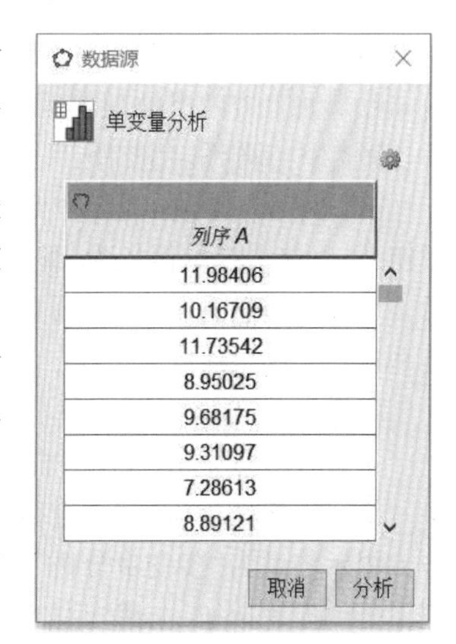

图 4-20　单变量分析过程中的数据源对话框

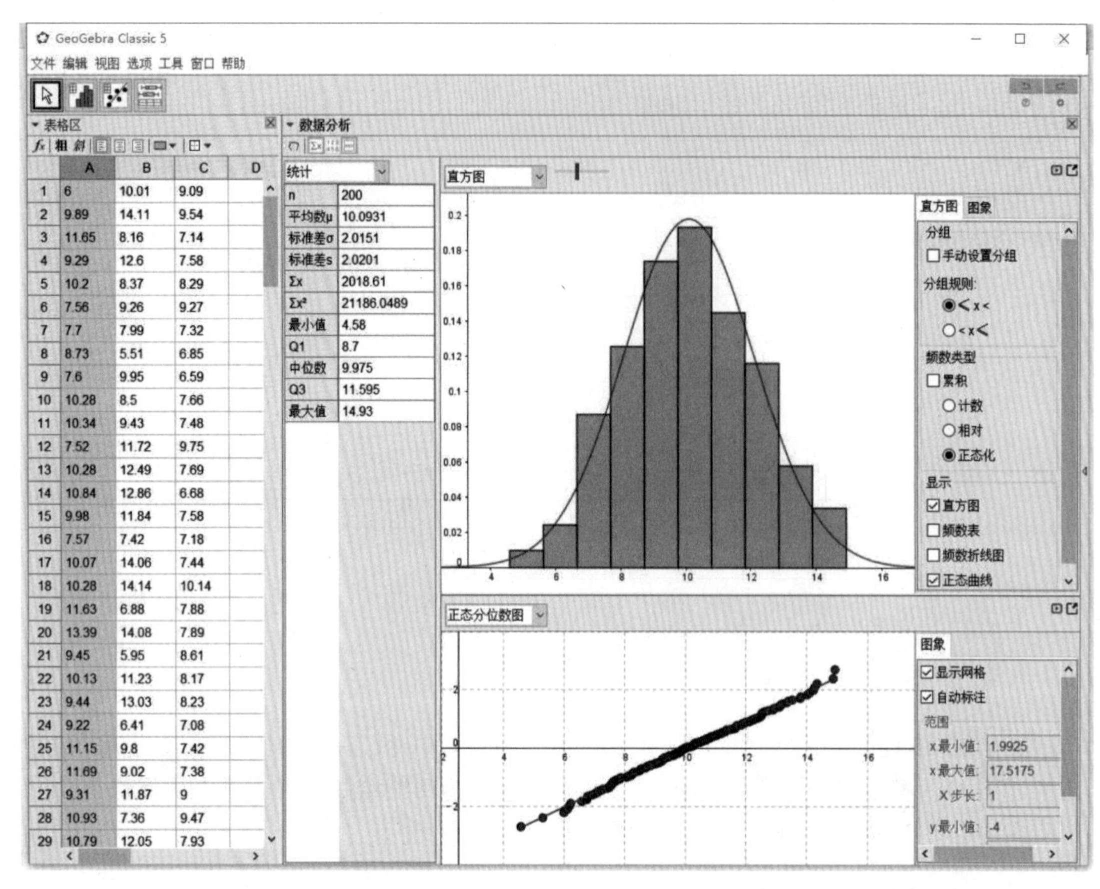

图 4-21　样本数据的直方图、正态分位数图实验界面

⑤直方图绘制区域上方左侧,有绘图类型下拉列表和一个滑杆按钮 直方图 ,可以通过滑杆按钮控制直方图的分组数量,一般分 10~12 组合适。

⑥从左上方的下拉列表框中可以选取别的类型统计图进行绘制,其中包括直方图、条形图、箱形图、点阵图、茎叶图、正态分位数图;

⑦另外,单击绘图区上方标题行“数据分析”前面的小三角按钮,下方会出现 4 个快捷小按钮,可以单击提示信息为“显示统计”的小按钮调出数据的描述性统计的基本内容;单击最后一个提示信息为“显示绘图 2”会显示出第二个绘图区,在该绘图区的左上方可以选择绘图类型进行绘制。

2)箱形图实验

①打开 GeoGebra 界面,打开表格区,将数据由事先准备好的 Excel 文档拷贝到表格区;

②在表格区中,选中欲进行数据分析的列,比如表格区中的 A、B、C、D 列,单击窗口菜单下方提示信息为“多变量分析”的快捷按钮,弹出“数据源”对话窗口(图 4-22),单击右方偏上位置处的齿轮按钮,选择“页眉坐标图”,之后单击“分析”按钮后,绘图区绘制出箱形图(图 4-23);

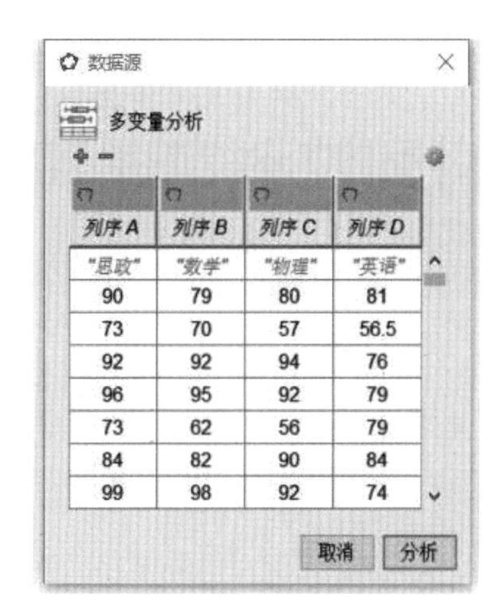

图 4-22　多变量分析过程中的数据源对话框

③单击“数据分析”标题左侧小三角按钮，下方出现两个快捷小按钮，单击其中的Σx按钮，可以得到各列数据的描述性统计分析（当然，描述性统计分析区右上方的下拉列表框内还可以选择进行其他类型的数据分析）。

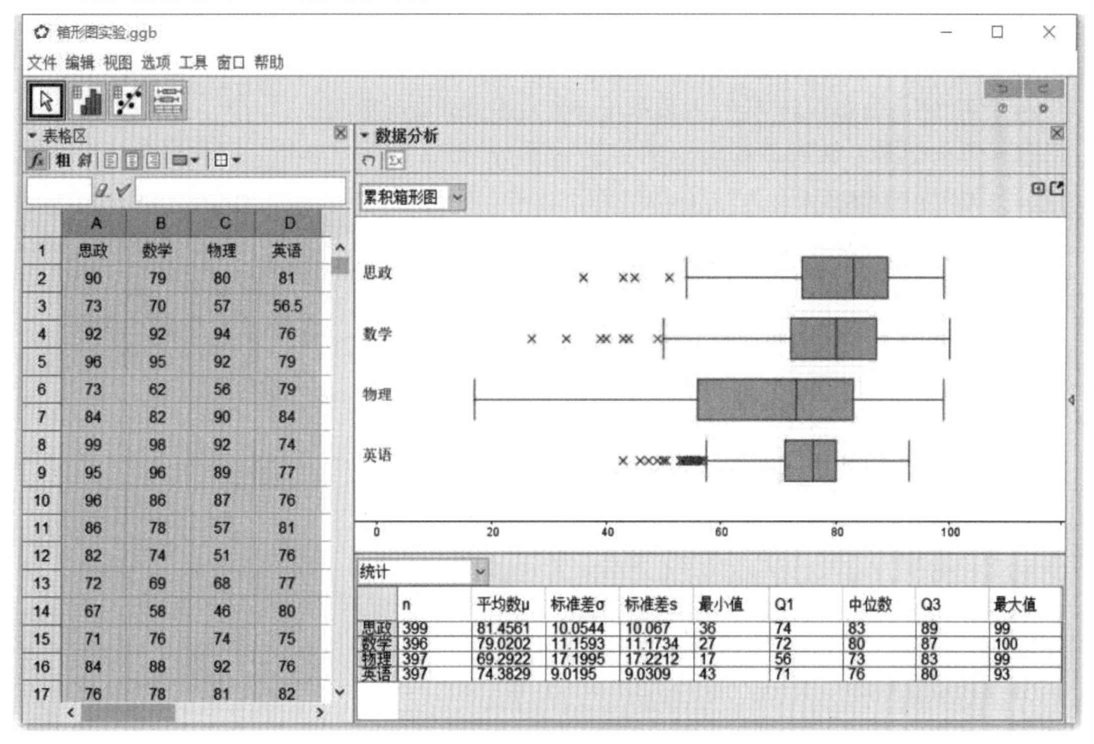

图 4-23　箱形图实验界面

4.17 格列汶科定理演示实验

4.17.1 实验目的

利用 GeoGebra 软件的动态演示机制，演示格列汶科定理的概率含义，加深学生对定理的理解。

4.17.2 实验设计思路

以正态分布的样本经验分布函数对正态分布理论分布函数的逼近性为例展开实验。

①设置滑杆变量控制样本容量和正态分布的参数；

②利用 GGB 的“正态分布随机数”“序列”指令配合产生正态分布的样本；

③利用“升序排列”指令将样本按升序排列；

④利用“频数列表”指令统计样本数据频数表；

⑤利用“阶梯图”指令画经验分布函数阶梯曲线；

⑥利用“正态分布”指令定义并显示正态分布理论分布函数曲线；

实验界面如图 4-24 所示。

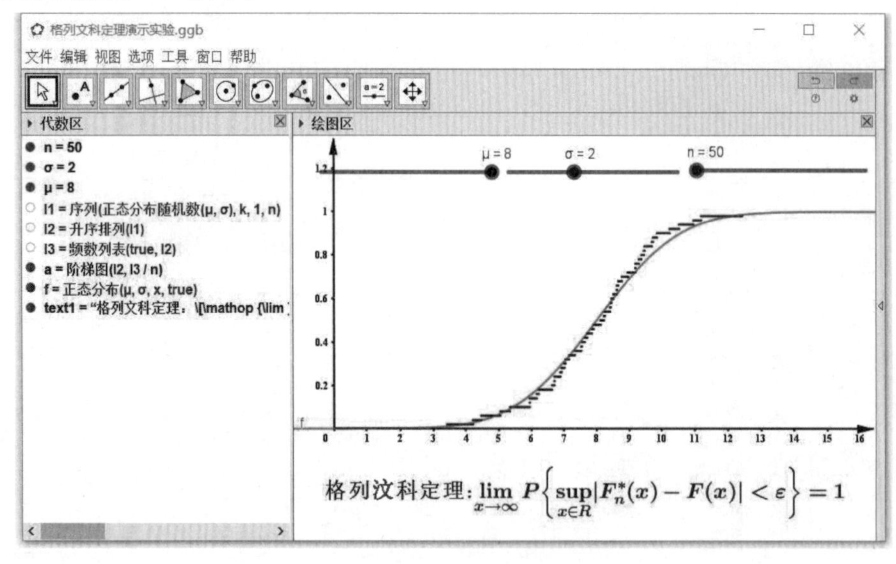

图 4-24 格列汶科定理演示实验界面

4.17.3 实验演示方法

课堂教学中，介绍经验分布函数的定义后，打开本实验程序，呈现如图 4-24 所示的界面。图中平滑曲线为正态分布的分布函数曲线，阶梯线为来自正态分布样本的经验分布函数曲线，拖动控滑杆变量控制样本容量 n 的取值，观察到当 n 增加时经验分布函数曲线与正态分布理论分布函数曲线的重合情况越来越好。结合实验情况向学生解释格列汶科定理的含义，让学生理解经验分布函数的作用意义。

4.18 置信区间概念演示实验

4.18.1 实验目的

以总体参数的双侧置信区间概念为例。所谓置信区间是指根据样本构造的一个区间$(\underline{\theta},\overline{\theta})$，使得

$$P\{\underline{\theta}\leqslant\theta\leqslant\overline{\theta}\}=1-\alpha$$

如何理解置信区间概念的含义呢？置信度与估计精度及样本容量之间存在怎样的关系？这是置信区间概念教学中教师应该引导学生深刻理解和认识的知识点，为使学生加深理解，这里利用 GeoGebra 软件的动态演示机制设计实验。

4.18.2 实验设计思路

以标准差已知时，正态分布均值的双侧置信区间问题为例。假设样本均值记为$\overline{X}$，则均值的双侧置信区间应该满足：

$$P\left\{\overline{X}-\frac{\sigma}{\sqrt{n}}z_{\alpha/2}\leqslant\mu\leqslant\overline{X}+\frac{\sigma}{\sqrt{n}}z_{\alpha/2}\right\}=1-\alpha$$

下面设计实验的关键在于样本均值$\overline{X}$的模拟仿真，模拟思想是：因为当总体$X\sim N(\mu,\sigma^2)$时，$\overline{X}\sim N(\mu,\sigma^2/n)$，因而直接用$\mu$为均值、以$\sigma/\sqrt{n}$为标准差的正态分布随机数来仿真模拟$\overline{X}$。

在此基础上，根据样本均值$\overline{X}$、标准差σ、样本容量n、标准正态分布的上$\alpha/2$分位点即可计算出参数μ的$1-\alpha$置信区间，然后以置信下限和置信上限为端点的线段表示置信区间的位置及长度。

实验构建的主要步骤如下：

①设置3个滑杆变量分别控制置信度、样本容量n、不同抽样次数N，设定取值区间和变化步长；

②用“序列”“正态分布随机数”指令嵌套产生N个样本均值$\overline{X}$；

③利用“逆正态分布”指令计算标准正态分布的上$\alpha/2$分位点；

④设置变量存放所计算置信区间半径、置信下限和置信上限；

⑤用“序列”“线段”“如果”指令配合产生包含μ真值的置信区间线段序列，以及不包含μ真值的置信区间线段序列；

⑥将不包含μ真值的置信区间线段设置为红色，包含真值μ的置信区间线段设置为

绿色；

⑦定义常值函数 $y=\mu$ 画出虚线参考线；

⑧利用"长度""去除未定义对象"指令配合计算不包含 μ 真值的置信区间个数；

⑨构造文本对象显示必要的辅助信息。

实验 GGB 脚本指令和实验界面如图 4-25 所示。

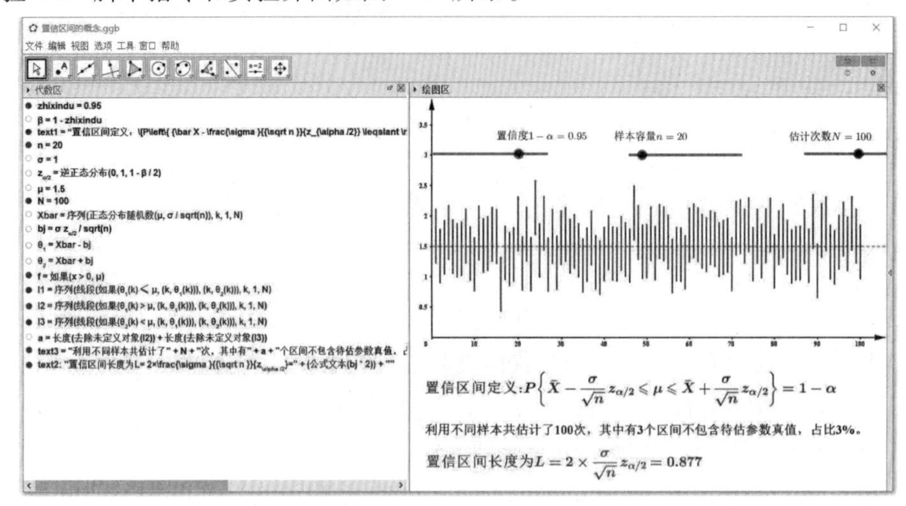

图 4-25　置信区间的概念实验

4.18.3　实验演示方法

打开实验界面，拖动滑杆变量，作如下观察：

①多次利用不同样本得到的置信区间中，包含参数真值的比例、不包含参数真值的比例（注意，这里的比例值代表频率，不是概率）；

②样本容量 n 一定时，增大置信度 $1-\alpha$，置信区间长度变大（意味着估计精度变低），包含参数真值的置信区间比例多数情况下变大；

③置信度 $1-\alpha$ 一定时，增大样本容量 n，置信区间长度变小（意味着估计精度提高），包含参数真值的置信区间比例在 $100(1-\alpha)\%$ 附近振荡。

4.19　假设检验中两类错误的概率关系实验

4.19.1　实验目的

假设检验教学中，"两类错误"的概念及其关系是初学者倍感抽象和困惑之处，为方便教学，本节利用 GeoGebra 平台构建演示实验，让学生直观地观察假设检验中"两类错误"的概率之间的关系及其与样本容量之间的关系，深刻理解显著性假设检验概念的实质含义。

4.19.2 实验设计思路

1）正态总体均值双边检验中 α-β-n 三者的关系实验

正态总体均值双边检验问题的提法是：假设总体 $X \sim N(\mu,\sigma^2)$，σ^2 已知，$X_1,X_2,\cdots,X_n$ 是总体 X 的样本，在显著性水平 α 下检验假设：

$$H_0:\mu=\mu_0;H_1:\mu\neq\mu_0$$

此时，选取检验统计量为：$Z=\dfrac{\overline{X}-\mu_0}{\sigma/\sqrt{n}}$，拒绝域为 $|z|\geqslant z_{\alpha/2}$，检验过程犯第一类错误的概率为

$$P\{拒绝\ H_0 \mid H_0\ 为真\} = P_{\mu=\mu_0}\left\{\left|\frac{\overline{X}-\mu_0}{\sigma/\sqrt{n}}\right| \geqslant z_{\alpha/2}\right\} = \alpha \tag{4-1}$$

式(4-1)表明，犯第一类错误的概率 α 就是正态分布 $N(\mu_0,\sigma^2)$ 概率密度曲线下方位于拒绝域区间 $(-\infty,\mu_0-z_{\alpha/2}\sigma/\sqrt{n})\cup(\mu_0+z_{\alpha/2}\sigma/\sqrt{n},+\infty)$ 内的面积。

若 H_0 不真时 $\mu=\mu_1\neq\mu_0$，此时若因样本未落入拒绝域而接受 H_0，这样检验结论就犯了第二类错误，概率为

$$P\{接受\ H_0 \mid H_0\ 不真\} = p_{\mu=\mu_1}\left\{\left|\frac{\overline{X}-\mu_0}{\sigma/\sqrt{n}}\right| < z_{\alpha/2}\right\} = \beta \tag{4-2}$$

亦即

$$\beta = P_{\mu=\mu_1}\{\mu_0 - z_{\alpha/2}\sigma/\sqrt{n} < \overline{X} < \mu_0 + z_{\alpha/2}\sigma/\sqrt{n}\} \tag{4-3}$$

注意到当 H_1 为真时，$\overline{X}\sim N(\mu_1,\sigma^2/n)$，故而式(4-2)及式(4-3)表明，若限定犯第一类错误的概率为 α，则犯第二类错误的概率 β 就是正态分布 $N(\mu_1,\sigma^2/n)$ 概率密度曲线下方位于接受域区间 $(\mu_0-z_{\alpha/2}\sigma/\sqrt{n},\mu_0+z_{\alpha/2}\sigma/\sqrt{n})$ 内的面积。

基于上述原理，实验设计思路如下：

①设置滑杆变量控制样本容量 n 及犯“弃真错”(第一类错误)的概率 α；

②实验中不妨设 $\sigma=2,\mu_0=0,\mu_1=1$；当 $\mu\neq\mu_0$ 时，设 $\mu=\mu_1=1$；

③利用“逆正态分布”指令计算标准正态分布的上 $\alpha/2$ 分位点 $z_{\alpha/2}$，进一步计算接受域区间的左右端点 $\mu_0\pm z_{\alpha/2}\sigma/\sqrt{n}$；

④定义两种正态分布 $N(\mu_0,\sigma^2)$、$N(\mu_1,\sigma^2)$ 的概率密度函数同时显示其图形；

⑤利用“积分”指令计算正态分布 $N(\mu_0,\sigma^2)$ 概率密度曲线下方拒绝域区间的面积即为弃真错的概率 α；

⑥利用“积分”指令计算正态分布 $N(\mu_1,\sigma^2)$ 概率密度曲线下方接受域区间的面积即为取伪错的概率 β；

⑦利用文本对象和“公式文本”指令进行实验界面中辅助信息的显示。

实验 GGB 脚本指令和实验界面如图 4-26 所示。

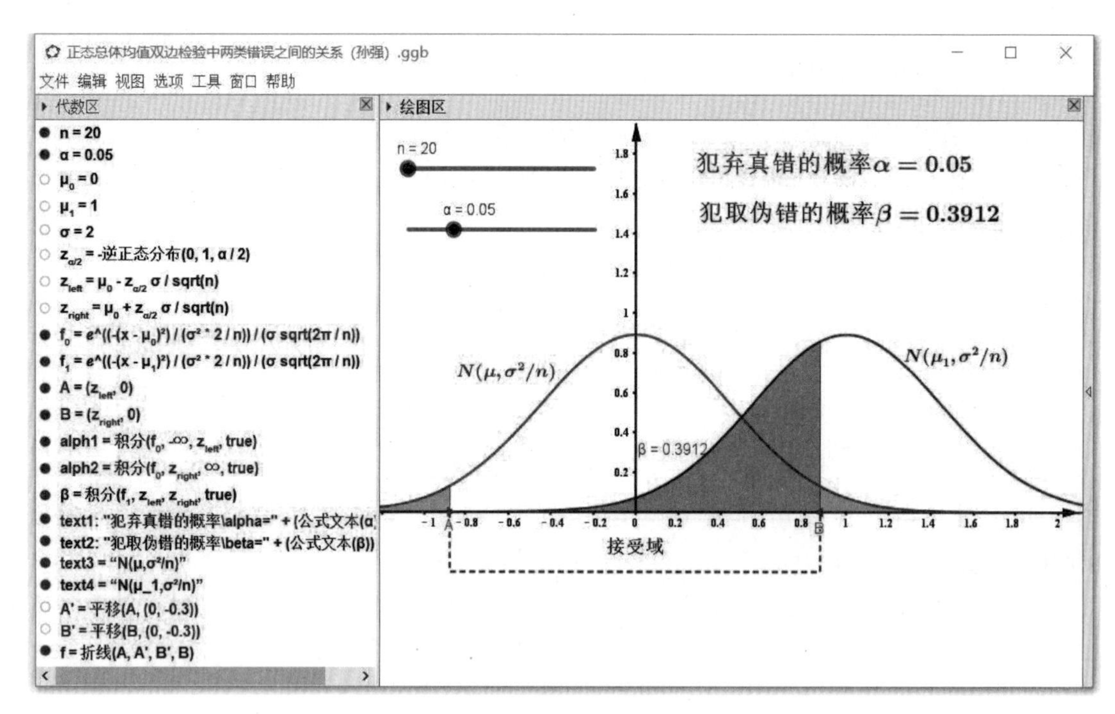

图 4-26　正态分布均值双边检验中两类错误概率演示实验

2）正态总体均值右边检验中 α-β-n 三者的关系实验

正态总体均值右边问题的提法是：假设总体 $X \sim N(\mu,\sigma^2)$，σ^2 已知，$X_1,X_2,\cdots,X_n$ 是总体 X 的样本，在显著性水平 α 下检验假设：

$$H_0:\mu\leqslant\mu_0;H_1:\mu>\mu_0$$

此时，选取检验统计量为：$Z=\dfrac{\overline{X}-\mu_0}{\sigma/\sqrt{n}}$，拒绝域为 $z\geqslant z_\alpha$。

若 H_0 为真时，$\mu\leqslant\mu_0$，检验过程中犯第一类错误的概率为

$$P\{\text{拒绝 } H_0 \mid H_0 \text{ 为真}\} = p_{\mu\leqslant\mu_0}\left\{\frac{\overline{X}-\mu_0}{\sigma/\sqrt{n}} \geqslant z_\alpha\right\} = P_{\mu\leqslant\mu_0}\left\{\overline{X} \geqslant \mu_0 + \frac{\sigma}{\sqrt{n}}\cdot z_\alpha\right\} \tag{4-4}$$

注意到 $\overline{X}\sim N(\mu,\sigma^2/n)$，因而式（4-4）表明，右边检验中犯第一类错误的概率是正态分布 $N((\mu,\sigma^2/n)$ 的概率密度曲线下方位于区间 $(\mu_0+z_\alpha\sigma/\sqrt{n},+\infty)$ 的面积，按单边显著性假设检验的思想，这个面积值不应超过显著性水平 α。

若 H_0 不真时，$\mu>\mu_0$，则犯第二类错误的概率为：

$$P\{\text{接受 } H_0 \mid H_0 \text{ 不真}\} = p_{\mu>\mu_0}\left\{\frac{\overline{X}-\mu_0}{\sigma/\sqrt{n}} < z_\alpha\right\} = p_{\mu>\mu_0}\left\{\overline{X} < \mu_0 + \frac{\sigma}{\sqrt{n}}\cdot z_\alpha\right\} \tag{4-5}$$

同样由于 $\overline{X}\sim N(\mu,\sigma^2/n)$，因而式（4-5）表明，若限定犯第一类错误的概率不超过 α，则犯第二类错误的概率 β 就是正态分布 $N(\mu,\sigma^2/n)$ 概率密度曲线下方位于接受域区间 $(-\infty,\mu_0+z_\alpha\sigma/\sqrt{n})$ 内的面积。

基于上述原理，设计演示实验主要步骤如下：

①设置滑杆变量控制显著性水平 α 和样本容量 n;设置两个滑杆变量控制 H_0、H_1 中总体数学期望 μ;

②这里不妨取参数 $\mu_0=2,\sigma=2$;

③利用“逆正态分布”指令计算标准正态分布的上 α 分位点 z_α;

④定义 $\overline{X}\sim N(\mu,\sigma^2/n)$ 的概率密度,分 $\mu\leqslant\mu_0$ 和 $\mu>\mu_0$ 两种情况定义;

⑤计算 $\mu_0+z_\alpha\sigma/\sqrt{n}$ 的值,即式(4-4)、式(4-5)中概率表达式的区间端点;

⑥根据式(4-4),利用“积分”指令计算“弃真错”的概率并在图中填充;

⑦根据式(4-5),利用“积分”指令计算“取伪错”的概率并在图中填充;

⑧设定文本对象显示其他需要的文本和公式信息。

实验 GGB 脚本指令和实验界面如图 4-27 所示。

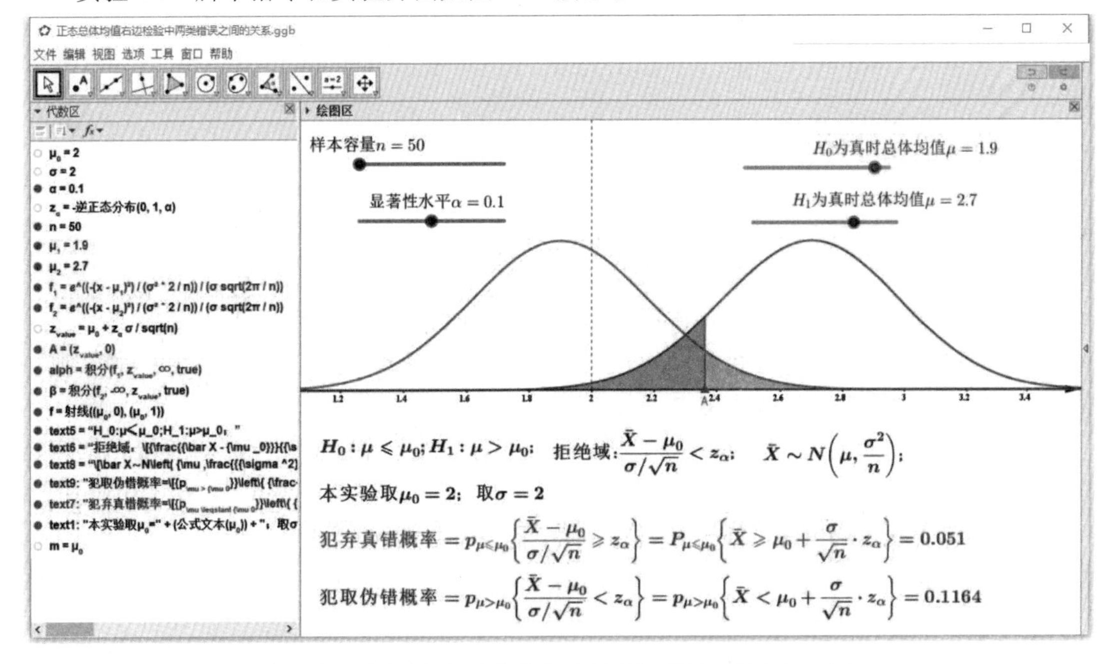

图 4-27　正态分布均值右边检验中两类错误的概率关系实验

4.19.3　实验演示方法

讲解假设检验概念时打开实验界面,可以进行以下的演示讲解:

①当样本容量 n 固定时,减小犯第一类错误的概率 α 时,犯第二类错误的概率 β 就会增加,增大 α 时,β 就会减小;

②当 α 不变时,增大 n 可以减小犯第二类错误的概率 β;

③另外还可以注意到,两类错误的概率总和并不等于 1,纠正学生不假思索的错误认知。

4.20 假设检验的 p 值含义演示实验

4.20.1 实验目的

假设检验的 p 值法是一种与显著性假设检验的临界值法不同的检验方法。对于给定的样本,临界值法只针对给定的显著性水平 α 作出检验,而 p 值法则给出了拒绝 H_0 的最小显著性水平,因此 p 值法比临界值法给出了有关拒绝域的更多的信息,现在常用的统计分析与科学计算软件中经常涉及假设检验的 p 值。这里设计 p 值法概念演示实验,旨在使学生深刻理解这一检验方法的本质含义。

4.20.2 实验设计思路

假设检验问题的 p 值(probability value)是由检验统计量的样本观察值得出的,使原假设被拒绝的最小显著性水平。按 p 值的定义,在假设检验中,对于任意指定的显著性水平 α,若 p 值 $\leqslant\alpha$,则在显著性水平 α 下拒绝 H_0;若 p 值 $>\alpha$,则在显著性水平 α 下接受 H_0。

本质上,p 值表示拒绝原假设 H_0 的理由的强度,p 值越小,拒绝 H_0 的理由越强、越充分。一般地,若 $0.01<p<0.05$,则称拒绝 H_0 的依据是强的,或者称检验是显著的;若 $p\leqslant 0.01$,则称拒绝 H_0 的依据很强,或者称检验是高度显著的。

对于给定参数的假设检验问题 H_0 *vs.* H_1,检验统计量观察值的 p 值是以检验统计量的观察值为边界的、原假设成立时检验统计量概率密度曲线下方的尾部概率。

下面以正态总体均值的假设检验问题为抓手进行实验设计。

1)正态总体均值双边检验问题(方差已知)的 p 值法演示实验

实验 GGB 脚本指令和实验界面如图 4-28 所示。

构建步骤如下:

①设置滑杆变量控制显著性水平 α;

②定义标准正态分布的概率密度曲线;

③给定检验统计量 z_0 的观察值;

④用“积分”指令计算并填充正态概率密度曲线下 $\pm z_0$ 左右两侧的尾部面积,这两部分面积之和即为 p 值;

⑤对于给定的显著性水平 α,利用“逆正态分布”指令计算检验临界值 $z_{\alpha/2}$;

⑥利用“积分”指令填充正态概率密度曲线下 $\pm z_{\alpha/2}$ 左右两侧区域面积,各为 $\alpha/2$;

⑦利用“公式文本”指令构建文本对象显示解释说明信息和公式。

2)正态总体均值的单边检验(方差已知)的 p 值法演示实验

这里主要以右边检验 p 值法实验构建过程阐述,左边检验问题 p 值法实验同理。

①设置滑杆变量控制显著性水平 α;

②定义标准正态分布的概率密度曲线;

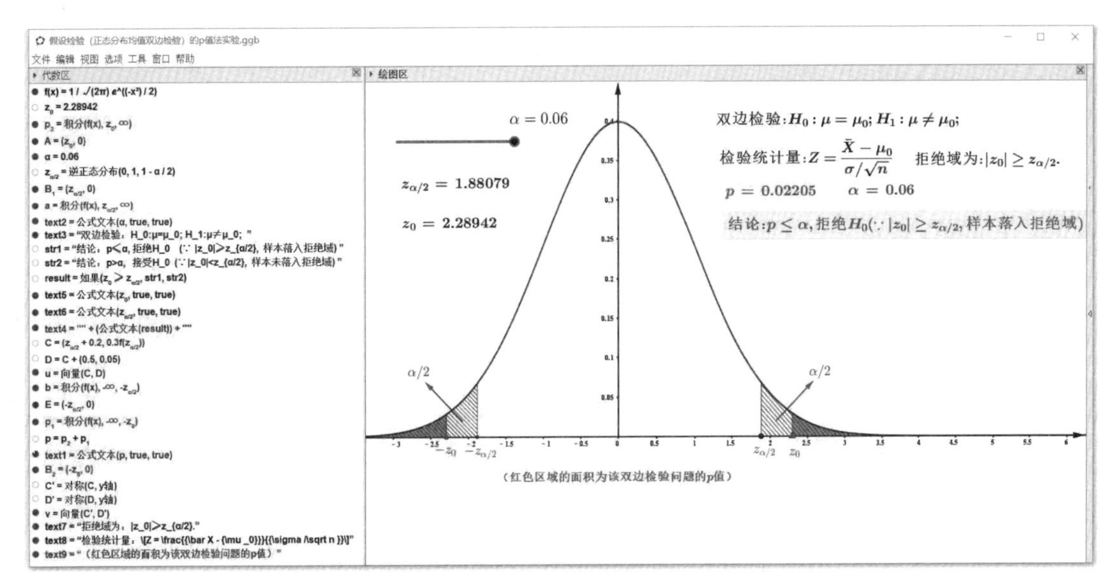

图 4-28 正态总体均值双边检验(方差已知)的 p 值法演示实验

③给定检验统计量 z_0 的观察值；

④用“积分”指令计算并填充正态概率密度曲线下 z_0 右侧的尾部面积，这部分面积即为 p 值；

⑤对于给定的显著性水平 α，利用“逆正态分布”指令计算检验临界值 z_α；

⑥利用“积分”指令填充正态概率密度曲线下 z_α 右侧区域面积，即显著性水平；

⑦设置文本对象显示解释说明信息和公式。

实验 GGB 脚本指令和实验界面如图 4-29、图 4-30 所示。

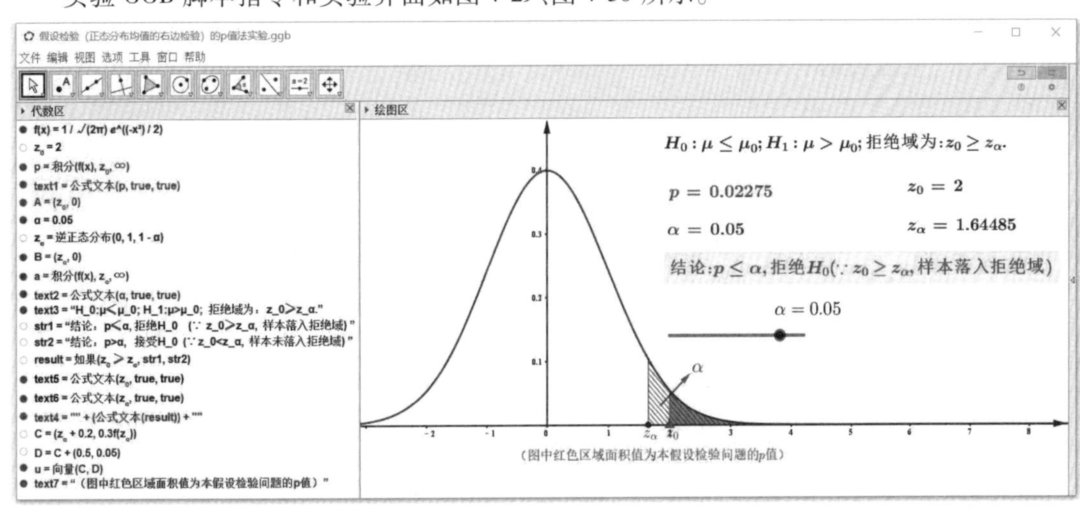

图 4-29 正态总体均值的右边检验(方差已知)的 p 值法演示实验

4.20.3 实验演示方法

讲解假设检验的 p 值法时打开实验界面，拖动滑杆变量 α，假设检验问题的拒绝域边界发生移动，拒绝域范围随之发生变化，引导学生观察 α 与 p 值的大小关系变化及对应的检验结

论的对应变化,强调两点结论:

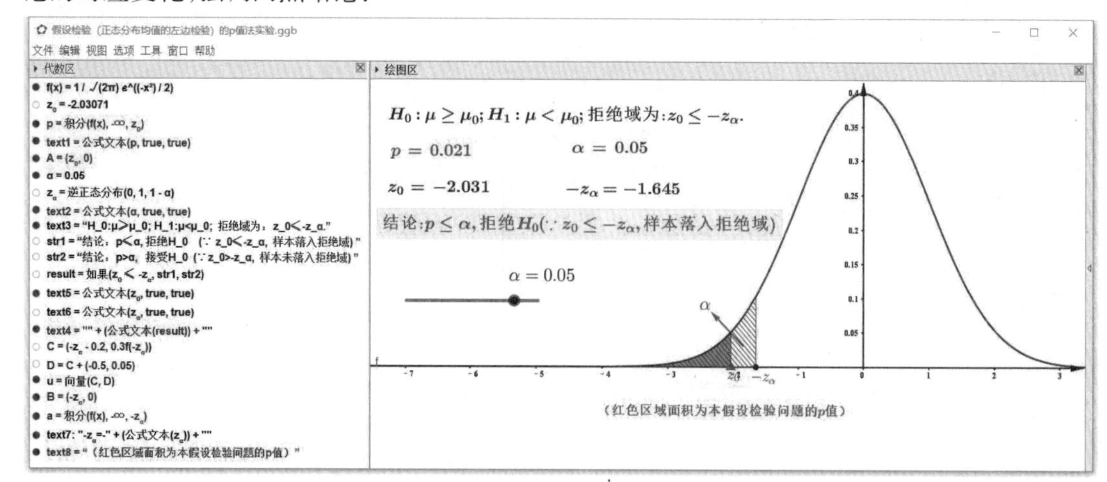

图 4-30　正态总体均值的左边检验(方差已知)的 p 值法演示实验

①p 值是对应于所取样本值的,使原假设被拒绝的最小显著性水平;

②若假设检验问题给定显著性水平 α,若 $p \leqslant \alpha$,则在显著性水平 α 下拒绝 H_0;若 $p>\alpha$,则在显著性水平 α 下接受 H_0。

4.21　一元线性回归基本概念演示实验

4.21.1　实验目的

通过演示实验,辅助一元线性回归概念教学,使学生更好地理解线性回归概念的含义。

4.21.2　实验设计思路

以具体的线性回归问题为抓手展开实验设计。

研究某一化学反应过程中,温度 x 对产品得率 Y 的影响,测得数据见表 4.1,研究变量 Y 与 x 之间的关系。

表 4-1　变量 Y 与 x 的关系

温度 x/℃	100	110	120	130	140	150	160	170	180	190
得率 Y/%	45	51	54	61	66	70	74	78	85	89

实验设计如下:

①设置滑杆变量用于控制猜测直线的斜率 a 和截距 b;

②设置 4 个复选框:"猜测直线""显示残差平方和""显示回归直线""相关系数",用以控制实验内容要素的显示;

③用“序列”指令将问题数据定义为序列，合成数据点序列，得到数据点散点图；

④定义猜测直线关系 $y=ax+b$，显示其图形；

⑤利用“拟合直线”指令定义并显示最小二乘拟合直线；

⑥利用“残差图”指令分别计算数据点与猜测直线及拟合直线的残差，并利用“综和”指令计算残差平方和；

⑦利用“相关系数”指令计算观测数据的相关系数；

⑧设置文本对象，配合以“表格文本”“公式文本”指令显示有关实验信息。

实验 GGB 脚本指令和实验界面如图 4-31 所示。

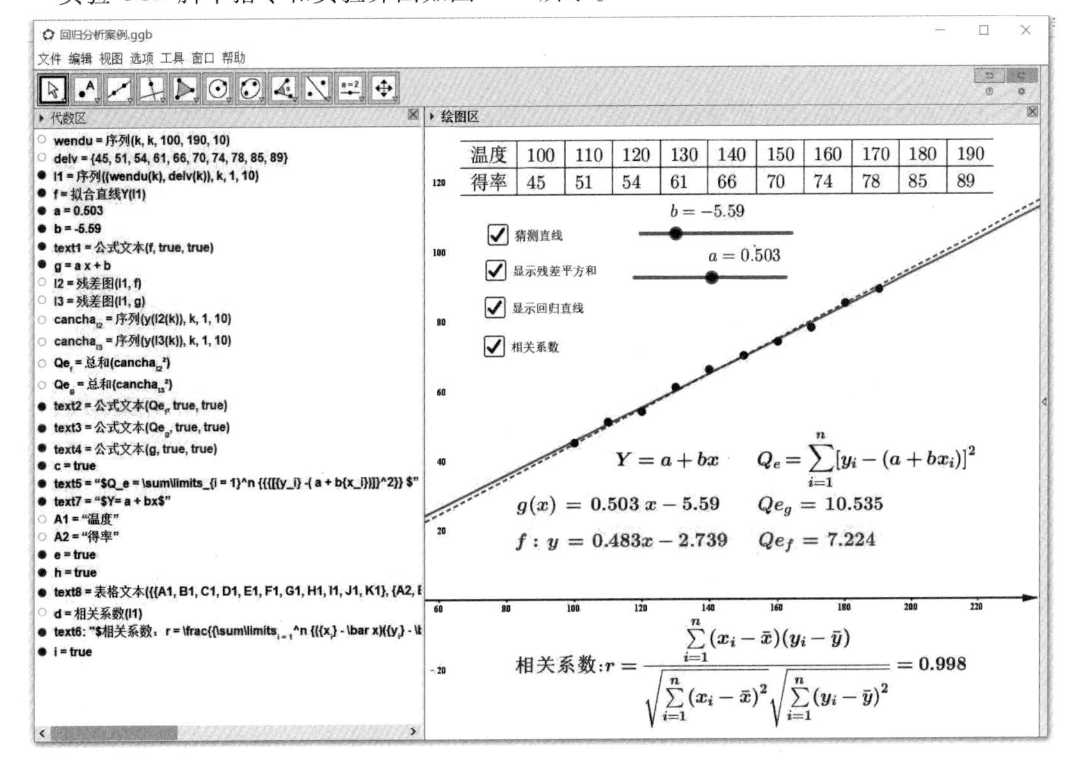

图 4-31　一元线性回归的概念实验界面

4.21.3　实验演示方法

讲解一元线性回归的概念时，打开实验界面，显示散点图，勾选后显示所需内容，拖动滑杆变量观察猜测直线的变化、残差平方和的变化；提出最佳直线的标准：残差平方和最小，显示回归直线及其残差平方和，观察回归直线的残差平方和相对于猜测直线的最小性；显示相关系数并解释其含义。

4.22 基于一元线性回归的预报区间演示实验

4.22.1 实验目的

通过演示实验,阐述基于一元线性回归的预报区间的含义及方法,加强理解。

4.22.2 实验设计思路

通过具体问题算例展开实验过程。

某地区多年零售额与税收额数据见表 4-2。求税收额关于零售额的回归曲线,并给出不同零售额时税收额的预测区间,置信度取为 $1-\alpha$。

表 4-2 某地区多年零售额与税收额数据表(单位:万元)

零售额 x_i	142.08	177.3	204.68	242.68	316.24	341.99	332.69	389.29	453.4
税收额 Y_i	3.93	5.96	7.85	9.82	12.5	15.55	15.79	16.39	18.45

实验设计主要思路如下:

①设置滑杆变量控制置信度 $1-\alpha$ 和预测点 x_0;

②构建观测数据的自变量序列、因变量序列及合成数据点序列;

③经观察数据点大致呈现直线分布,随以“拟合直线”指令进行直线拟合 $f(x)$;

④利用“残差图”指令计算残差,然后计算残差平方和 Q_e;

⑤计算 Y 的标准差的估计值:$\hat{\sigma}=\sqrt{Q_e/(n-2)}$;

⑥利用“逆 t 分布”计算置信区间中所需参数 $t_{\alpha/2}(n-2)$;

⑦利用“Sxx”指令计算 S_{xx} 值;

⑧利用“mean”指令计算 $\bar{x}$;

⑨计算预测置信区间的半径 $\delta(x)=t_{\alpha/2}(n-2)\hat{\sigma}\sqrt{1+1/n+(x-\bar{x})^2/S_{xx}}$;

⑩定义置信区间下限曲线:$DX=f(x)-\delta(x)$,置信区间上限曲线:$UX=f(x)+\delta(x)$;

⑪计算预测置信的端点,并用“线段”指令画出置信区间;

⑫利用“射线”“棒图”指令添加辅助线;

⑬构建文本对象、“公式文本”显示必要的辅助说明信息;

⑭利用“表格文本”指令显示原始数据表。

实验 GGB 脚本指令和实验界面如图 4-32 所示。

4.22.3 实验演示方法

讲解一元线性回归的预报问题原理时,打开实验界面,做如下交互讲解:

①观察置信区间下限曲线的形状:中间窄,两边宽;

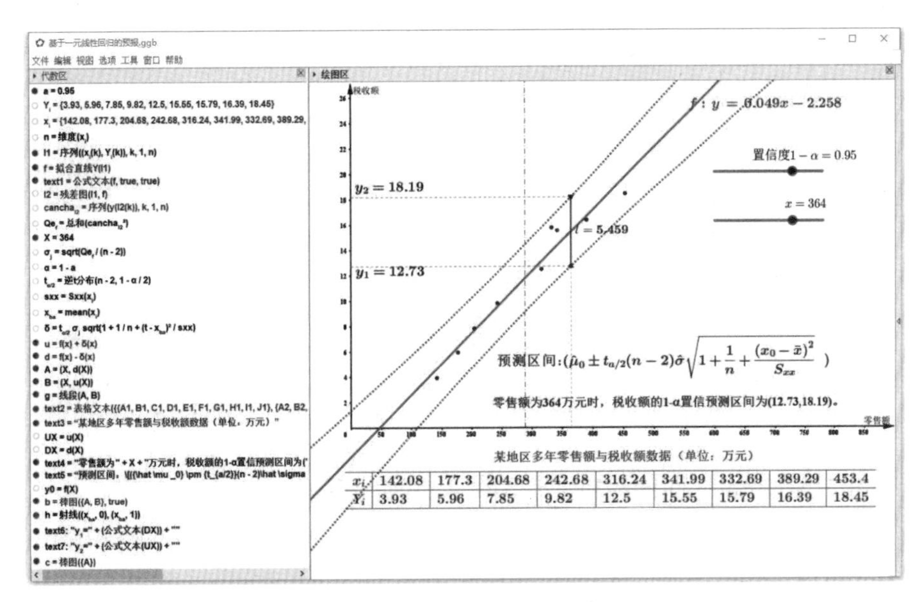

图 4-32　基于一元线性回归的预报区间实验界面

②拖动置信度滑杆变量观察置信区间上下限曲线的位置变化、置信区间长度的变化情况,思考缘由;

③滑动预测点 x 滑杆变量的位置,观察对应的预测置信区间长度变化:得到在均值 $\bar{x}$ 附近置信区间较短,估计精度较高的结论。

4.23　基于一元线性回归的控制问题演示实验

4.23.1　实验目的

设计演示实验,展示基于一元线性回归的控制问题的原理和方法。

4.23.2　实验设计思路

通过具体问题算例展开实验过程。

某地区多年零售额与税收额数据见表 4-3。求税收额关于零售额的回归曲线,并给出税收额的预测区间上下界曲线,基于此研究要求因变量在指定取值区间时,自变量如何控制,即应该制定怎样的零售额销售计划,置信度取为 $1-\alpha$。

表 4-3　某地区多年零售额与税收额数据表(单位:万元)

零售额 x_i	142.08	177.3	204.68	242.68	316.24	341.99	332.69	389.29	453.4
税收额 Y_i	3.93	5.96	7.85	9.82	12.5	15.55	15.79	16.39	18.45

实验设计主要思路如下:

①设置滑杆变量控制置信度 $1-\alpha$ 和因变量目标区间 (y_1, y_2)；

②构建观测数据的自变量序列、因变量序列及合成数据点序列；

③经观察数据点大致呈现直线分布，以“拟合直线”指令进行直线拟合 $f(x)$；

④利用“残差图”指令计算残差，然后计算残差平方和 Q_e；

⑤计算 Y 的标准差的估计值：$\hat{\sigma}=\sqrt{Q_e/(n-2)}$；

⑥利用“逆 t 分布”计算置信区间中所需参数 $t_{\alpha/2}(n-2)$；

⑦利用“Sxx”指令计算 S_{xx} 值；

⑧利用“mean”指令计算 $\bar{x}$；

⑨计算预测置信区间的半径 $\delta(x)=t_{\alpha/2}(n-2)\hat{\sigma}\sqrt{1+1/n+(x-\bar{x})^2/S_{xx}}$；

⑩定义置信区间下限曲线：$DX=f(x)-\delta(x)$，置信区间上限曲线：$UX=f(x)+\delta(x)$；

⑪在 y 轴上描点表示因变量的目标区间 (y_1, y_2)，用作直线求交点的方法，对应地求得水平线 y_1 在下限曲线 DX 上的交点 C，以及水平线 y_2 在上限曲线 UX 上的交点 D；

⑫求点 C、D 的 x 坐标便是所求的自变量控制区间；

⑬利用“射线”“棒图”指令添加辅助线；

⑭构建文本对象，利用“公式文本”指令显示必要的辅助说明信息；

⑮利用“表格文本”指令显示原始数据表。

实验 GGB 脚本指令和实验界面如图 4-33 所示。

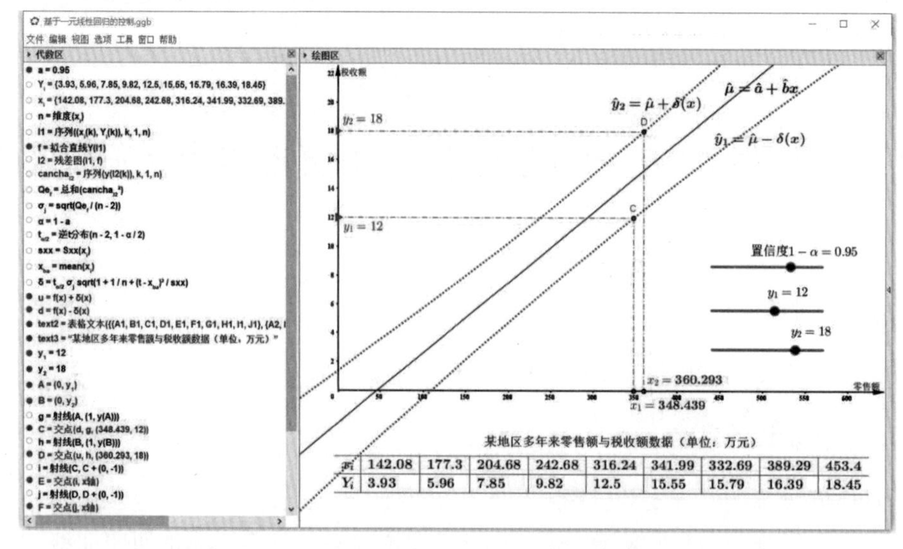

图 4-33　基于一元线性回归的控制问题演示实验界面

4.23.3　实验演示方法

讲解基于一元线性回归模型的控制问题原理时，打开实验界面，做如下交互讲解：

①结合实验界面讲解控制问题的提法及原理；

②拖动滑杆变量观察控制区间的变化情况。

附录

附录 A　MATLAB 用法简介

附录 B　GeoGebra 软件用法简介

附录 C　数学实验报告模板

参考文献

[1] 盛骤，谢式千，潘承毅．概率论与数理统计习题全解指南：浙大·第4版[M]．北京：高等教育出版社，2008.
[2] 徐小平．概率论与数理统计应用案例分析[M]．北京：科学出版社，2019.
[3] 周华任，刘守生．概率论与数理统计应用案例评析[M]．南京：东南大学出版社，2016.
[4] 李娜，王丹龄，刘秀芹．数学实验-概率论与数理统计分册[M]．北京：机械工业出版社，2019.
[5] 姜启源，谢金星，叶俊．数学模型[M]．5版．北京：高等教育出版社，2018.
[6] 赵鲁涛．概率论与数理统计教学设计[M]．北京：机械工业出版社，2015.
[7] 谢中华．MATLAB 统计分析与应用：40个案例分析[M]．2版．北京：北京航空航天大学出版社，2015.
[8] 邓奋发．MATLAB R2015b 概率与数理统计[M]．北京：清华大学出版社，2017.
[9] 王贵军．GeoGebra 与数学实验[M]．北京：清华大学出版社，2017.
[10] 沈翔．GeoGebra 基本操作指南[M]．北京：高等教育出版社，2016.
[11] 盛骤，谢式千．概率论与数理统计及其应用[M]．2版．北京：高等教育出版社，2010.